Der praktische Maschinenbauer

Ein Lehrbuch für Lehrlinge und Gehilfen
ein Nachschlagebuch für den Meister

Herausgegeben von

Dipl.-Ing. H. Winkel

Erster Band

Werkstattausbildung

Von

August Laufer

Meister der Württemb. Staatseisenbahn

Mit 100 Textfiguren

Berlin

Verlag von Julius Springer

1921

ISBN-13: 978-3-642-89141-0   e-ISBN-13: 978-3-642-90997-9
DOI: 10.1007/978-3-642-90997-9

Softcover reprint of the hardcover 1st edition 1921

Vorwort des Herausgebers.

Mit dem „Praktischen Maschinenbauer" soll dem Lehrling und Gehilfen des Maschinenbaues ein Buch an die Hand gegeben werden, das ihnen während ihrer Ausbildung ein gewissenhafter Führer, in ihrer praktischen Tätigkeit ein zuverlässiger Ratgeber ist. In der Werkstatt werden der Lehrling und der junge Gehilfe vom Meister beruflich unterwiesen, in der Werk- und Fachschule übernehmen Techniker und Ingenieure die fachwissenschaftliche Ausbildung des Nachwuchses in unserer Maschinenindustrie. Nach diesen Gesichtspunkten ist das Werk gegliedert.

Der 1. Band ist der Werkstattausbildung des jungen Maschinenbauers gewidmet und stellt einen Versuch dar, die überaus vielseitigen Arbeiten, die bei dem heutigen hochentwickelten technischen Stande unserer Industrie der Werkstatt zufallen, durch Wort und Bild dem Lernenden näherzubringen. Es kann gar keine Frage sein, daß dieser Versuch unvollkommen sein muß; Erschöpfendes zu bringen ist ein einzelner außerstande, so umfassend auch seine Erfahrungen sein mögen. Soll hier etwas geleistet werden, so bedarf es der Hilfe vieler. Die Fachkollegen aller Grade werden gebeten, dem Verlage Wünsche und Anregungen mitzuteilen, die geeignet sind, den weiteren Ausbau des Werkes zu fördern.

Der 2. Band soll den Lehrling und Gehilfen in die wissenschaftlichen Grundlagen des Maschinenbaues einführen, Rechnung und Zeichnung ihrem Verständnis erschließen, die vielseitigen Baustoffe nach Gewinnung, Verarbeitung und Prüfung zeigen, die Werkzeugmaschinen nach Bau und Wirkungsweise erläutern und die erforderlichen mathematischen und naturwissenschaftlichen Kenntnisse übermitteln.

Der 3. Band umfaßt die Kraftmaschinen, die Feuerungsanlagen und die Beförderungsmittel in Betrieben, die nach Bau, Wirkungsweise und Wirtschaftlichkeit beschrieben werden. Beabsichtigt ist, den jungen Maschinenbauer auch mit den Dingen bekannt zu machen, die zwar nicht unmittelbar mit seiner Ausbildung zusammenhängen, die aber doch wesentliche Bestandteile von neuzeitlich eingerichteten Betrieben sind.

Der 4. Band ist der Betriebsführung gewidmet und behandelt schwierigere Arbeitsvorgänge und ihre Hilfsmittel, die bei der Massenfertigung unerläßlich sind. Der Leser wird darauf hingewiesen, daß alle in einem größeren Betriebe Tätigen nach sorgfältig durchdachten Plänen zusammenarbeiten müssen, wenn erfolgreiche Arbeit geleistet werden soll. Es wird der Versuch gemacht, das, was unsere heutige Technik unter „wissenschaftlicher Betriebsführung" versteht, dem jungen Maschinenbauer in einer Form zu bringen, die seinem Verständnis und seiner Auffassungsgabe angepaßt ist.

Das vollständige Werk lehnt sich somit eng an den Lehrplan an, den der Deutsche Ausschuß für technisches Schulwesen für Werkschulen aufgestellt hat; es zeigt nach Anlage und Durchführung das Bestreben, dem Grundsatz gerecht zu werden: Für Lehrlinge und Gehilfen des Maschinenbaues ist das Beste gut genug.

Möge das Werk zu seinem Teile dazu beitragen, daß der werdende Maschinenbauer in seinen Beruf hineinwächst, damit er früher, als es jetzt möglich ist, zu einer gewissen Berufsreife gelangt.

Für die Unterstützung, die der Verlag Julius Springer dem Unternehmen entgegenbringt, sei ihm auch an dieser Stelle bestens gedankt.

Berlin, im Dezember 1920.   Dipl.-Ing. **H. Winkel.**

Vorwort zum ersten Bande.

Bei der Auswahl des Stoffes erschien es zweckmäßig, theoretische Fragen nur so weit zu berühren, wie sie erfahrungsgemäß von den Lehrlingen verstanden werden. Dagegen ist der Kreis nach der praktischen Seite hin wesentlich erweitert: neben den Lehrlingsarbeiten im engeren Sinne wurde auch die Tätigkeit des Gesellen, ja auch die des Meisters berücksichtigt. Abbildungen sind nur dann gegeben, wenn sie theoretische Erläuterungen unterstützen, oder wenn es sich um Werkzeuge handelt, die der Lehrling später selbst anfertigen muß.

Die Aufeinanderfolge der einzelnen Abschnitte ist in Abweichung von der sonst üblichen Anordnung dem Erfassungsvermögen der Lehrlinge, die Form der Darstellung der Denk- und Ausdrucksweise der Arbeiter angepaßt.

Manche Winke, wie z. B. das Drähteln oder das Einsetzen ausgebrochener Zähne, werden vielleicht vor einem allzu kritischen Auge nicht bestehen können; doch erlaube ich mir den Hinweis, daß solche Behelfsarbeiten bei dem heutigen Stande unserer Wirtschaft notwendig und geboten sind, so wenig auch der geschulte Arbeiter mit ihnen einverstanden sein mag.

Es wäre ein Irrtum, zu glauben, das Buch solle die Werkstatt ersetzen. Das kann kein Buch. Vielmehr soll der Lehrling, der es liest, sehen lernen. Er wird die Maschine, die er sonst mit geringer Teilnahme betrachtet, mit ganz anderen Augen ansehen, wenn er die von ihr ausgeführten Operationen beschrieben findet, wenn er weiß, zu welchen Arbeiten sie dient. So, hoffe ich, wird das Buch eine brauchbare Ergänzung der beruflichen Unterweisung des jungen Maschinenbauers werden.

Herrn Betriebsingenieur C. Munse-Berlin danke ich verbindlichst für seine Hilfe, namentlich bei der Auswahl und Anfertigung der Figuren, vor allem aber dem Verlage Julius Springer für die Sorgfalt, die er dem Buche angedeihen ließ.

Ober-Eßlingen, im Dezember 1920.   **A. Laufer.**

Inhaltsverzeichnis.

Berufswahl.

Über diese Frage ist schon sehr viel geschrieben worden, und all-
jährlich bemüht sich die Presse erneut, Eltern und Vormünder darüber
zu beraten, wie sie ihre Schutzbefohlenen am vorteilhaftesten unter-
bringen können.

Leider geben bei der Wahl eines Berufes für den die Schule ver-
lassenden jungen Mann häufig nicht die körperliche Entwicklung,
Allgemeinveranlagung und ernstliche Neigung den Ausschlag, sondern
viel eher zufällige, oberflächliche Wünsche des Jungen, der Beruf des
Vaters oder der Verwandten oder auch die günstige Lage einer Werkstätte.

Doch ist es besonders im Maschinenbaufach nötig, daß der künftige
Lehrling körperlich befriedigend entwickelt und mindestens ein mittlerer Schüler ist, der genügend Auffassungsgabe besitzt, und bei dem
sich einige Strebsamkeit bemerkbar macht.

Verschiedene größere Werke machen deshalb die Annahme ihrer
Lehrlinge von dem Bestehen einer Aufnahmeprüfung abhängig, die sich
auf die Schulfächer, die Aufmerksamkeit, den Tastsinn, die Geschicklichkeit, das Gedächtnis, das Augenmaß und das technische Verständnis
erstreckt.

Die Lehrstelle.

Je nach der Art ihrer Beschäftigung unterscheidet man Mechaniker,
Maschinenschlosser und Maschinenbauer.

Mechaniker findet man vorwiegend in kleinen Betrieben, in der
Werkzeugherstellung und -Instandhaltung, im Motoren-, Instrumenten-
und Apparatebau; Maschinenschlosser in allen größeren Betrieben,
Maschinenbauer im allgemeinen und Werkzeugmaschinenbau und
im Fahrzeugbau. Die Ausbildung der genannten Gruppen ist grundsätzlich gleich; man könnte die einen auch Feinmechaniker, die anderen
Grobmechaniker nennen.

Die Lehrstelle allein, bezw. die Art eines Betriebes, ist für das spätere
Fortkommen nicht unbedingt ausschlaggebend. Das Grundsätzliche
kann in jeder ordentlichen Werkstätte erlernt werden, und viele gehen
später doch auf andere Zweige über. Immerhin sollte man, sofern
eine Auswahl möglich ist, solchen Betrieben den Vorzug geben, die

nach neuzeitlichen Verfahren arbeiten und anerkannt gute Erzeugnisse liefern. Die Bürgschaft, aus jedem Lehrling einen tüchtigen Maschinenbauer zu machen, kann indessen kein Betrieb übernehmen, denn ein schwach begabter oder gleichgültig veranlagter Junge bleibt auch in der besten Werkstatt und bei bester Anleitung zurück, wogegen ein begabter und strebsamer Lehrling unter Umständen auch aus einem sehr dürftigen Betriebe als brauchbarer Gehilfe hervorgehen kann.

Der vielumstrittenen Frage, ob Klein- oder Großbetrieb, sollte bei der Auswahl einer Lehrstelle keine besondere Wichtigkeit beigemessen werden. Die Dauer der Lehrzeit regelt sich gewöhnlich nach den örtlichen und allgemeinen Verhältnissen, insbesondere nach der täglichen Arbeitszeit und dem Ausfall durch Schulbesuch. Sie bewegt sich zwischen 3 und 4 Jahren. Der Eintritt sollte möglichst im Anschluß an die Schulentlassung erfolgen.

Beabsichtigt ein junger Mann später eine technische Lehranstalt zu besuchen, so hindert ihn dies durchaus nicht, seine Laufbahn als Lehrling zu beginnen, vielmehr wird ihm dies später sehr nützlich sein; doch kann er auch als Praktikant (Volontär) Aufnahme finden.

Erster Teil.

A. Schlosserarbeiten.

Der Lehranfang.

Ein neu eintretender Lehrling wird gewöhnlich zunächst mit Feilübungen beschäftigt. Er muß sich baldigst mit der Werkstättenordnung und den Unfallverhütungsvorschriften vertraut machen. Laufenden Triebwerken und Maschinen, Lastenbewegung u. drgl. soll er so lange fernbleiben, als er nichts damit zu tun hat. Wird er zur Beihilfe herangezogen, so muß er sich als eifriger Helfer erweisen und bestrebt sein, sich nützlich zu machen. Er muß auf jede Anrede antworten, damit man weiß, ob er sie gehört hat. Hat er eine Weisung nicht richtig gehört oder ihre Bedeutung nicht verstanden, so soll er nicht lange raten oder Vermutungen nachgehen, sondern sofort fragen. Auch gewöhne er sich an den Gedanken, daß es für Lehrlinge immer etwas zu tun gibt, und daß man gewisse Verrichtungen und Handreichungen ungeheißen ausübt. Wurden ihm Arbeitsvorgänge, Werkzeuge, Werkstücke oder Maschinen gezeigt und erklärt, so soll er sich die empfangenen Belehrungen so einprägen, daß eine Wiederholung nicht nötig wird. Bei Handreichungen und Beihilfe soll er immer darauf bedacht sein, daß er andern nicht im Lichte steht. Handlampen sind so zu halten, daß sie die Arbeitstelle am besten erhellen; keinesfalls leuchtet man andern ins Gesicht. Ist ein zu bearbeitendes Stück frei zu halten, so muß die angegebene Richtung und Höhenlage genau eingehalten werden. Beim Auftragen von Schmiermitteln ist der Pinsel so abzustreifen, daß das Schmiermittel nicht abspritzt. Drahtbunde dürfen nur an einer Stelle angeschnitten werden, d. h. sie sollen nur einen Anfang und ein Ende haben. Bei Handfertigkeitsübungen lerne der Lehrling seine ganze Aufmerksamkeit auf die Arbeit zu lenken, andernfalls kommt er nicht voran. Ist eine Arbeit soweit gediehen, wie sie ihm aufgetragen und erklärt wurde, so soll er sie vorzeigen und weitere Weisungen abwarten. Hat er Zweifel, ob er etwas richtig macht, so soll er dies ohne Zögern sagen. Ist eine Arbeit mißlungen, so muß sie ebenso vorgezeigt werden wie eine gutgeratene. Gänzlich verfehlt ist es, ein mißratenes Arbeitstück stillschweigend zu beseitigen und ohne Weisung ein neues in Angriff zu nehmen, denn der Lehrling weiß in der Regel nicht, wo oder wie er gefehlt hat, oder wie der Fehler vermieden werden kann, und würde ohne entsprechende Belehrung selten ein besseres Ergebnis erzielen.

Das Reinigen der Werkstatt.

Die Reinhaltung der Werkstatt und ihrer Einrichtung ist seit urdenklichen Zeiten Sache der Lehrlinge und wird es wohl immer bleiben. Auch hier wird nach bestimmten Grundsätzen verfahren; der Lehrling merke sich folgendes: Bevor mit dem Auskehren begonnen wird, müssen Werkbänke, Maschinen und sonstige Einrichtungen aufgeräumt und abgekehrt, die Späne entfernt sein; Späne verschiedener Metalle sind sorgfältig auszusondern. Der Boden sollte wegen der Staubentwicklung nie trocken gekehrt werden; es ist vorteilhaft, nach der Besprengung zu warten, bis der Bodenstaub das ausgesprengte Wasser angesaugt hat. Kehrt man sogleich, so schmiert der Besen. Man schiebe das Kehricht nicht durch den ganzen Raum, sondern in geeigneten Abständen zu einzelnen Häufchen zusammen. Ist eine Treppe zu kehren, so fange man oben an, lasse aber das Kehricht nicht von einer Stufe zur nächsten fallen, sondern halte eine Schaufel unter. Die Kehrichthaufen dürfen nie ohne weiteres entfernt werden, da sich in ihnen immer Materialabfälle, manchmal auch Gebrauchsgegenstände und kleine Werkzeuge befinden. Diese sind sorgfältig auszulesen, indem man auf einer Seite anfängt und das ganze Kehricht durch die Finger gleiten läßt. Werden Reisigbesen benutzt, so sind sie vorher in Wasser zu legen, damit die Reiser schmiegsam werden; andernfalls brechen sie rasch ab. Neue Besen dieser Art werden kurz gebunden, damit sie einen Halt bekommen. Beim Reinigen der Maschinen sind Supporte, Schlitten und andere bewegliche Teile so oft zu verschieben und ihre Führungsbahnen jedesmal abzuwischen, bis der dazwischen angesammelt gewesene Schmutz vollständig entfernt ist. Während der Reinigungsarbeiten ist tunlichst zu lüften.

Werkbank und Schraubstock.

Die Werkbank ist die Arbeitstätte des Schlossers. Sie besteht aus Hartholzdielen, die in der Regel mittels durchgehender Mutterschrauben zusammengezogen sind. Auf hölzernen oder Eisenfüßen befestigt, ist sie entweder freistehend oder mit der Wand fest verankert. Verschließbare Schubladen und Wandkästen dienen zur Aufbewahrung der Schlosserwerkzeuge.

An der Werkbank ist der Schraubstock befestigt. Man unterscheidet Zangenschraubstöcke und Parallelschraubstöcke. Jene eignen sich besonders für schwere Arbeiten, haben aber den Nachteil, daß ihre Spannflächen nur in einer bestimmten Lage parallel stehen; diese spannen in jeder Lage parallel. Zangenschraubstöcke sind geschmiedet, das Maul ist angestählt und gehärtet; Parallelschraubstöcke sind gegossen und mit gehärteten Stahlbacken besetzt. Die Spannflächen der Schraubstöcke und Backen sind mit einem Hiebe versehen, der demjenigen der Feilen ähnlich ist, damit die eingespannten Gegenstände bei der Bearbeitung gut festgehalten werden. Es dürfen jedoch nur unbearbeitete Flächen unmittelbar in den Schraubstock gespannt werden; zum Einspannen bearbeiteter Teile werden Schutzbacken benutzt, die für Hartmetalle (Eisen und Stahl) aus Eisen- und Kupferblech, für Weichmetalle (Messing, Kupfer u. dgl.) aus Blei hergestellt sind. Für sehr empfindliche Gegenstände hat man eine mit Holzbacken besetzte Spannkluppe. Schräg zu feilende kleinere Stücke werden in den Feil- oder Reifkloben gespannt. Schutzbacken aus Eisen und Kupfer müssen öfter ausgeglüht werden, da sie durch die Pressung eine harte Oberfläche bekommen, deren Unebenheiten Eindrücke hinterlassen.

Für die Instandhaltung der Schraubstöcke ist zu beachten: Schraubstock nicht durch Hammerschläge und Meißelhiebe beschädigen; Befestigungschrauben der Backen an Parallelschraubstöcken zeitweilig nachziehen; bewegliche Teile schmieren. In gut eingerichteten Betrieben findet man zuweilen bei einzelnen Schraubstöcken ausgemauerte Senkschächte, die zum Senkrechteinspannen langer Arbeitstücke dienen. Dieselben sind außer Gebrauch betriebsicher abzudecken.

Allgemeine Schlosserwerkzeuge.

Schlosserwerkzeuge (Schubladenwerkzeuge). Schutzbacken, Feilen, Feilenbürste, Spannkluppe, Bank-, Niet-, Kupfer-, Blei- und Holzhammer, Flach-, Kreuz- und Nutenmeißel, Stemmer, Keilzieher, Durchschläge, Schraubenschlüssel, Schraubenzieher, Körner, Winkelreibahle, Beißzange, Feilkloben, Feilholz, Ölkanne, Ölgefäß mit Pinsel, Kehrwisch, Putztücher, Schaber, Spitzzirkel, Reißnadel, Messingstift, Anschlag-, Rechteck-, Kreuz- und Sechskantwinkel, Lineal, Maßstab und Schub- oder Schieblehre.

Aufbewahrung der Werkzeuge. Sämtliche Werkzeuge sind geordnet aufzubewahren; stumpfe oder beschädigte Werkzeuge sind vor dem Wegschließen stets instand zu setzen. Werkzeugkasten und Schubladen sollen je bei Wochenschluß gereinigt, die Werkzeuge durchgesehen und eingeordnet werden.

Feilensorten. Arm- und Handfeilen, flache Maschinenfeilen, Bezugfeilen, Flachstumpf- und Flachspitzfeilen, Halbrundspitz- und Halbrundmaschinenfeilen, Dreikantspitz- und Dreikantmaschinenfeilen, Sägefeilen, Prismenfeilen, Schwertfeilen, Messerfeilen, Vierkantfeilen, Rundfeilen, Räder- oder Keillochfeilen, Schmalflachfeilen, Vogelzungen, Dreikantvisierfeilen, Nadelfeilen, Stoßfeilen für Weichmetalle und Raspeln. Die meisten Feilen haben doppelten Hieb (Unter- und Oberhieb). Beide Hiebrichtungen kreuzen sich, wodurch jede einzelne Schneidkante in zahlreiche kleine Zacken zerteilt wird. Die zur Vorbearbeitung dienenden größeren Feilen, die Arm- und Handfeilen, werden nur als Vorfeilen hergestellt; sie erhalten einen sehr groben Hieb und werden auch Schruppfeilen genannt. Alle andern Sorten werden als Vorfeilen, Mittel- (Bastard-) und Schlichtfeilen geführt. Flachfeilen sind nur an drei Seiten behauen, die vierte, eine Hochkante, ist zum Ansetzen glatt gelassen. Die Hiebskalen sind bei Schlichtfeilen bis zu einer Feinheit abgestuft, bei der die Zahnung mit bloßem Auge nur noch schwach wahrnehmbar ist. Im allgemeinen genügt auch für feine Schlosserarbeiten der Doppelschlichthieb. Stoßfeilen erhalten sehr grobe Zahnung und einfachen Hieb. Bezugfeilen sind Feilenhalter mit auswechselbaren, beiderseitig gehauenen Blättern, die auf einem Überzug aus Pappe aufliegen. Feilen mit stark gewelltem Hieb eignen sich für weiche Metalle wie Messing, Rotguß u. dgl. Diese Hiebart verhindert das seitliche Abgleiten der Feilen und erzeugt größere Glätte. Sägefeilen mit scharfen Kanten dienen zum Schärfen von Metallsägeblättern, solche mit gerundeter Kante zum Schärfen von Holzsägen. Die Spitze der Feile wird Angel genannt.

Feilenhefte sind aus Holz oder gepreßtem Papier hergestellt und werden durch eine eiserne Zwinge gegen Aufreißen geschützt. Feilenhefte sind schonend zu behandeln, sie dürfen nicht mit Wucht auf die Feilen gestoßen werden, denn dadurch reißen sie hinter der Zwinge. Neue Hefte werden vorgebohrt und mit glühenden Spitzen, womöglich mit der Feile selbst so ausgebrannt, daß sie gut auf die Feile passen. Jede Feile soll mit einem passenden Heft versehen sein. Die Feilenhefte sollen grundsätzlich nicht ausgewechselt, d. h. an verschiedenen Feilen verwendet werden, weil die Feilenspitzen fast nie gleich sind. Paßt aber ein Heft schlecht, so hat man die Feile nicht in der Gewalt. Werden stumpfe Feilen gegen scharfe eingetauscht, so müssen zugehörige Feilenhefte, die nicht zufällig passen, ausgefüttert oder nachgebrannt werden. Angerissene Hefte können durch eine Drahtfessel gegen Weiterreißen geschützt werden.

Feilengriffe sind bügelförmige Handgriffe zum Befeilen längerer Flächen.

Behandlung der Feilen. Feilen sollen nicht aufeinandergelegt werden, sie verderben sich gegenseitig. Neue Feilen sollten bei der Bearbeitung von Eisen und Stahl zunächst nur auf einer oder zwei Seiten benutzt werden; die andern Seiten spart man für Messing und Rotguß. Wurde eine Feile einmal auf Eisen oder Stahl verwendet, so greift sie an Weichmetallen nicht mehr richtig an. Gußkrusten und ungeglühter Stahl machen jede Feile unbrauchbar.

Das Festsetzen der Späne an Schlichtfeilen. An den Schlichtfeilen setzen sich infolge der feinen Zahnung leicht einzelne Spänchen fest; diese verursachen auf der zu feilenden Fläche Feilrisse und müssen daher entfernt werden, ehe sie Schaden anrichten. Man nimmt hierzu nicht die Reißnadel, sondern ein beliebiges Stückchen weiches Blech, setzt es schräg auf die Feile auf und schiebt es in der Hiebrichtung unter kräftigem Andrücken quer darüber. Hierbei drücken sich die Hiebzähne an der Blechkante ab, so daß an dieser ebenfalls Zähne entstehen, die alle vorhandenen Späne mitnehmen. Nicht festhaftende Späne und Schmutz werden mit der Feilenbürste (Stahldrahtkratzbürste) entfernt. Das Festsetzen der Späne an Schlichtfeilen läßt sich indessen nahezu verhindern, wenn man die Feile mit Kreide bestreicht. Man braucht dann nur, wenn sich schwarze Streifen auf dem Kreidebelag zeigen, mit den Fingern darüberzufahren und die Feile leicht auf die Kante zu stoßen, dann fallen sämtliche Späne ab.

Maße und Gewichte.

Zur genauen Feststellung von Maßen und Gewichten dienen Meßwerkzeuge, geeichte Gefäße und Wagen; doch sollten sich Lehrlinge auch im Abschätzen von Maßen und Gewichten üben.

Längenmaße. Die Einheit des Längenmaßes ist das Meter (m). Sie ist mit Ausnahme von England und Nordamerika in den meisten Kulturstaaten eingeführt und war gedacht als der vierzigmillionste Teil ($^1/_{40\,000\,000}$) des Erdmeridians, d. h. der Linie, die vom Nordpol über den Südpol zum Nordpol geht; in Wirklichkeit ist 1 m eine Geringfügigkeit kleiner.

Für die Messung kürzerer Strecken sind die Unterteilungen des Meters üblich:

1 Dezimeter (dm) = $^1/_{10}$ m,
1 Zentimeter (cm) = $^1/_{100}$ m,
1 Millimeter (mm) = $^1/_{1000}$ m, sodaß
1 m = 10 dm = 100 cm = 1000 mm,
1 dm = 10 cm = 100 mm,
1 cm = 10 mm.

Größere Längen werden in Kilometern (km) gemessen; 1 km = 1000 m.
Englische Maße:

1 Zoll (1″) = 12 Linien (12‴) = 25,4 mm,
1 Fuß (1′) = 12 Zoll (12″) = 0,3048 m,
1 Yard = 3 Fuß = 3′ = 0,9144 m (auch in Deutschland als Länge von Garnen gebräuchlich).
1 Meile = 1,609 km.

Flächenmaße. Die Einheit ist das Quadratmeter (qm oder m²) = einem Quadrat von 1 m Kantenlänge.

Die Unterteilungen sind:

1 Quadratdezimeter (qdm oder dm²) = $\frac{1}{100}$ qm,
1 Quadratzentimeter (qcm oder cm²) = $\frac{1}{100}$ qdm = $\frac{1}{10000}$ qm,
1 Quadratmillimeter (qmm oder mm²) = $\frac{1}{100}$ qcm, so daß
1 qm = 1000 qdm = 10 000 qcm = 1 000 000 qmm,
1 qdm = 100 qcm = 10 000 qmm,
1 qcm = 100 qmm.

Für größere Flächen sind üblich:
1 Ar (a) = 100 qm,
1 Hektar (ha) = 100 a = 10 000 qm,
1 Quadratkilometer (qkm) = 100 ha = 1 000 000 qm.

Englische Maße:
1 Quadratfuß = 1 Quadrat von 1 Fuß Kantenlänge = 9,29 qdm,
1 Quadratzoll = 1 Quadrat von 1 Zoll Kantenlänge = 6,45 qcm.

Raummaße. Die Einheit des Raummaßes ist das Kubikmeter (cbm oder m³) = 1 Würfel von 1 m Kantenlänge.

Die Unterteilungen sind:
1 Kubikdezimeter (cdm oder dm³) oder Liter (l) = $\frac{1}{1000}$ cbm,
1 Kubikzentimeter (ccm oder cm³) = $\frac{1}{1000}$ cdm,
1 Kubikmillimeter (cmm oder mm³) = $\frac{1}{1000}$ ccm, so daß
1 cbm = 1000 cdm = 1 000 000 ccm = 1 000 000 000 cmm,
1 cdm = 1000 ccm = 1 000 000 cmm,
1 ccm = 1000 cmm.

Englische Maße:
1 Kubikfuß = 1 Würfel von 1 Fuß Kantenlänge = 28,315 cdm,
1 Registertonne = 100 Kubikfuß = 2,832 cbm.

Gewichte. Die (internationale) Einheit des Gewichtes ist das Kilogramm (kg) = dem Gewicht von 1 cdm oder 1 l destillierten Wassers von 4° C bei 760 mm Barometerstand auf dem 45. Breitengrade in Höhe des Meeresspiegels gemessen.

Die üblichen Unterteilungen sind:
1 Gramm (g) = $\frac{1}{1000}$ kg,
1 Milligramm (mg) = $\frac{1}{1000}$ g,
1 Tonne (t) = 1000 kg, so daß
1 t = 1000 kg,
1 kg = 1000 g = 1 000 000 mg,
1 g = 1000 mg.

Im gewöhnlichen Leben werden noch benutzt:
1 Pfund (℔) = $\frac{1}{2}$ kg = 500 g,
1 Zenter (Ztr.) = 100 Pfund = 50 kg,
1 Doppelzentner (dz) = 100 kg.

Englische Maße:
1 englische Tonne = 2240 englische Pfund = 1016 kg,
1 englisches Pfund = 453,6 g,
1 Unze = $\frac{1}{16}$ englisches Pfund = 28,35 g.

Leistung. Die Einheit der Maschinenleistung ist die Pferdestärke (PS) = 75 mkg/sec, sie ist gleich der Arbeit, die in 1 Sekunde beim Heben von 75 kg auf 1 m Höhe oder 7,5 kg auf 10 m Höhe erforderlich ist.

Die elektrotechnische Einheit der Leistung ist das Watt (Watt) oder das Kilowatt (KW) — 1 KW = 1000 Watt —, und zwar sind

$$736 \text{ Watt} = 0{,}736 \text{ KW} = 1 \text{ PS},$$

$$1 \text{ KW} = \frac{1}{0{,}736} = 1{,}36 \text{ PS}.$$

Arbeit. Entnimmt man einer Maschine dauernd Leistung, so mißt man die entnommene Arbeit in Pferdestärkenstunden oder PS-Stunden bzw. in Kilowattstunden oder KW-Stunden. Läßt man z. B. eine Drehbank von 5 PS Kraftbedarf $1^{1}/_{2}$ Stunde laufen, so verbraucht man $5 \times 1^{1}/_{2} = 7^{1}/_{2}$ PS-Stunden $= 5 \times 1^{1}/_{2} \times 0{,}736 = $ rd. $5^{1}/_{2}$ KW-Stunden.

Die Schieblehre.

Das unentbehrlichste Meßwerkzeug, mit dem sich auch der Lehrling baldigst vertraut machen muß, ist die Schieb- oder Schublehre, auch Kaliber genannt. Sie besteht bei einfacher Ausführung im wesentlichen aus zwei Teilen, der Zunge mit feststehendem Schnabel und dem Schieber (auch Hülse genannt), der mit dem andern Schnabel ein Ganzes bildet. Bessere Schieblehren sind ganz aus Stahl; bei geringeren Sorten ist nur die Zunge aus Stahl, Hülse und Schnäbel dagegen aus Temperguß. Die Hülse ist auf der Zunge verschiebbar und feststellbar; eine eingelegte Schleppfeder bewirkt gleichmäßigen und satten Gang der Hülse beim Verschieben. Die Zunge trägt in der Regel auf der Vorderseite die Hauptteilung in Millimetern und Zollmaß, auf der Rückseite Tiefmaß in mm. Schieblehren dürfen nicht als Lineal benutzt werden, weil darunter ihre Genauigkeit als Meßinstrument leidet.

Einstellen der Schieblehre auf metrisches Maß — der Nonius. An einer mit der Zunge verlaufenden schrägen Aussparung des Schiebers

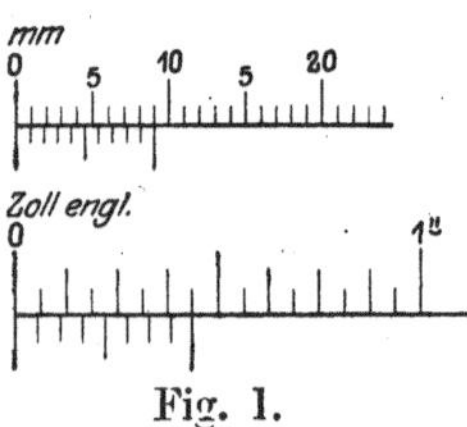

Fig. 1.

befindet sich eine Hilfsteilung, der sogenannte Nonius (Fig. 1), der in der Regel auf einem Abschnitt von 9 mm in 10 gleiche Teile geteilt ist. Der erste Strich des Nonius wird Nullstrich genannt, desgleichen der erste Strich an der Zunge. Bei geschlossener Schieblehre trifft der Nullstrich des Nonius mit dem Nullstrich der Zunge zusammen; die Lehre zeigt 0 mm an. Mit dem Noniusnullstrich werden die ganzen Millimeter, mit dem jeweils auf einen Teilstrich der Zunge eingestellten Noniusteilstrich dagegen die Zehntel abgelesen. Öffnet man nun den Schieber, bis z. B. der Noniusnullstrich mit dem Strich 15 der Zunge zusammentrifft, so ist die Schieblehre auf 15, bei 30 auf 30 mm eingestellt usf. Wird nach der beispielsweisen Einstellung auf 30 mm der Schieber noch ein klein wenig weiter geöffnet, so daß der erste Teilstrich des Nonius (nicht Nullstrich) mit Strich 31 der Zunge zusammenfällt, so bedeutet dies, daß die zuvor auf 30 mm eingestellte Schieblehre um $^{1}/_{10}$ mm weiter geöffnet worden ist, sie zeigt an der Ablesestelle 30,1 mm an. Wird der Schieber abermals weiter geöffnet, bis der zweite Noniusteilstrich mit Strich 32 der Zunge zusammenfällt, so ist die Schieblehre auf 30,2 mm eingestellt usf. Fällt der zehnte Teilstrich des Nonius mit Strich 40 der Zunge zusammen, so ist die Schieblehre um 10 Zehntel, d. h. um 1 mm geöffnet worden, sie ist auf 31 mm eingestellt.

Nonius-teilstrich	auf Teilstrich der Zunge	ist gleich		
0	0	$^0/_{10}$	oder 0,0 mm	
1	1	$^1/_{10}$	,, 0,1	,,
2	2	$^2/_{10}$	,, 0,2	,,
3	3	$^3/_{10}$	,, 0,3	,,
4	4	$^4/_{10}$	,, 0,4	,,
5	5	$^5/_{10}$	,, 0,5	,,
6	6	$^6/_{10}$	,, 0,6	,,
7	7	$^7/_{10}$	,, 0,7	,,
8	8	$^8/_{10}$	,, 0,8	,,
9	9	$^9/_{10}$	,, 0,9	,,
10	10	$^{10}/_{10}$	,, 1,0	,,

Einstellen der Schieblehre auf Zollmaß. 1 Zoll $= {}^8/_8 = {}^{16}/_{16}$. Teilung der Zunge $= {}^1/_{16}$ Zoll. Meist befindet sich an Stelle des Nonius nur ein einzelner Ablesestrich (Nullstrich), welcher auch für die meisten Zwecke genügt. Dieser Ablesestrich fällt bei geschlossener Schieblehre mit dem Nullstrich der Zunge zusammen. Stellt man die Schieblehre auf 1 Zoll ein, so zeigt der Nonius der metrischen Teilung 25,4 mm an. Beispiele: Einstellen auf $^3/_8''$. Der Ablesestrich wird auf den 6. Teilstrich der Zunge eingestellt; $^6/_{16} = {}^3/_8$, der Millimeternonius steht hierbei auf 9,5 mm. Einstellen auf $^7/_{16}''$. Der Ablesestrich wird auf den 7. Teilstrich der Zunge eingestellt $= {}^7/_{16}$, der Millimeternonius zeigt 11,1 mm. Einstellen auf $1^3/_4''$. Man zählt einen ganzen Zoll und 12 weitere Teilstriche ab, $1^{12}/_{16} = 1^6/_8 = 1^3/_4$. Der Millimeternonius zeigt 44,44 mm.

Der Zollnonius. An besseren Schieblehren ist auch für das Zollmaß ein Nonius angebracht. 1 Zoll $= {}^8/_8 = {}^{16}/_{16} = {}^{32}/_{32} = {}^{64}/_{64} = {}^{128}/_{128}$. Der Zollnonius (Fig. 1) ist auf einen Abschnitt von $^7/_{16}$ Zoll in acht gleiche Teile geteilt. Das Maß der Verschiebung beträgt, am Zollnonius abgelesen, von einem Noniusteilstrich bis zum nächsten $^1/_{128}$ Zoll $= 0,195$ mm am Millimeternonius. Bei geschlossener Schieblehre trifft der Nullstrich der Zunge gleichzeitig mit dem Nullstrich des Zollnonius und demjenigen des Millimeternonius zusammen. Öffnet man nun den Schieber, bis der erste Teilstrich des Zollnonius mit dem ersten Teilstrich der Zunge zusammenfällt, so beträgt das Maß der Verschiebung $^1/_{128}$, beim zweiten Teilstrich $^2/_{128} = {}^1/_{64}$, beim vierten $^4/_{128} = {}^2/_{64} = {}^1/_{32}$, beim achten Teilstrich $^8/_{128} = {}^4/_{64} = {}^2/_{32} = {}^1/_{16}$ Zoll. Soll die Schieblehre nun beispielsweise auf $2^{39}/_{64}$ Zoll eingestellt werden, so stellt man den Noniusnullstrich auf 2 ganze und $^9/_{16}$ Zoll der Zunge ein ($2^9/_{16} = 2^{72}/_{128}$) und öffnet dann den Schieber noch um weitere $^6/_{128}$, so daß der 6. Noniusteilstrich mit Strich $2^{15}/_{16}$ der Zunge zusammenfällt; $2^{72}/_{128} + {}^6/_{128} = 2^{78}/_{128} = 2^{39}/_{64}$ Zoll $= 66,27$ mm am Millimeternonius.

Nonius: Teilstrich	Teilstrich der Zunge	Hundertachtundzwanzigstel Zoll	Vierundsechzigstel Zoll	Zweiunddreißigstel Zoll	Sechzehntel Zoll	Millimeter
0	0					0
1	1	$1/128$				0,195
2	2	$2/128$	$1/64$			0,39
3	3	$3/128$				
4	4	$4/128$	$2/64$	$1/32$		0,79
5	5	$5/128$				
6	6	$6/128$	$3/64$			1,19
7	7	$7/128$				
8	8	$8/128$	$4/64$	$2/32$	$1/16$	1,58

Das Einstellen einer Schieblehre ist Gefühlssache; eine Schieblehre ist immer so zu stellen, daß sie ohne jeden Zwang über das Werkstück geht, doch müssen beide Schnäbel dasselbe gleichzeitig fühlbar berühren. Jedes gewaltsame Eindrücken ist zu unterlassen, weil dadurch die Schieblehre verdorben wird; auch zeigt eine eingedrückte Schieblehre ein falsches, d. h. ein kleineres Maß an, als es der betreffende Körper in Wirklichkeit besitzt. Beim Ablesen des Maßes muß das Auge genau senkrecht auf die Maßstriche gerichtet sein, die man ablesen will.

Die meisten Schieblehren tragen an den Schnabelenden Ansätze zum Lochmessen. Die Stärke derselben beträgt je nach Größe einer Schieblehre 5, 10 oder 20 mm, welches Maß dem am Nonius Abgelesenen hinzugezählt wird.

Meßschneiden. Manche Schieblehren sind an den Schnabelköpfen mit sogenannten Meßschneiden ausgestattet; diese dienen zur Feststellung des Kerndurchmessers an Schraubengewinden und zum Messen schmaler Nuten.

Der Hilfschieber besserer Schieblehren dient zur sicheren Feineinstellung mittels Mikrometerschraube.

Gehärtete Schnäbel sind der Abnützung in sehr geringem Maße unterworfen.

Der Umgang mit Meßwerkzeugen. Meßwerkzeuge aller Art sollen stets auf Holz oder sonstige weiche Unterlage gebracht werden. Sie sind schonend zu behandeln, dürfen nicht mit Schmirgelleinwand gereinigt werden und keinesfalls mit Feilen in Berührung kommen. Maßstriche dürfen nicht mit der Reißnadel nachgezogen werden.

Das Feilen.

Die zu feilenden Arbeitstücke werden stets nach Möglichkeit in Schraubstockmitte eingespannt.

Stellung. Beide Füße etwa in Schrittweite voneinander, linker Fuß vorn, Fußspitze geradeaus gerichtet; das rechte Knie wird durchgedrückt, das linke macht beim Feilen eine leicht wiegende Bewegung mit.

Erfassen und Führung der Feile. Die Feile ist so zu erfassen, daß die rechte Hand das Feilenheft fest umschließt, wobei der Daumen obenauf liegen muß. Die Linke drückt bei größeren Feilen mit dem

Ballen auf das vordere Feilenende. Die Feile ist in ganzer Länge langsam durchzuziehen, während der Vorwärtsbewegung wird bei Vorfeilen kräftig aufgedrückt.

Das Feilen ist eine Kunst, die nur in jungen Jahren erlernt werden kann, und es bedarf der ganzen Aufmerksamkeit des Lehrlings, damit er die Feile gerade führen lernt.

Feilspäne. Auf der Arbeitsfläche liegende Späne werden entweder abgeblasen oder mit dem Handrücken abgewischt. Berührt man die Arbeitsfläche mit den Fingerspitzen oder mit den Innenflächen der Hände, so greift die Feile nicht mehr richtig an, da die Hände gewöhnlich schweißig oder fettig sind.

Blasen. Bald werden sich an den Innenflächen der noch weichen Hände Blasen zeigen. Diese sind wie folgt leicht zu beseitigen: Nachdem am Abend die Hände gereinigt sind, zieht man mit einer reinen blanken Nähnadel durch jede der Blasen einen reinen weißleinenen Nähfaden und schneidet ihn zu beiden Seiten einer Blase so ab, daß noch ein kleines Endchen sichtbar bleibt. Der Faden zieht nun gleich einem Dochte das in der Blase befindliche Wasser sehr langsam und schmerzlos heraus. Am folgenden Morgen sind die Blasen verschwunden, und die Fäden werden herausgezogen. An den betreffenden Stellen bilden sich nun Härten, die man zum Feilen braucht.

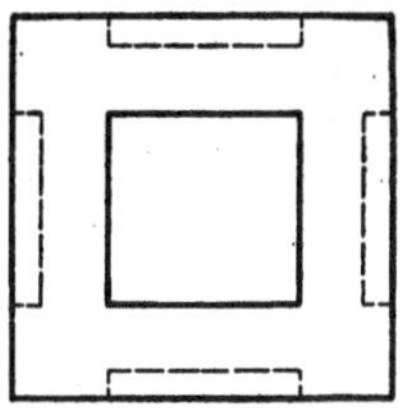

Fig. 2.
Würfel, ausgespart.

Beispiel. Ein quadratischer Block aus weichem Gußeisen (Würfel) soll auf 40 mm gefeilt werden; das Rohmaterial mißt 48 mm. Sämtliche Flächen sind ausgespart (Fig. 2), so daß zunächst nur ein etwa 12 mm breiter Rand abzufeilen ist. Der Lehrling übt zunächst nur an einer Fläche (Fläche 1, Fig. 5). Wenn diese annähernd eben geworden ist, sollte sie von geübter Hand geschlichtet werden, damit für das Anlegen des Winkels eine Basis geschaffen ist. Die Übung kann nun zunächst an den Rippen eines U-Eisens oder Winkeleisens oder an den Enden eines Ringsegmentes fortgesetzt werden. Es folgt das Befeilen einer an Fläche 1 angrenzenden Fläche; von dieser ist so viel abzunehmen, bis sie zur Fläche 1 im rechten Winkel steht, die Aussparung verschwunden und eine lückenlose Kante entstanden ist. An dieser Fläche übt sich der Lehrling bereits im Schlichten; die Schlichtfeile darf erst in Anwendung kommen, wenn die vorgefeilte Fläche stimmt. Sie soll die Fläche lediglich glätten. Öfteres Abwiegen auf der Fläche und Aufstoßenlassen der Feile an den Flächenenden bei stillgehaltener Feile fördert die Übung. Wechselt man die Feilrichtung, so erkennt man an den sich kreuzenden Strichen die Haltung. Auch die Belichtung des Arbeitstückes ist sehr wichtig; sie sollte tunlichst von vorn, oben oder rechts, niemals aber von der linken Seite allein erfolgen. Das Abziehen von Flächen mittels quergehaltener Feile ist von Lehrlingen unter allen Umständen so lange zu unterlassen, bis sie sichere Feiler geworden sind. Flächen können nur untersucht

und gemessen werden, wenn der Grat der Kanten entfernt ist. Das
Gratnehmen geschieht in freier Hand mit der Doppelschlichtfeile;
führt man es im Schraubstock aus, so geschieht des Guten leicht zu
viel. Man setzt dabei die Feile unmittelbar auf die Kante (Fig. 3),
andernfalls wird der Grat nur von einer Seite nach der andern
gedrückt (umgelegt). Die fertig geschlichtete Fläche muß auch nach
der Richtplatte eben sein (siehe Tuschieren).

Als dritte zu feilende Fläche ist jene zu wählen, die an die bereits
fertigen Flächen 1 und 2 angrenzt; sie ist zu ihnen in den Winkel zu
bringen, d. h. sie muß auf beiden Flächen
senkrecht stehen. Sind nun diese drei Flächen im Winkel, kantig, eben und sauber
geschlichtet, und hat dabei der ursprüngliche Block bereits den größten Teil seines
mit Rücksicht auf die erste Übung reichlich
bemessenen überschüssigen Materials verloren, so kommt jetzt die Schieblehre in Anwendung. Sie wird auf 40,5 mm eingestellt
und festgezogen; man legt den Hülsenschnabel an einer Kante der Fläche 1 satt an und
zieht mit der Reißnadel (Fig. 4), einem gespitzten, gehärteten Stahlstifte, am andern
Schnabel entlang eine feine, aber deutliche
Linie über die Oberfläche, wobei die Reißnadel ritzen muß. Es empfiehlt sich die
Fläche von allen Seiten anzuzeichnen und
dann zuerst die Kanten zu brechen, d. h.
so anzuschrägen, daß die unteren Kanten
der gebrochenen Ecken mit den Linien verlaufen, damit man diese während des Fei-
lens beobachten kann (Fig. 5). Die so vor-
behandelte Fläche wird bis auf die Linien
abgeschruppt, worauf man dieselbe Arbeit
auch an den beiden übrigen Flächen ausführt. In weiterer Folge werden die drei
zuletzt bearbeiteten (vorgeschruppten) Flächen mit einer kleineren Flachvorfeile bis

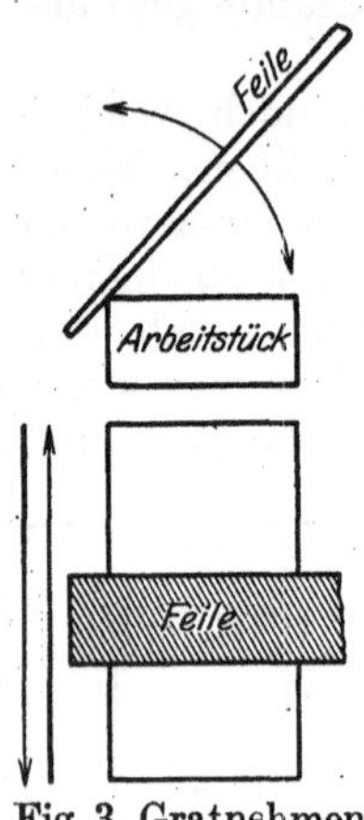

Fig. 3. Gratnehmen.

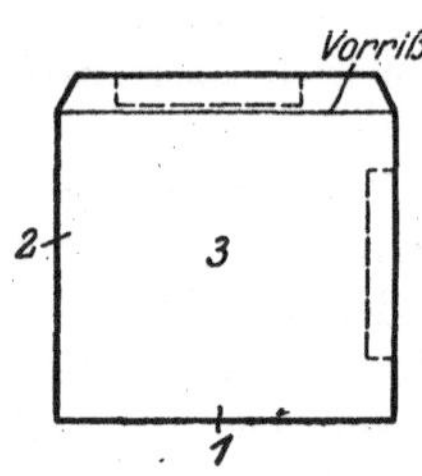

Fig. 5. Anschrägen.

Fig. 4.

auf 40,2 mm nachgearbeitet; diese restlichen $^2/_{10}$ mm sind zum Schlichten bestimmt. Der Geübte würde nur $^1/_{10}$ mm gebrauchen, doch der
Anfänger kommt hiermit noch nicht aus. Es wird nun zuerst eine
der genannten Flächen unter Zuhilfenahme der Richtplatte geschlichtet, bis sie an allen Stellen — also auch an den Ecken! — genau
40 mm mißt, und diese Arbeit an den beiden restlichen Flächen wiederholt.

Die Feilstriche müssen schön gerade und parallel zu den Kanten
verlaufen, die Flächen dürfen nicht geschmirgelt werden. Nachdem
den Kanten die Schärfe genommen, reibt man das nun fertige Stück

mit einem öligen Lappen ab, um die durch den Handschweiß rasch einsetzende Rostbildung zu verhindern.

Das Tuschieren. Um sicher festzustellen, ob eine Fläche durchaus eben und nicht windisch oder windschief ist, prüft man sie auf einer mit Tusche bestrichenen Richtplatte (Normalebene). Als Tusche verwendet man in Leinöl angeriebenen Rotstein, Kienruß oder Berliner Blau. Dieses Verfahren wird auch bei Gegenständen angewandt, die aufeinander aufzupassen sind. Man nennt es Tuschieren. Richtplatten sollen feststehen und so aufgestellt sein, daß keine Feilspäne darauf fallen können. Die Tusche ist stets mit den Fingerspitzen aufzutragen. Die Arbeitstücke sind flach, d. h. senkrecht so aufzusetzen, daß die ganze Fläche gleichzeitig berührt. Werden sie ungleich aufgesetzt oder auf die Platte geschoben, so können auch Fehlstellen tuschieren.

Hochkante abrichten. Um die Hochkanten schwacher Platten, Leisten u. dgl. richtig tuschieren zu können, stellt man sie auf der Richtplatte an einen Anschlagwinkel oder sonstigen rechtwinkligen Körper und läßt diesen bei der Tuschierbewegung mitgleiten. Es möge auch an dieser Stelle darauf hingewiesen sein, daß selbst sehr schmale Flächen von Anfängern quer zu feilen sind. Kleinere Feilen werden nicht mit dem Ballen, sondern mit den Fingerspitzen geführt.

Eckenmaße. Sollen aus Rundmaterial vierkantige und sechskantige Gegenstände hergestellt werden, so ist es nötig, deren Übereckmaße zu kennen; man findet diese wie folgt:

Vierkant: Flächenmaß oder Schlüsselweite $\times$ 1,414.

Sechskant: ,,   ,,   ,, $\times$ 1,154.

Ansetzen eines runden Zapfens. Man spannt das Arbeitstück senkrecht in den Schraubstock, steckt eine Unterlagscheibe darüber und läßt über diese so viel vorstehen, wie der Zapfen lang werden soll. Der Zapfen wird zuerst viereckig angesetzt; man verwendet hierzu eine flache Vorfeile, deren unbehauene Kante man auf der Unterlagscheibe gleiten läßt. Danach verdoppelt man die entstandenen Kanten in derselben Weise mehrere Male.

Einhändig feilen. Um den Zapfen fertig zu runden, spannt man das Feilholz, ein Holzstückchen mit verschiedenen Dreieckeinschnitten (Fig. 6), in den Schraubstock. Ist das Arbeitstück klein oder leicht, so wird es jetzt in den Feilkloben genommen, andernfalls unmittelbar in der Hand gehalten. Die Feile wird nur mit der rechten Hand gefaßt und ist so zu halten, daß der Zeigefinger obenauf liegt. Die Linke hält das in dem Einschnitt des Feilholzes aufliegende Stück und führt

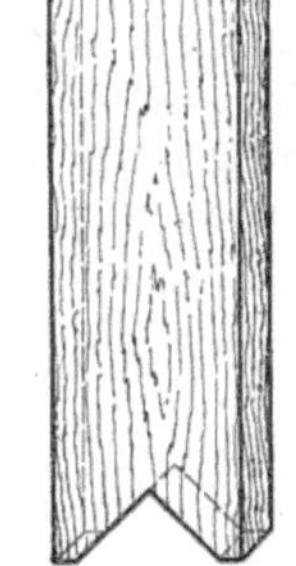

Fig. 6. Feilholz.

mit diesem eine gegen den Feilstoß gerichtete drehende Bewegung aus. Werkstück und Feile sind genau wagerecht zu halten, andernfalls wird der Zapfen ungleich stark (konisch). Der Ansatz darf nicht spiralförmig oder uneben sein, auch dürfen die Kanten nicht verfeilt werden.

Vierkant aus Rundmaterial.

Das Stück wird wagerecht eingespannt. Angezeichnet wird nur die Länge des Zapfens. Sämtliche 4 Flächen werden zunächst mit 0,2 mm Zugabe vorgefeilt. Um festzustellen, wieviel von den beiden ersten Flächen abzunehmen ist, mißt man die gegenüberliegende Rundung mit. Hierbei muß sich folgendes Maß ergeben: Rundeisenstärke — Flächenmaß : 2 + Flächenmaß + Zugabe. Beispiel: Rundeisen 20 mm, Flächenmaß 15 mm = 20—15 : 2 + 15 + 0,2 = 17,7 mm. Die Flächen müssen vorn und hinten gleich breit sein, andernfalls wird der Zapfen schief. Ist die erste Fläche gefeilt, so spannt man den Zapfen an dieser Fläche ein, die sich dabei senkrecht stellt. Bei den folgenden Flächen verfährt man ebenso. Hält man die Feile genau wagerecht, so kommen die Flächen ohne weiteres in den Winkel. Die vorgearbeiteten Flächen werden mit feinerer Vorfeile nachgenommen und auf Fertigmaß geschlichtet.

Feilen einer längeren, runden Spitze (Fig. 7). Man schlägt an der Stelle der künftigen Spitze einen Körner ins Mittel der Stirnfläche. Die Spitze wird zuerst viereckig so vorgefeilt, daß alle vier Flächen sowohl am stärkeren als auch am schwächeren Ende gleich breit sind. Die Flächen müssen außerdem linealgerade und gleichlang sein. Der Körner muß

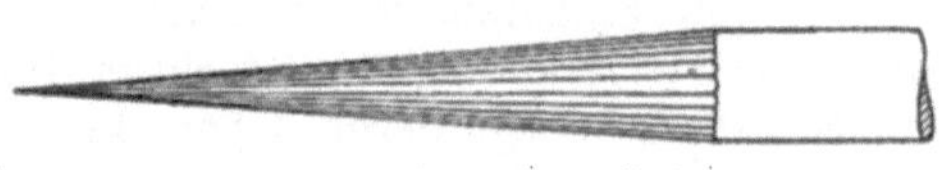

Fig. 7. Feilen einer Spitze.

von allen Flächen berührt werden. Darauf werden die Kanten unter denselben Gesichtspunkten verdoppelt, sämtliche acht Flächen müssen gleich breit, gleich lang und sauber gerade sein. Die weitere Verdopplung geschieht einhändig im Feilholz und wird so oft wiederholt, bis keine Kanten mehr wahrnehmbar sind.

Das Feilen hohler und gewölbter Flächen. a) Hohlfläche. Das Ausfeilen einer Hohlfläche geschieht gewöhnlich mit der Halbrundfeile. Um eine gleichmäßige Rundung zu erzielen, läßt man die Feile gleichzeitig mit dem Vorstoß seitlich abgleiten. An der fertigen Fläche dürfen keine Einzelerhöhungen oder Vertiefungen fühlbar sein. Das Glätten der geschlichteten Fläche geschieht mittels Schmirgelleinwand, die in nur einfacher Wicklung um die Feile gelegt und straff angespannt wird. b) Gewölbte (ballige) Fläche. Kleinere Rundungen an Schrauben u. dgl. werden am besten auch erst viereckig abgeschrägt, die entstandenen Kanten mehrmals verdoppelt und dann gerundet. Die Feilbewegung darf auch bei dieser Arbeit nicht wiegend sein; die Feile muß in sehr kurzen Stößen seitlich über die Wölbung gleiten. Man fängt dabei an beliebiger Stelle an und wechselt während des Rundens fortwährend die Stellung, so daß man mit der Feile um das ganze Stück herumkommt. Größere Flächen können nur in dieser Weise richtig bearbeitet werden, andernfalls gibt es Wellen, Absätze u. dgl. An solchen Stücken erfolgt die Bearbeitung abschnittweise: man fängt an beliebiger Stelle an und läßt die Feile bis zu einem bestimmten Punkte

(Abschnitt) seitlich gleiten, setzt hierauf an dieser Stelle an usf. Die vorgearbeiteten Flächen werden fein geschlichtet und geschmirgelt, unter Umständen auch poliert; man nennt diese Arbeit verputzen. An gewölbten Flächen dürfen ebenfalls keine Unregelmäßigkeiten fühlbar sein.

Feilen eines sechsseitigen Prismas (Sechskants) aus Rundmaterial. Eine Stirnfläche ist genau eben abzurichten und auf dieser mit dem Spitzzirkel ein sehr feiner Kreis zu ziehen, dessen Durchmesser dem für die Flächen vorgeschriebenen Maße entspricht. Der Kreis muß mit dem Fingernagel fühlbar sein. Hierauf werden zwei sich gegenüberliegende Flächen winkelrecht zur Stirnfläche so abgefeilt, daß sie den Kreis berühren und genau parallel sind. Dieselbe Arbeit wiederholt sich bei den übrigen Flächen, deren gegenseitige Lage durch den Sechskantwinkel (Fig. 8) bestimmt wird. Ist es aus irgendeinem Grunde nicht möglich, nach diesem Verfahren zu arbeiten, so verfährt man wie bei Vierkant.

Quadratisches Paßstück. Einarbeiten eines quadratischen Loches mit der Feile. Diese Ar

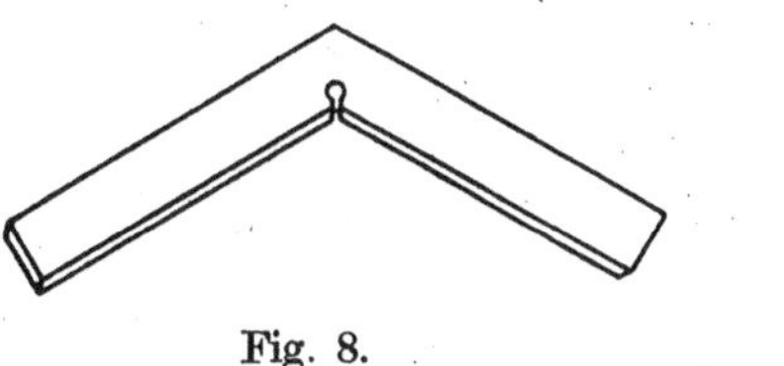

Fig. 8.   Fig. 9.

beit gelingt dem Anfänger sehr selten sofort; es empfiehlt sich deshalb, sie in zwei Abschnitten auszuführen. Besondere Werkzeuge: ein Kreuzwinkel (Fig. 9), ein Richtlineal und eine Lehre.

Beispiel. Es soll ein für die quadratische Geradführung eines Maschinenteils bestimmtes Loch auf 40 mm scharfkantig ausgefeilt werden; die Stirnfläche um das Loch ist eben gedreht, das Loch auf 39 mm vorgebohrt.

Es ist zuerst die Lehre zu fertigen; man feilt ein Stückchen, etwa 2 mm starkes Blech genau quadratisch auf 39,5 mm und schrägt seine Kanten so ab, daß nur eine ungefähr $^1/_2$ mm breite Berührungsfläche stehenbleibt. Die spitzen Ecken sind leicht zu brechen. Diese Lehre kann nun dazu benutzt werden, das Loch anzuzeichnen; man gibt ihr die richtige Lage mittels Anschlagwinkel oder vorgemerkter Richtlinie.

Nun wird das Loch nach den vorgezeichneten Linien ausgefeilt, die Flächen müssen genau eben, senkrecht und im Winkel sein. Die Lehre ist an allen Stellen hochkant (senkrecht) zu probieren. Besondere Sorgfalt ist auf die Ecken zu verwenden; da diese nie messerscharf werden, müssen auch die Ecken der Lehre gebrochen sein. Ist die Arbeit so weit gediehen, daß die flach aufgesetzte Lehre zwar anpackt, aber noch nicht durchgeht, so schiebt man das Stück über ein feststehendes Richtlineal und gibt ihm mittels eines an die Stirnfläche angelegten Anschlagwinkels die Führung. Die tuschierten Stellen sind unter stetiger Kontrolle der Lehre nachzunehmen; das Tuschieren und Nacharbeiten ist so oft zu wiederholen, bis die Lehre flach durchgeht. Hält man das

Werkstück mit der Lehre gegen einen hellen Hintergrund (Fenster, Licht, weißes Papier), so soll der sichtbare Lichtspalt ringsum gleichmäßig verteilt sein (Lichtspaltmethode). Es wird sich nun bei näherer Untersuchung zeigen, daß trotz aller Sorgfalt das Loch doch nicht vollkommen geworden ist; doch wird die Arbeit bei der folgenden Wiederholung schon besser gelingen.

Man streckt die Lehre, feilt sie jetzt auf genau 40 mm sorgfältig quadratisch und wiederholt die Arbeit in der beschriebenen Weise, bis die Lehre gut passend durchgeht.

Einpassen des Führungstückes. Dieses kann mit der Maschine bis auf Zugabe von $^2/_{10}$ mm vorgearbeitet sein, so daß nur das Abrichten und Einpassen in Frage kommt. Beim Probieren des Stückes vermeide man jede Gewalt; Lehrlinge nehmen das meist zu leicht und können es nicht erwarten, bis der Zapfen durch ist. Sie treiben das Paßstück mit Gewalt ein und meinen, die etwa noch vorhandenen Ungenauigkeiten werden sich dabei auf bequeme Weise von selbst ausgleichen. Weit gefehlt, denn solches Vorgehen hat in den meisten Fällen zur Folge, daß die Paßflächen anfressen und das Loch aufgetrieben, also zu weit wird. Trotzdem muß probiert werden. Stimmt das Führungstück mit dem Maße der Lehre überein, und ist es sauber eben und rechtwinklig, den Kanten die Schärfe genommen, so fettet man es ein und probiert es jetzt recht vorsichtig. Es darf nur leicht und so weit eingestoßen werden, wie es ohne ersichtlichen Zwang geht. Meist werden noch die Kanten spannen. Die Reibstellen werden nun einige Male nachgenommen, bis das Stück von Hand verschiebbar ist. Bei derartigen Führungen ist auch auf die Temperatur der Stücke zu achten; sie soll bei beiden Teilen gleich sein.

Das Feilen und Abziehen dünner Stücke.

Um auch die Flachseiten dünner Stücke bearbeiten zu können, befestigt man diese, falls nicht eine besondere Einspannvorrichtung für solche Zwecke vorhanden ist, mit Stiften, Feilkloben oder Schraubzwingen auf einem ebenen Holzstück und spannt dieses in den Schraubstock.

Das Strichaufziehen (Abziehen mit quergehaltener Feile). Das übliche Verfahren zur Erzielung eines sauberen Längsstriches an vorgearbeiteten Flächen. Man faßt hierbei die Feile nicht am Heft, sondern läßt dieses frei. Beide Daumenspitzen kommen an die hintere, die übrigen Fingerspitzen an die vordere Feilenkante zu liegen. Beide Hände sind so nahe wie möglich zusammenzurücken. Zur Sicherung der Haltung ist mehrmaliges Abwiegen der stillgehaltenen Feile nützlich. Geringe Zugabe von Öl verfeinert den Strich. Schmirgelleinwand, Karborundumpapier u. dgl. dürfen auch hier nur in einfacher Wicklung um die Feile gelegt werden und sind straff anzuspannen.

Das Katzgraufeilen. Unter dieser Bezeichnung versteht man das Ausgleichen der Unebenheiten an rohen Schmiede- und Gußstücken deren Oberflächen keine weitere Bearbeitung erfahren.

Das Kreischen. Das beim Feilen schwacher Gegenstände häufig auftretende widerliche Kreischen rührt von unrichtigem oder ungenügendem Einspannen her.

Das Schaben.

Dieses Arbeitsverfahren dient zur Fertigbearbeitung vorgearbeiteter Flächen durch Schneidwerkzeuge, die Schaber genannt werden. Man unterscheidet Stoßschaber (Fig. 10), Dreikantschaber (Fig. 11) und Herz- oder Universalschaber (Fig. 12). Stoßschaber haben eine flache, Dreikantschaber eine dreikantig ausgespitzte Schneide, während diejenige der Herzschaber verschiedenartig geformt und meist auswechselbar ist. Durch Schaben kann die größte bei Handarbeit erreichbare Genauigkeit erzielt werden, da bei richtiger Anwendung der Schabwerkzeuge die abgetrennten Spänchen kaum meßbar sind und jede Mitberührung von Fehlstellen leicht vermieden werden kann.

Schaben einer kleineren Fläche mit dem Stoßschaber. Die zu schabende Fläche muß sauber vorgeebnet und geschlichtet sein! Man nimmt den Schaber mit dem Heft in die rechte Hand und legt die Linke so über die Rechte, daß ihr Ballen noch auf den Schaber drückt. Die Winkelstellung des Schabers

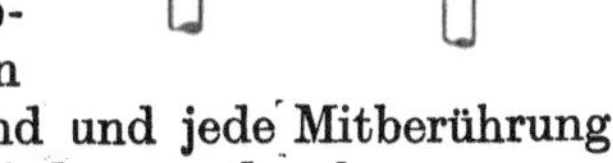

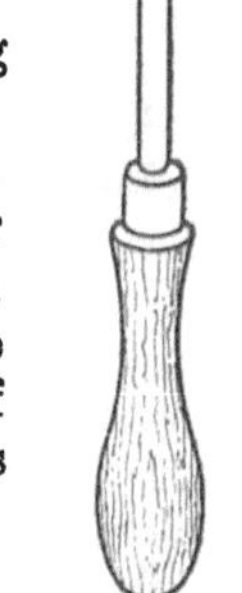

Fig. 10.
Stoß-
schaber.

Fig. 11.
Dreikantschaber.

Fig. 12.
Herz-
schaber.

ist danach zu wählen, wie der Schaber am besten schneidet; jeder Stoß muß ein Spänchen abtrennen. Es werden nun an allen tuschierten Punkten Spänchen abgeschabt; ist die ganze Fläche durchgenommen, reibt man sie mit einem kleinen Stückchen Schmirgelleinwand ab, das nicht mehr als eine Fingerspitze zu bedecken braucht, um die hängengebliebenen Spänchen zu entfernen, wischt die Fläche noch mit reinem Lappen, Papier oder mit dem Rücken der Hand ab und tuschiert von neuem. Dieses Tuschieren und Durchschaben ist so oft zu wiederholen, bis die „tragenden Punkte", auch Mücken genannt, sich gleichmäßig und fein verteilt zeigen. Die Schabrichtung ist nach jedem Durchschaben zu wechseln, so daß die Schabstriche sich möglichst kreuzen; doch ist zu vermeiden, daß der Schaber gegen den Rand oder gar darüber hinaus stößt, da dies abfallende Kanten gibt und der Arbeit ein schlechtes Aussehen verleiht. Man schabt an den Kanten entweder gleichlaufend mit diesen oder so, daß der Schaber schräg zur Kante stehend, diese überragt (Fig. 13). Nach anderer Methode stützt man nicht den Ballen, sondern zwei oder drei Fingerspitzen der linken Hand auf den Schaber und wechselt durch seitliches Hin- und Herschwenken mit der Rechten ununterbrochen die Schabrichtung. Da geschabte Flächen messerscharfe Kanten haben, darf es nicht versäumt werden, diese zu brechen. Es ist ein Fehler, wenn Lehrlinge den Schaber benutzen, um Flächen, die sie gerade feilen sollen, mit Hilfe dieses Werkzeuges zu ebnen, denn auf diesem Wege lernt ein Lehrling niemals sicher und gerade feilen.

Fig. 13. Schaben an Kanten.

Das Meißeln.

Beispiel. Von einer ca. 20 mm breiten und 100 mm langen Fläche eines schmiedeeisernen Maschinenteils sind in gleichmäßigen Spänen 10 mm abzutrennen. Man spannt das angezeichnete Stück möglichst in Schraubstockmitte und in der Richtung ein, wie gemeißelt werden soll. Der Lehrling befleißige sich nun, indem er den Meißel mit der linken und den Hammer mit der rechten Hand erfaßt, gleichmäßige Späne abtrennen zu lernen. Er schaue dabei unverwandt auf den Span, der Hammer muß den Weg selbst finden, sollte es anfangs auch ab und zu einmal daneben gehen. Der Meißel ist hinter der Mitte, der Hammer am Stielende zu halten. Es empfiehlt sich, die Meißelschneide öfters anzunetzen, sie dringt dann leichter in das Material ein. Vorbedingung für ein flottes, sauberes Meißeln ist ein guter scharfer Meißel. Der Lehrling merke sich folgendes: bricht ein Meißel bei ordnungsmäßigem Gebrauch aus, so ist er zu hart; wird er auffallend schnell stumpf oder legt sich die Schneide um, so ist er zu weich. In beiden Fällen muß der Meißel neu gehärtet werden. An einem richtig gehärteten Meißel greift eine Schlichtfeile bei langsam vorgenommener Feilprobe noch schwach an. Hält ein Meißel auch nach erfolgter richtiger Härtung nicht, so besteht er entweder aus ungeeignetem oder minderwertigem Material, oder er ist verbrannt; in diesem Falle muß der Werkzeugmacher Ersatz beschaffen. Schleifen. Für den Anfang sollte sich der Lehrling seinen Meißel von geübter Hand schleifen lassen und dabei aufmerken, wie man ihn hält und wie die Schnittform erzielt wird; er lerne dies aber baldigst selbst. Da durch das Schleifen der Meißel kürzer und wegen seiner Keilform an der Schneide immer dicker wird, müssen bei jedesmaligem Schleifen auch die beiden an die Schnittflächen angrenzenden Flächen nachgeschliffen werden; die Schneide soll etwa 2, höchstens 3 mm dick sein. Ein dicker Meißel arbeitet schlecht; die Schnittflächen sollen winkelrecht und gleich breit sein.

Die gebräuchlichsten Handmeißel. 1. Flachmeißel (Fig. 14), dünn und breit ausgestreckter Meißel für gewöhnliche Oberflächenarbeiten, zum Abhauen von Stabeisen, Blech u. dgl. 2. Kreuzmeißel (Fig. 15), hinter der Schneide seitlich verjüngter, an den Hochkanten keilförmig gestalteter Meißel zum Aushauen von Nuten und Schlitzen und zum Abkreuzen (Abtrennen) stärkerer Stücke. 3. Schmiernutenmeißel, ähnlich ausgestreckt · wie Kreuzmeißel, besitzt eine ebene und eine gerundete Schnittfläche und dient zur Herstellung von Schmiernuten in Lagern, Führungen und ähnlichem.

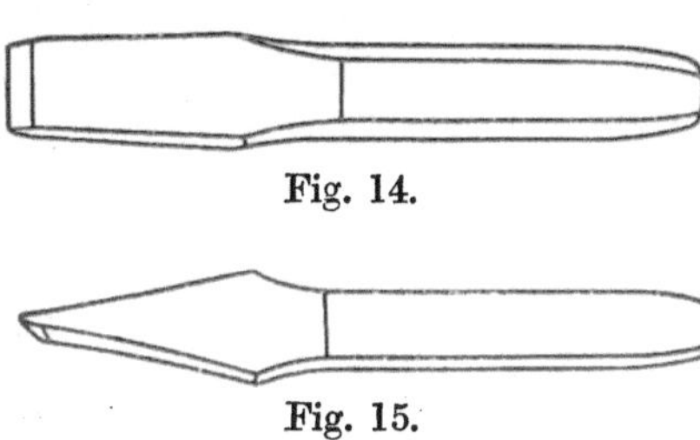

Fig. 14.

Fig. 15.

Der Hammer. Jeder Hammer ist zeitweilig zu prüfen, ob er auch fest auf dem Stiele sitzt; ein loser Hammer klingt beim Schlag. Meist wird es sich bei einem lose gewordenen Hammer nur darum handeln, an Stelle des zu schwachen, vielleicht herausgefallenen Hammerkeiles einen neuen, stärkeren Keil einzutreiben. Ist ein Hammer durch Erwärmung lose geworden, so stellt man ihn ins Wasser. Neuer Stiel (Fig. 16). Hammerstiele werden aus Weißbuchen-, Eschen- oder Hickoryholz hergestellt. Stielform regelmäßig oval, konisch, geradlinig; geschweifte Stiele taugen nicht für den Schlosser. Der Stiel ist stramm einzupassen und schräg einzusägen; er wird an der engeren Seite des Loches eingetrieben und durch einen Keil aus Hartholz oder Eisen gesichert, der das Stielende nach beiden Richtungen auseinandertreibt. Beim Eintreiben des Stieles und des Keiles ist der Hammer am Stiele frei zu halten, da so der Streich am besten zieht. Auswahl der Hämmer. Zu schweren Körpern und kräftigen oder kurzen Schlagwerkzeugen benutzt man in der Regel schwerere, zu kleinen oder leichten Gegenständen und kleinen oder schwachen Schlagwerkzeugen leichtere Hämmer.

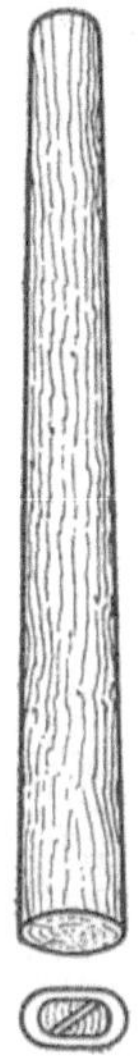

Fig. 16.
Hammerstiel eingesägt.

Linkshändige. Ist ein Lehrling linkshändig, so sollte unter keinen Umständen geduldet werden, daß er die für die rechte Hand bestimmten Werkzeuge in der linken Hand führt; dies gilt besonders für den Hammer. Die Erfahrung lehrt, daß jeder „Linke" rechts arbeiten lernt, sofern er gleich zu Beginn seiner Lehrzeit ernstlich dazu angehalten wird. Bei gutem Willen oder nötigenfalls entsprechendem Zwange wird auch ein Linksgewöhnter schon nach kurzer Zeit befriedigend rechts meißeln und dies später jenen danken, die ihn dazu angehalten haben.

Der Räumdorn und die Räumnadel. Werkzeuge zum Einarbeiten profilierter Löcher in Griffe, Hebel, Scheiben und andere Gegenstände. Der Räumdorn. Fräserartig gezahnter, konischer Stahldorn, der an seiner stärksten Stelle das verlangte Maß hat. Der Räumdorn wird entweder auf der Dornpresse oder mit dem Hammer durchgetrieben. Ist der Dorn reichlich lang, so ist die Arbeit auf einen Zug ausführbar, andernfalls sind für ein Loch mehrere Dorne mit abgestuften Maßen erforderlich. Sehr kurze Dorne dürfen nur zum Ausglätten vorgefeilter Löcher verwendet werden. Die Räumahle auch Räumnadel (Fig. 17) genannt, ist ein dem Räumdorn ähnliches Werkzeug, unterscheidet sich aber von diesem vornehmlich durch gröbere und tiefere Zahnung und durch größere Länge; sie ist wirtschaftlicher als der Räumdorn, da ihre Beanspruchung eine günstigere ist. Räumahlen werden mit ihrem schwächeren Ende in eigens hierfür gebaute Spezialmaschinen eingespannt und langsam durchgezogen. Bohrungen, die unbedingt sauber glatt sein müssen, besonders bei zähem Material, werden mit einer Glätträumnadel (Fig. 18) nachgezogen. Diese Räumnadel darf nicht schneiden, sondern muß durch Drücken und Schaben die einzelnen Unebenheiten beseitigen. Es sind daher von je 5 Zähnen 3 zum Drücken und 2 zum Schaben ausgebildet.

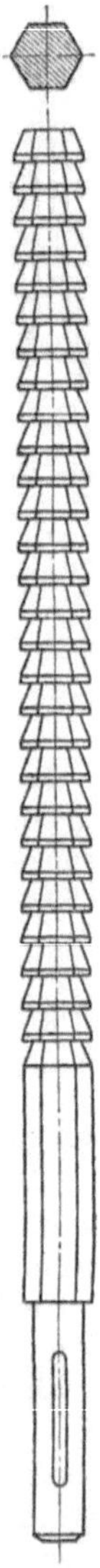

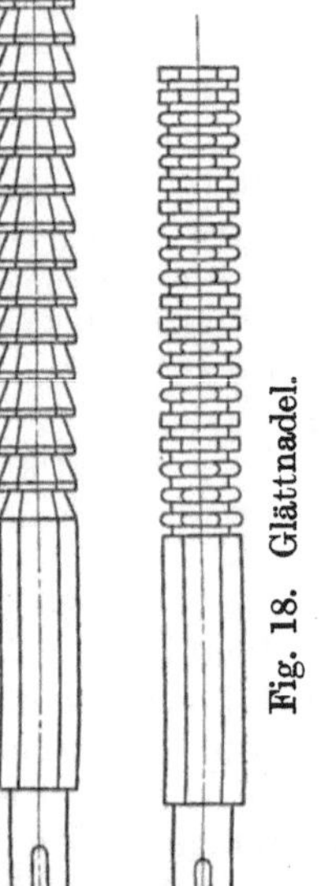

Fig. 17. Räumnadel.

Fig. 18. Glättnadel.

Keilsicherungen.

Keile dienen zur Sicherung und Befestigung festsitzender und beweglicher Maschinenteile. Die bekanntesten Keile sind der Federkeil und der konische Flachkeil. Der Federkeil wird auf der Welle befestigt und hat in der Federnute seinen Sitz. Er wird für verschiebbare Teile immer prismatisch, für festsitzende Teile teils prismatisch, teils konisch hergestellt. Der konische Flachkeil kommt nur für festsitzende Teile zur Anwendung. Die Seitenflächen sind sowohl bei Federkeilen, als auch bei konischen Flachkeilen zylindrisch. Die Keilnuten der Bohrungen müssen bei Verwendung konischer Keile entsprechenden Anzug erhalten, die Keilbahnen der Wellen sind nicht konisch.

Der Anzug konischer Keile beträgt $^1/_{100}$ der Keillänge.

Die Herstellung einer Keilnute in ein Loch als Handarbeit. Keilnuten werden gewöhnlich mit der Maschine hergestellt, d. h. sie werden gestoßen oder gezogen (gehobelt). Besondere Fälle jedoch, wie das Fehlen solcher Maschinen, ungünstige Form der Stücke oder Montagearbeiten machen es manchmal notwendig, diese Arbeiten von Hand auszuführen. Bei Rädern, Riemenscheiben u. dgl. kommt die Keilnut stets über einen Arm zu stehen. Der Anfänger beginnt mit dem Einsetzen eines sogenannten Mittels, das ist ein Steg aus Blech oder Flacheisen, der passend in das Loch gespannt wird, ermittelt den Lochmittelpunkt und zieht einen Kreis auf dem Mittel, dessen Durchmesser der Nutenbreite entspricht. Nun zeichnet man mit kurzem Strich die Nuten-

Keilmaße.*)

Durchmesser der Welle mm	Hohlkeil Fig. 23		Flachkeil Fig. 21		Nutenkeil Fig. 22			
	b mm	h mm	b mm	h mm	b mm	h mm	a mm	c mm
20— 29	11	4	11	4	11	5	3	2
30— 39	13	5	13	5	13	6	4	2
40— 49	14	6	14	6	14	7	4	3
50— 64	16	6	16	6.	16	8	5	3
65— 79	18	7	18	7	18	9	5	4
80— 89	21	8	21	8	21	10	6	4
90— 99	25	10	25	10	25	12	7	5
100—119	30	12	30	12	30	15	9	6
120—139	—	—	—	—	35	18	11	7
140—159	—	—	—	—	40	20	12	8
169—179	—	—	—	—	45	23	14	9
180—200	—	—	—	—	50	25	15	10

Für Quadratkeile (Fig. 25) und Rundkeile (Fig. 25a) wird $a = 0,6 \sqrt{d}$ bis $0,7 \sqrt{d}$ in cm.

tiefe an, stellt eine Schieblehre auf Nutenbreite ein, legt diese flach so über das Loch, daß beide Schnäbel den Kreis berühren und der zwischen den Schnäbeln befindliche Teil der Schieblehrenzunge mit dem für die Nutentiefe vorgemerkten Punkte übereinstimmt, und zeichnet mit einer guten Reißnadel die ganze Nute an, die dann auch unbedingt gerade steht (Fig. 19). Jetzt nimmt man das Mittel heraus und zieht mit Hakenreißnadel und Kreuzwinkel zwei feine Linien durch das Loch, die mit der angezeichneten Nute verlaufen. Längs dieser Linien werden mit einem schlanken Kreuzmeißel zwei getrennte Nuten eingearbeitet, worauf man den stehengebliebenen Damm mit einem breiteren Kreuzmeißel herausholt. Die der Keilnute gegenüberliegende Lochkante darf von dem Meißel nicht berührt werden. Das Aushauen geschieht von beiden Seiten her, je zur Hälfte. Die vorgehauene Nut wird zuerst mit der Flach- oder Vierkantfeile und dann mit der Dreikantfeile sauber, eben und scharfkantig ausgefeilt; der Anzug konischer Nuten kommt, falls nicht beide Naben angedreht sind, immer auf die gedrehte Seite.

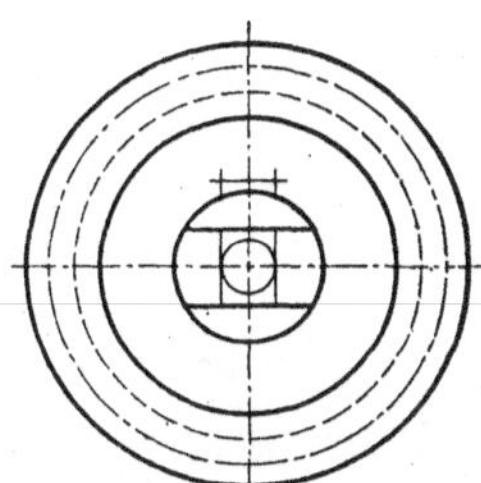

Fig. 19. Keilnute anreißen.

Keilfläche auf die Welle, auch Keilbahn genannt, als Handarbeit. Diese Fläche kommt nur für konische Keile in Betracht; sie wird mit dem Nutenwinkel (Lineal in Winkeleisenform), einem Anschlagwinkel oder mit dem Parallelreißer angezeichnet, mit dem Flachmeißel vorgehauen, sauber gerade gefeilt und abgezogen.

---

*) Aus Hütte, Des Ingenieurs Taschenbuch, Teil I.

Keinesfalls darf eine solche Fläche hinten tiefer sein als vorn, da dies den Anzug der Keilnut ganz oder teilweise aufheben würde. Einen guten Eindruck macht es und verrät den pünktlichen Arbeiter, wenn das Flächenende in eine saubere Hohlkehle ausmündet, deren Rand einen kantigen Halbkreis bildet.

Keilnut an Wellenenden für konische Flachkeile siehe Maschinenarbeiten. **Federnut als Handarbeit.** Man legt die Welle auf der Richtplatte in ein Prismenpaar, stellt einen Parallelreißer auf die Höhe des Wellenmittels und zieht über die Stirnfläche und die Stelle der künftigen Nut eine Mittellinie (Fig. 20). Nun zeichnet man die Nutenlänge an, stellt einen Spitzzirkel auf halbe Nutenbreite und teilt so viele Löcher ab, wie zwischen den Nutenenden untergebracht werden können. Die

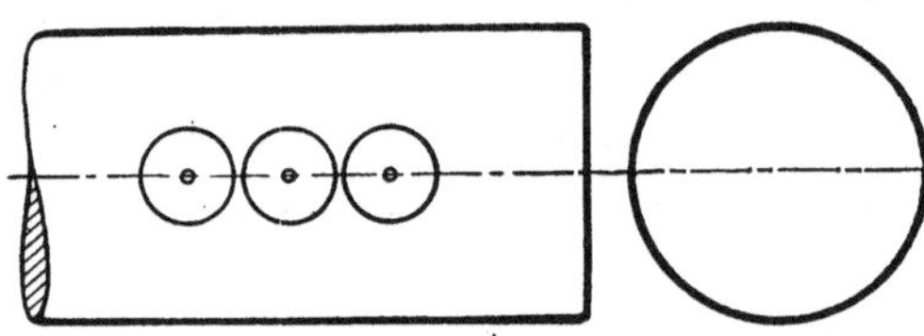

Fig. 20. Federnut zum Vorbohren anreißen.

Kreise dürfen sich gegenseitig nicht berühren, sie sollen etwa $^1/_2$ mm voneinander abstehen, damit beim Bohren die Löcher nicht ineinanderlaufen. Die Kreismittel erhalten kräftige Körner, die Körner sind mit dem Zirkel nachzuprüfen. Nachdem die Nut von kundiger Hand vorgebohrt ist, werden die zwischen den Löchern stehenden Rippen herausgehauen; soweit dies mit dem Kreuzmeißel geschieht, ist dieser für die linkseitigen Rippen rechts, für die rechtseitigen links anzusetzen, damit die Nutenenden nicht beschädigt werden. Der Grund ist zuerst mit einem dünnen Flachmeißel und dann mit einem Stempel zu ebnen; die Seitenflächen werden mit einem senkrecht gehaltenen, einseitig geschliffenen Flachmeißel bearbeitet und mit ebenso gehaltener Feile geglättet.

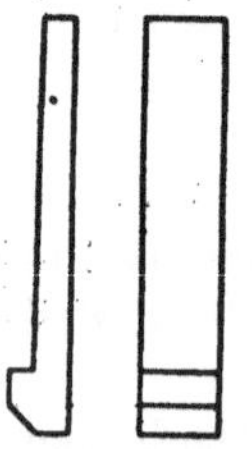

Die Nut soll gleich breit und gleich tief, oben und unten gleich weit sowie scharfkantig sein.

Der Kopf- oder Nasenkeil (Fig. 21) (Handarbeit). Man bringt den Keil in die richtige Länge und feilt dann zuerst seine untere Auflagefläche eben. Hierauf werden beide Seitenflächen auf fertige Breite gefeilt, so daß der Keil ohne Zwang durch die Nut geht. Um die Keilstärke festzustellen, schiebt man die Welle in die Bohrung, dreht sie so, daß Keilnut und Fläche aufeinanderpassen und nimmt zu beiden Seiten das Maß ab. Der Keil wird mit kleiner Zugabe nach den festgestellten Maßen gefeilt und nach dem Brechen der Oberkanten eingefettet und probiert, indem man ihn leicht eintreibt.

Fig. 21.

Das Wiederaustreiben geschieht mit dem Keilzieher oder Keiltreiber, einem Werkzeug aus Meißelformstahl, dessen eines Ende so ausgestreckt ist, daß es leicht in die Nut geht. Die blankgeriebenen Stellen zeigen, wo der Keil trägt; diese werden nachgenommen, worauf man den Keil wieder probiert usf., bis er vollständig trägt und so weit

eingetrieben werden kann (ohne ein Sprengen der Nabe befürchten zu
müssen), daß der Kopf etwa in Nutenbreite von der Nabe absteht. Zuletzt
wird der Kopf gefeilt, dessen Kanten besonders kräftig zu brechen sind.

Der Federkeil, auch Nuten- oder eingelegter Keil genannt (Fig. 22).
Dieser Keil wird zuerst auf Fertiglänge flach abgefeilt und an der unteren
Auflagefläche geebnet; dann werden beide Seitenflächen auf Fertigmaß
gebracht, beide Enden abgerundet und die unteren Kanten gebrochen, worauf man den Keil in die Federnute
einpreßt oder mit dem Hammer eintreibt. Es empfiehlt
sich, die untere Keilfläche mit Tusche zu bestreichen, um
festzustellen, ob der Keil so, wie er soll, auf der Fläche
aufsitzt oder nur auf den Kanten. Man spannt nun den
vorstehenden Teil des Keiles mit Schutzbacken in den
Schraubstock und hebt durch leichten Schlag von unten
die Welle wieder aus, um nötigenfalls nachzuhelfen. Sitzt
der Keil, so stellt man das Höhenmaß — die Keilstärke
— fest und feilt den Keil, ohne ihn aus der Welle herauszunehmen, mit entsprechender Zugabe auf dieses
Maß ab. Bei dem folgenden Probieren wird, wenn es

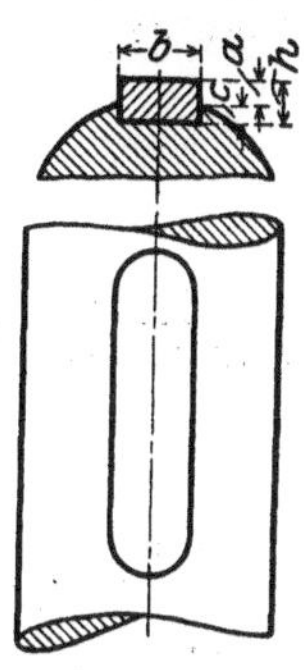

Fig. 22.

sich um festsitzende Gegenstände handelt, die Welle
mit dem Keil eingestoßen, wozu beide Teile einzufetten sind. Bei verschiebbaren Gegenständen muß die Welle mit dem Keil ohne Zwang
durch die Bohrung gehen.

Der Hohlkeil (Fig. 23). Dieser Keil kommt nur in Ausnahmefällen
und bei sehr leichten Übertragungen zur Anwendung; er entbehrt der
Nut oder Fläche auf der Welle und sitzt unmittelbar
auf der Rundung auf. Die Herstellung eines Hohlkeiles
stellt im wesentlichen dieselben Aufgaben wie ein gewöhnlicher Flachkeil, die Auflagefläche wird hohl ausgefeilt und auf die Welle aufgepaßt.

Der versetzte Keil. Muß ein aufzukeilender Gegenstand eine bestimmte Winkelstellung erhalten, und sind
die Nuten bereits vorhanden, so ist der Fall möglich, daß
beide Nuten nicht aufeinander passen. Das kann vorkommen, wenn z. B. auf beide Enden einer Welle Kurbeln aufzukeilen sind, die um 90° oder 180° versetzt sein
müssen. In diesem Falle ist für eine der Kurbeln ein
versetzter Keil erforderlich. Die Versatzmaße werden
mit einer an einem Draht befestigten Lehre festgestellt.

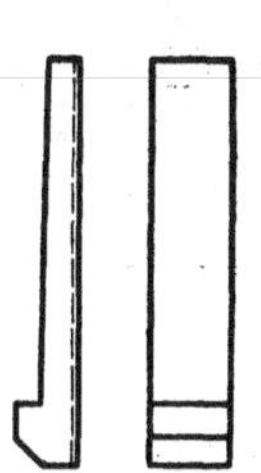

Fig. 23.

Die Lehre ist auf der Anzugseite einzupassen und der Keil auf derselben Seite nach ihr anzuzeichnen. Der Keil wird am besten gehobelt (s. d.); die kleinen Ansätze sollen nicht tragen. Durch das Versetzen des Keiles wird der tragende Querschnitt aber verringert. Ist
man im Unklaren, ob der Keil noch genügend Tragfähigkeit haben wird,
so ist es besser, sachverständigen Rat einzuholen.

Der Woodruffkeil, auch Scheibenkeil genannt (Fig. 24), besitzt radiale Auflagefläche und wird in eine gleichartig eingefräste Nut der

Welle eingelegt. Beim Einpassen ist, falls die Lochnut Anzug besitzt, die mittlere Nutentiefe in Rechnung zu nehmen, da der Keil sich von selbst nach der Grundfläche der Keilnut einstellt. Der Fräserdurch-

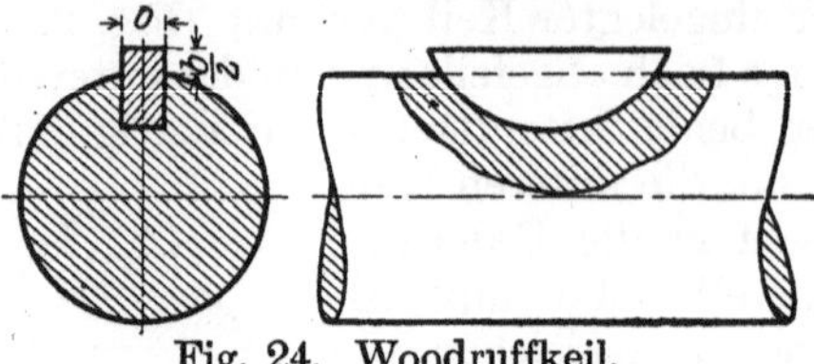

Fig. 24. Woodruffkeil.

messer soll der Keillänge möglichst nahe kommen. Wird die Nut zu flach gefräst, so rutscht der Keil beim Eintreiben und sperrt sich vor der Lochnut. Woodruffkeile sollen bis zur Hälfte ihrer Breite aus der Welle hervorragen.

Der Rundkeil (Fig. 25a) ist ein gedrehter, konischer Stahlbolzen und kommt bei Werkstücken in Anwendung, die an Achsenenden be-

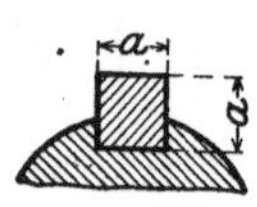

Fig. 25.   Fig. 25 a.
Quadratkeil.   Rundkeil.

festigt werden. Das Loch wird je zur Hälfte in die Achse und zur Hälfte in die Nabe gebohrt und mit einer konischen Reibahle ausgerieben. Der Keil ist vom Dreher einzupassen. Ein festsitzender Rundkeil kann nur durch Auspressen der Achse oder durch Herausbohren wieder entfernt werden.

Der Querkeil (Fig. 26). Kolbenstangen, Schieberstangen und verschiedene Werkzeuge werden zumeist durch Querkeile gesichert. Beide Teile erhalten für die Aufnahme des Keiles einen Schlitz mit gerundeten

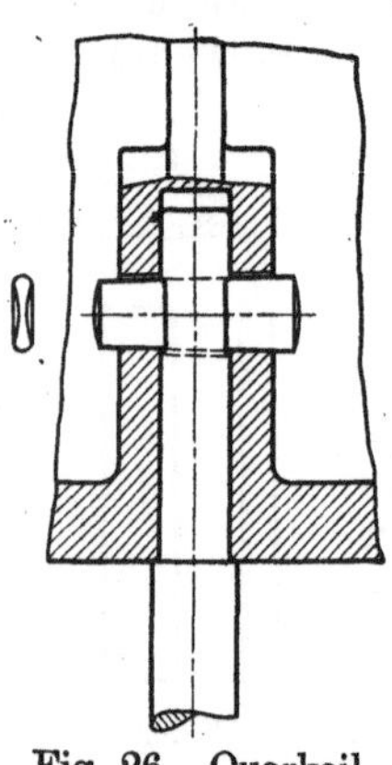

Fig. 26. Querkeil.

Enden, auch Keilloch genannt, der auf der Vorderseite Anzug erhält. Der Schlitz des Zapfens muß gegen das ansteigende Kegelende zurückgesetzt sein, damit der Konus (Kegel) eingezogen werden kann. Keillöcher werden entweder vorgebohrt, ausgehauen und mit der Keillochfeile ausgefeilt oder auf der Langlochbohrmaschine hergestellt. Gewöhnliche Querkeile erhalten häufig Splintsicherung.

Der Verstellkeil ist ein Querkeil für Lager in offenen Gabelstücken, ein konischer Flachkeil mit verankerter Brücke. Der Gabelschlitz muß gegen das Lager Anzug besitzen, damit dieses nachgezogen werden kann.

Der Ringkeil oder Keilring. Innen zylindrisch, außen konisch oder umgekehrt gedrehter, aufgesägter Stahlring, der zur Befestigung von Kreuzkopfbolzen, Scharnierbolzen usw. durch Spannmutter oder Preßring mit dem Bolzen in die Bohrung des Körpers eingezogen wird und eine sehr gute Verbindung beider Teile herstellt. Ausschließlich Dreharbeit.

Stift-, Scheiben- und Splintsicherung.

Der konische Stift (Paß- oder Prisonstift). Verschlußringe, Abschlußscheiben u. dgl. an Maschinenteilen besserer Ausführung (auch Splintringe genannt) werden durch gedrehte, konische Stahlstifte gesichert. Das Loch ist so zu bohren und mit einer konischen Stiftreibahle auszureiben, daß der Ring fest auf den Ansatz gezogen wird. Auch andersgeartete Maschinenteile wie Supporte, Träger, Ständer u. dgl. erhalten Stiftsicherung, damit sie, wenn abgenommen, beim Wiederaufsetzen in die frühere Lage kommen (siehe Montieren).

Die Federscheibe ist eine aufgeschnittene, gehärtete Stahlscheibe; ihre Schnittränder sind seitlich so auseinandergezogen, daß die Scheibe eine kurze, linksgewundene Spirale bildet, deren Kanten das Herausspielen losgewordener Muttern verhindern.

Die Splinte. Diese so unscheinbare Sicherung wird vielleicht am wenigsten beachtet, aber am häufigsten verwendet. Im Maschinenbau finden die Splinte eine ausgedehnte Anwendung zur Sicherung von Schraubenmuttern, Bolzen, Gestängen und anderem; sie bestehen aus sehnigem Halbrundeisen und werden bei ihrer Verwendung aufgespalten. Ein Splint soll satt in das Loch passen, doch darf er nicmals eingeschlagen werden.

Die Kopfsplinte. Gedrehte Kopfbolzen mit eingesägtem Ende für höhere Ansprüche; auch an Stelle konischer Stifte verwendbar.

Schrauben und Muttern.

Zur Verbindung zweier oder mehrerer Gegenstände, insbesondere solcher, bei denen mit Wiederabnahme zu rechnen ist, dienen die Schrauben. Man unterscheidet Schrauben ohne Kopf, sogenannte Stehbolzen, Stift- oder Stielschrauben, Kopfschrauben ohne Mutter, teilweise auch als Stehbolzen bezeichnet, und Kopfschrauben mit Mutter, Mutterschrauben; diese werden auch Schraubenbolzen genannt.

Die Schrauben sind mit Außengewinde, die Muttern mit Innengewinde versehen. Der zwischen Kopf und Gewinde, bzw. zwischen zwei Gewinden befindliche Teil der Schrauben wird Schaft genannt; seine Stärke Schaftstärke, seine Länge Schaftlänge. Den Durchmesser der Gewinde bezeichnet man als äußeren Gewindedurchmesser, das Maß am Grunde der Gänge als Kerndurchmesser; dem Gewindequerschnitt liegt ein gleichschenkliges Dreieck zugrunde. Die Schraubengewinde werden nach verschiedenen Systemen geschnitten; die gebräuchlichsten sind: Whitworthgewinde mit einem Kantenwinkel von 55°; System International (S. I.) mit einem Kantenwinkel von 60° und das Löwenherzgewinde. Das Whitworthgewinde ist nach englischem Maß geschnitten, es wird deshalb auch englisches oder Zollgewinde genannt; System International und Löwenherzgewinde sind metrische Gewinde. Man gibt an: beim Whitworthgewinde die Anzahl Umgänge für 1″ engl., beim S. I. und Löwenherzgewinde die Ganghöhe (Steigung) in Millimetern.

Bei dem englischen Gewinde erhält man die Steigung, indem man die Anzahl der Gewindespitzen oder auch der Gewindelücken zählt, die in einem engl. Zoll enthalten sind; beim metrischen Gewinde, auch Millimetergewinde genannt, mißt man entweder die Entfernung zwischen zwei Gewindespitzen oder man stellt den Maßabschnitt einer bestimmten Anzahl Umgänge fest.

Die gebräuchlichsten Schraubenarten. Schrauben mit Vierkant, Sechskant-, Schwalbenschwanz-, Rund- und versenktem Kopf; Schrauben mit Paßschaft, Nasenschrauben, Stellschrauben für Schlüssel, Schraubenzieher und mit gekordeltem Kopf, Flügelschrauben, Hakenschrauben, Ösen- oder Ringschrauben, Schloßschrauben, Steinschrauben und Metallschrauben mit versenktem oder Halbrundkopf. Die hierfür gebräuchlichsten Muttern: Sechskant- und Vierkantmuttern, Ringmuttern für Haken- und Zapfenschlüssel und gekordelte Muttern. Werden zur Sicherung gegen Losspielen zwei Muttern gegeneinander gezogen, so wird die äußere (höhere) Gegenmutter genannt. Die sogenannte Klemmsicherung ist eine aufgeschnittene Gegenmutter mit angedrehtem steilem Außenkegel. Die untere (Spann)mutter erhält entsprechenden Innenkegel. Wird die Gegenmutter angezogen, so klemmt sie sich auf der Schraube fest.

Schraubenschlüssel. Man unterscheidet: Ein- und doppelmaulige Gabelschlüssel, Geißfuß-, Kanonen-, Haken-, Zapfen- und Steckschlüssel, sowie verstellbare Schraubenschlüssel.

Gewindetabellen.

1. Withworth - Gewinde.

Kantenwinkel 55°, äußere und innere Abrundung $= \frac{1}{6}$.

Äußerer Gewindedurchmesser Zoll	mm	Kerndurchmesser mm	Anzahl der Gänge auf 1 Zoll	Schlüsselweite mm
$\frac{1}{4}$	6,35	4,72	20	14
$\frac{5}{16}$	7,94	6,13	18	16
$\frac{3}{8}$	9,52	7,50	16	19
$\frac{7}{16}$	11,11	8,78	14	21
$\frac{1}{2}$	12,70	9,98	12	24
$\frac{5}{8}$	15,87	12,91	11	27
$\frac{3}{4}$	19,05	15,80	10	33
$\frac{7}{8}$	22,22	18,61	9	40
1	25,40	21,33	8	45
$1\frac{1}{4}$	31,75	27,10	7	50
$1\frac{1}{2}$	38,10	32,67	6	58
$1\frac{3}{4}$	44,45	37,94	5	66
2	50,80	43,57	$4\frac{1}{2}$	75
$2\frac{1}{4}$	57,15	49,01	4	85
$2\frac{1}{2}$	63,50	55,36	4	94
$2\frac{3}{4}$	69,85	60,55	$3\frac{1}{2}$	103
3	76,20	66,90	$3\frac{1}{2}$	112
$3\frac{1}{4}$	82,55	72,54	$3\frac{1}{4}$	120
$3\frac{1}{2}$	88,90	78,90	$3\frac{1}{4}$	128
$3\frac{3}{4}$	95,25	84,20	3	136
4	101,60	90,75	3	145
$4\frac{1}{4}$	107,95	96,64	$2\frac{7}{8}$	154
$4\frac{1}{2}$	114,30	102,98	$2\frac{7}{8}$	162
$4\frac{3}{4}$	120,65	108,82	$2\frac{3}{4}$	172
5	127,00	115,20	$2\frac{3}{4}$	180
$5\frac{1}{2}$	139.70	127,30	$2\frac{5}{8}$	200
6	152,40	139,40	$2\frac{1}{2}$	220

2. Metrisches Gewinde (System International).

Kantenwinkel 60°, Abflachung der Gewindespitzen $^1/_8$, des Grundes bis zu $^1/_{16}$.

Äuß. Gewindedurchm. mm	Kerndurchmesser mm	Ganghöhe mm	Schlüsselweite mm
5	3,81	0,85	10
6	4,60	1	12
7	5,60	1	13
8	6,24	1,25	15
9	7,24	1,25	16
10	7,88	1,5	18
11	8,88	1,5	19
12	9,54	1,75	21
14	11,18	2	23
16	13,18	2	26
18	14,48	2,5	29
20	16,48	2,5	32
22	18,48	2,5	35
24	19,78	3	38
27	22,78	3	42
30	25,08	3,5	46
33	28,08	3,5	50
36	30,36	4	54
39	33,36	4	58
42	35,66	4,5	62
45	38,66	4,5	67
48	40,96	5	72
52	44,96	5	76
60	52,26	5,5	88
72	62,86	6,5	105
80	70,14	7	115

3. Löwenherzgewinde.

(Metrisches Gewinde für Feinmechanik und Optik.)

Kantenwinkel 53° 8′. Abflachung von Spitze und Grund $^1/_8$.

Äuß. Gewindedurchm. mm								
1	1,2	1,4	1,7	2	2,3	2,6	3	3,5
Steigung in mm								
0,25	0,25	0,3	0,35	0,4	0,4	0,45	0,5	0,6
Kerndurchmesser mm								
0,62	0,82	0,95	1,17	1,4	1,7	1,92	2,25	2,6

Äuß. Gewindedurchm. mm								
4	4,5	5	5,5	6	7	8	9	10
Steigung in mm								
0,7	0,75	0,8	0,9	1	1,1	1,2	1,3	1,4
Kerndurchmesser mm								
2,95	3,37	3,8	4,1	4,5	5,3	6,2	7	7,9

Das Gewindeschneiden mit Schneidkluppe und Gewindebohrer.

Die Schneidkluppe. Werkzeughalter, in dessen konische Aussparung die jeweils erforderlichen Gewindebacken eingelegt und durch eine Deckplatte verschiebbar festgehalten werden. Von den beiden Gewindebacken ist in der Regel eine feststehend (sie ruht am Ende der Aussparung), die andere beweglich (sie wird durch eine Stellschraube angedrückt). Der Kopf dieser Schraube ist gewöhnlich mit einer Skala versehen, damit man sich die Schraubenstellung merken kann. Auf den Gewindebacken ist die Maßbezeichnung und Steigung des Gewindes angegeben; zusammengehörige Gewindebacken tragen außerdem besondere gleichartige Erkennungszeichen, damit Verwechslungen vermieden werden.

Schneiden von Schraubengewinden. Das Schraubenmaterial soll vor dem Schneiden $^2/_{10}$ mm schwächer sein als das Maß des äußeren Gewindedurchmessers.

Man spannt die Schraube senkrecht in den Schraubstock und schiebt die Kluppe mit geöffneten Backen darüber, bis das Schraubenende mit den Backen nahezu eben ist. Hierauf zieht man die Stellschraube fest, trägt Öl oder Fischtran auf und treibt die Kluppe soweit nach unten, wie das Gewinde reichen soll. Der Rücktrieb nach oben geschieht ohne Anspannen, da die meisten Backen nur rechtsgehend, d. h. nach unten, richtig schneiden. Besondere Beachtung ist der Schmierung zuzuwenden, die vor jedem Durchtrieb zu erneuern ist. Das Durchtreiben der Kluppe ist so oft zu wiederholen, bis das Gewinde ausgeschnitten ist. Gewöhnliche Schrauben sind so zu schneiden, daß die zugehörige Mutter mit den Fingern eingeschraubt werden kann, ohne zu schlottern. Sobald die Gänge scharf zu werden beginnen, muß probiert werden; gewaltsames Eintreiben der Probiermutter mit dem Schraubenschlüssel, wozu besonders Lehrlinge Neigung zeigen, ist zu unterlassen, da es nur unnötigen Zeitverlust verursacht und die Mutter ausweitet. Eine nach einer ausgeweiteten Mutter geschnittene Schraube ist zu stark, zu ihr paßt keine normale Mutter.

Das Aufschneiden. Stumpfe Backen schneiden das Gewinde auf, d. h. an Stelle des richtigen Schneidens und Spanabnehmens erfolgt bei stumpfen Backen die Bildung der Gewindegänge teilweise durch Pressung. Diese wirft die Gänge auf; der äußere Gewindedurchmesser wird größer. Es muß in diesem Falle die Schraube von vornherein schwächer genommen oder das bereits ausgeschnittene Gewinde auf das richtige Maß überfeilt und nachgeschnitten werden.

Das Verschneiden. Beim Einsetzen der Backen in die Kluppe ist immer darauf zu sehen, daß je zwei zusammengehörige Backen verwendet werden. Stammt z. B. eine der Backen aus einem andern Satz derselben Gewindenummer, so passen die Gänge beider Backen nicht aufeinander. Es sucht nun jede Backe für sich ein Gewinde zu bilden, das sie sich gegenseitig verschneiden.

Das Verlängern geschnittener Gewinde. Um bei der Verlängerung eines bereits fertig geschnittenen Gewindes eine lückenlose Fortsetzung zu erhalten, stellt man die Backen zuerst satt in das Gewinde ein und öffnet sie allmählich, während man die Kluppe auf das Gewindeende treibt, bis die Backen richtig im Span laufen. Nach dem ersten Durchtreiben Fortsetzung wie sonst.

Das Mechanikerschneideisen ist ein Werkzeug zum Schneiden sehr kleiner Gewinde. In eine dünne Stahlplatte sind eine größere Anzahl Gewinde verschiedener Stärken eingeschnitten, deren jedes durch zwei angrenzende Löcher, die das Gewinde durchbrechen, seinen Schnitt erhält.

Gewindebohrer sind bolzenförmige, genutete Schneidwerkzeuge zur

Herstellung von Innengewinden. Man unterscheidet Mutterbohrer und Grundbohrer.

Der Mutterbohrer dient zum Schneiden durchgehender Gewinde hauptsächlich der Schraubenmuttern. Er hat eine seiner Stärke entsprechende reichlich bemessene Gewindelänge und schneidet das Gewinde vollkommen fertig.

Grundbohrer bestehen je nach dem Gewindedurchmesser aus zwei, drei oder mehr Bohrern pro Satz, d. h. einem Vorschneider, einem oder mehreren Mittelschneidern und einem Nach- oder Fertigschneider, deren jeder folgerichtig abgestuft, seinen Teil an dem Gewinde zu schneiden hat. Grundbohrer sind kürzer als Mutterbohrer und dienen vorzugsweise zum Einschneiden von Gewinden in Löcher, die nicht durchgehen, in sogenannte Sacklöcher. Bei Gewindebohrern ist außer den Maßen und der Steigung auch die Aufeinanderfolge angegeben.

Windeisen sind Werkzeughalter, in deren mittleren, meistens flachen Teil mehrere quadratische Löcher eingearbeitet sind, die zu den Vierkanten der Gewindebohrer passen. Bei dem sogenannten Kugelwindeisen ist der mittlere Teil kugelförmig ausgebildet; in die Kugelform sind vier verschieden große Löcher gleichmäßig verteilt. Bei diesem Windeisen kann ein Hebelarm abgeschraubt werden, damit man auch in Ecken und neben Ansätzen, wie überhaupt an Stellen, wo man mit dem doppelarmigen Windeisen nicht herumkommt, Gewinde einschneiden kann. Für besonders schlecht zugängliche Stellen gibt es außerdem gekröpfte, einarmige Windeisen.

Die Bohrung. Maß für Gewindelöcher = Kerndurchmesser $+ 0,2$ mm; im allgemeinen bohrt man nach der Schaftstärke der Gewindebohrer.

Genaue Bohrermaße für Präzisionsarbeiten siehe „Bohrtabellen".

Scharfe und stumpfe Gewindebohrer. Scharfe, also gut schneidende Gewindebohrer werden nur nach rechts gedreht; stumpfe Bohrer müssen öfter einige Gänge zurückgetrieben werden und sind der Gefahr des Abbrechens weit mehr ausgesetzt als solche, die gut schneiden, da für ihren Durchtrieb ein größerer Kraftaufwand nötig ist, als der Bohrer aushält.

Schneiden mit Mutterbohrern. Gewindebohrer gut ölen, gerade durchtreiben. In den meisten Fällen kann man mit dem Winkel feststellen, ob der Schaft senkrecht steht. Bei kurzen Löchern läuft ein Gewindebohrer nicht ohne weiteres gerade durch, da ihm das Loch nur geringe Führung gibt. Ursachen der Ablenkung: schief gebohrtes Loch oder einseitiger Druck auf das Windeisen. Dreht man den etwa zur Hälfte eingetriebenen Gewindebohrer zwischen den Fingern, so zeigt es sich, ob die zu schneidende Mutter gerade steht; sie wird in diesem Falle seitlich gerade laufen. Sitzt sie schief, so wird sie seitlich schwanken (schlagen), deshalb muß beim Weiterschneiden ein leichter Druck nach der abstehenden Seite ausgeübt werden.

Schneiden mit Grundbohrern. Die einzelnen Bohrer werden der Reihenfolge nach eingetrieben. Da Grundbohrer nur kurzen Anschnitt haben, müssen sie bei Beginn des Schneidens entsprechend angedrückt werden. Vorsicht, wenn die Bohrer den Lochgrund erreichen. Ist bei Grundbohrern die Abstufung nicht sorgfältig durchgeführt, so werden einzelne Bohrer überlastet, denn sie müssen doppelte Arbeit leisten. In solchen Fällen kann man bei Vorschneidern manchmal mit dem folgenden Bohrer nachhelfen. Geringe Unachtsamkeit kann zu recht unangenehmen Folgen führen, indem ein abgerissener Gewindebohrer nur selten ohne Beschädigung des Werkstückes aus dem Loch herauszubringen ist.

Herausholen abgerissener Gewindebohrer. Den Stumpen mit einem schwachen Durchschlag und einem leichten Hammer lösen und rückwärts zu drehen suchen, oder mit einem spitzen, harten Werkzeuge zersplittern, die Splitter mit Spitzzange, Pinzette oder Magnet herausziehen. Andernfalls den ganzen Körper oder — bei großen Stücken — einen Teil desselben ausglühen und den Stumpen herausbohren.

Die Gewindebohrerbeilage. In Ausnahmefällen kommt es vor, daß ein Gewindeloch nach einer Schraube geschnitten werden muß, deren Durchmesser ein wenig stärker ist als der des Gewindebohrers. Man hilft sich hier, indem man einen schmalen dünnen Messingblechstreifen mit dem Fertigschneider einlaufen läßt, so daß der Gewindebohrer das bereits fertiggeschnittene Gewinde ausschabt.

Herstellen einer Stiftschraube. An Stellen, denen mit gewöhnlichen Kopfschrauben nicht beizukommen ist, werden zur Befestigung von Maschinenteilen u. dgl. Stehbolzen eingeschraubt. Es sind dies Schrauben, die statt des Kopfes ein zweites Gewinde haben.

Abhauen von der Stange. Man setzt die Stange so auf die Unterlage (Ambos oder dgl.), daß sie an der Stelle aufliegt, wo abgehauen werden soll, wählt einen möglichst kurzen, aber kräftigen Flachmeißel, hält ihn zwischen Daumen, Zeige- und Mittelfinger und stellt ihn senkrecht auf das Eisen. Mit den beiden übrigen Fingern hält man die Stange, die natürlich am andern Ende aufliegen muß, und dreht sie nach jedem Hieb um Hiebesbreite. Hierbei ist darauf zu achten, daß die Hiebrinne nicht spiralförmig verläuft; es sollen beide Enden zusammentreffen. Ist die nötige Hiebtiefe erreicht, so setzt man die Einhaustelle auf die Amboßkante und schlägt den Bolzen mit einem kräftig geführten Hieb weg.

Schneiden. Sind beide Bolzenenden sauber gerundet, so wird zuerst der Teil geschnitten, der die Mutter erhält; diese muß von Hand gehen. Nachdem die Mutter eingeschraubt ist, gesellt man zu ihr noch eine zweite, die Gegenmutter, und zieht beide Muttern kräftig gegeneinander. Jetzt spannt man den Bolzen an der Gegenmutter in den Schraubstock und schneidet das andere Gewinde. Dieser Teil darf nicht von Hand gehen, er ist vielmehr so zu schneiden, daß zu seinem Einschrauben ein Schlüssel nötig ist. Stiftschrauben werden mit der Gegenmutter ein-, mit der Spannmutter herausgeschraubt, sofern nicht eine sogen. Druckmutter*) (Fig. 27) zur Verfügung steht; zum Lösen der Gegenmutter ist ein zweiter Schlüssel erforderlich.

---

*) Geschlossene Mutter mit Stellschraube.

Die Einspannmutter. In manchen Fällen empfiehlt es sich, eine ältere Mutter aufzusägen und mit ihr den Bolzen einzuspannen; sie erfaßt den Bolzen wie ein Spannbacken.

Die Holzschrauben. Holzschrauben werden mit ein-gesägten-, Versenk- und Halbrundköpfen, mit Schlüssel-köpfen und als Ringschrauben hergestellt. Sie sind mit sogenanntem Holzgewinde versehen, bei dem die Gänge messerartig dünn, die Lücken dagegen um ein Mehr-faches breiter ausgeschnitten sind, damit das Gewinde leicht in das Holz eindringt und die im Holze sich bilden-den Gewindegänge kräftig bleiben. Das Gewinde ist an-gespitzt, es wird auf Spezialmaschinen geschnitten oder warm ausgewalzt.

Schloßschrauben sind Mutterschrauben mit flachge-wölbtem Kopf; hinter dem Kopf befindet sich ein Vier-kant, der in das Holz eingeschlagen wird und der Schraube ihren Halt gibt.

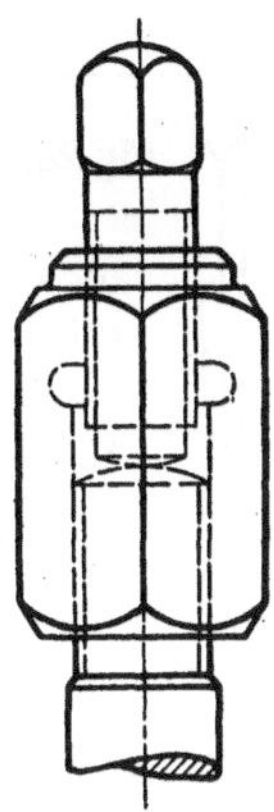

Fig. 27. Druck-mutter zum Einschrauben von Stift-schrauben.

Die Reibahle.

Reibahlen für den Handgebrauch der Schlosser und Monteure sind spindelförmige, genutete Schneidwerkzeuge, die zum Aufreiben vor-gebohrter Löcher dienen. Man unterscheidet zylindrische und konische Reibahlen. Die zylindrischen Reibahlen haben entsprechenden An-schnitt, der entweder glatt konisch, oder gewindeartig gestaltet ist, und teils grobe, teils feine Zahnung; die konischen Reibahlen sind auf ihrer ganzen nutzbaren Länge gleichmäßig konisch (Stift- und Hahnen-reibahlen) und fast immer fein gezahnt. Die Nutung ist je nach Art der Ausführung teils geradlinig, teils rechts-, teils linksspiralig. Die Schnei-den werden bei grober Zahnung hinterfeilt, bei feiner dagegen hinter-schliffen. Geradlinig genutete Reibahlen erhalten entweder unregel-mäßig verteilte — oder nur teilweise Nutung mit Führungsfläche. Das Untermaß der Löcher soll für zylindrische Reibahlen höchstens 0,5 mm betragen. Stark konische Reibahlen dürfen nicht in zylindrischen Löchern verwendet werden, die Bohrung muß wenigstens annähernd auf den Kegel der Reibahle vorgearbeitet sein. Reibahlen dürfen nur gegen den Schnitt, also nach rechts gedreht werden, andernfalls brechen ihre Schneidkanten aus. Diese arbeiten nur gut, solange sie freischnei-dend sind, d. h. solange der Zahnrücken nicht aufläuft. Erzittern sie, oder haken sie im Loche fest, so haben sie gewöhnlich zu viel Schnitt.

Nachstellbare Reibahlen bestehen aus einem Hauptkörper und meh-reren Messern. Ältere Bauart. Der Hauptkörper hat gewöhnlich fünf am Grunde konische Längsnuten, in welche die Messer eingefügt sind. Die Messer werden durch zwei Muttern gehalten und durch Ver-schieben verstellt. Neuere Bauart. Der Hauptkörper ist konisch ausgebohrt, die Messer sind in durchgehenden Schlitzen verschiebbar

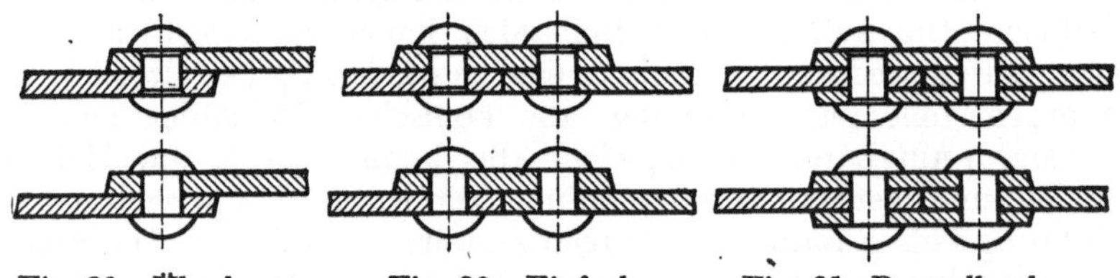

und werden durch einen konischen Dorn nachgestellt. Den Durchmesser genuteter Schneidwerkzeuge kann man nicht mit der Schieblehre feststellen, weil sich ihre Schneidkanten fast niemals genau gegenüberliegen und die einzelnen Schneiden manchmal ungleichmäßig nachgearbeitet (geschliffen) sind. Reibahlen kann man mit der Lochlehre und mit Lehrringen messen; will man ganz sicher gehen, so muß man ein Probeloch ausreiben.

Die **Winkelreibahle** (Fig. 28) ist ein beiderseitig ausgespitztes, im rechten Winkel umgebogenes scharfkantiges Werkzeug zum Aufweiten kleiner Löcher in schwachwandigen Gegenständen.

Nietverbindungen.

Nieten dienen zur Herstellung fester Verbindungen, die nicht wieder gelöst werden sollen.

Man unterscheidet feste Nietung, Dichtnietung und feste Dichtnietung. Feste Nietung wird angewendet bei der Herstellung von Blech- und Eisenkonstruktionen, Maschinenteilen und ähnlichem. Dichtnietung bei der Herstellung von Behältern für niederen Druck; Dampfkessel erhalten feste Dichtnietung.

Nach Art der Zusammensetzung unterscheidet man: Überlappte Nietung (Fig. 29) und einfache (Fig. 30) oder Doppellaschennietung (Fig. 31); bei der Nietteilung ein- und mehrreihige, parallele oder ver-

| Fig. 29. Überlappte Nietung. | Fig. 30. Einfache Laschennietung. | Fig. 31. Doppellaschennietung. |

setzte Teilung. Um der Rostbildung zwischen genieteten Teilen entgegenzuwirken, ist es vorteilhaft, diese vor dem Zusammensetzen mit Öl, Ölfarbe oder Teer zu bestreichen; das gilt aber nur für feste Nietung. Bei Dichtnietung dürfen die Teile nur mit Öl leicht abgewischt werden.

Die Nieten werden je nach dem Verwendungszweck aus den verschiedensten Metallen, für den Maschinenbau jedoch hauptsächlich aus sehnigem Schweißeisen, als gestauchte, flach- und halbrundgekopfte, halb- und ganzversenkte Nieten hergestellt. In besonderen Fällen, wie z. B. für beiderseitig versenkte Löcher fertigt sich der Schlosser auch selbst Nieten aus Draht oder Rundeisen.

Kalt- und Warmnietung. Bis zu der Stärke von 8 mm werden Nieten kalt, darüber hinaus warm geschlagen.

Die Nietlänge. Die Länge der Nieten ist durch die Materialstärke, die Nietstärke und die Art der Nietung bedingt; versenkten Nieten ist für starke Versenkungen das Maß der Nietstärke, Kopfnieten das Anderthalbfache derselben zuzuschlagen. Beispiel: Die zu nietenden Teile messen zusammen 20 mm, die Nietstärke beträgt 10 mm. Länge für versenkte Nieten = 20 + 10 = 30 mm, für Kopnieten 20 + 15 = 35 mm.

Nietwerkzeuge. Für Kaltnietungen: Gewöhnliche Schlosserhämmer, verschiedene Nietenzieher und Nietenkopfer, auch Döpper und Schellhämmer genannt und ein Vorhalteisen; für Warmnietungen: Stauchhämmer, Döpper, Vorschlaghämmer, Nietgesenke oder Vorhalteisen, Nietwinden, Hohlmeißel, Brochen (konische Stahldorne) und Stemmer. Der Nietenzieher (Fig. 32) ist ein im unteren Teile röhrenartiger Stahlstempel, der über die eingebrachte Niete gesteckt wird. Die Niete darf nicht am Grunde der Bohrung aufsitzen und muß auch seitlich in dieser Spielraum haben. Der Döpper (Fig. 33).

Fig. 32.

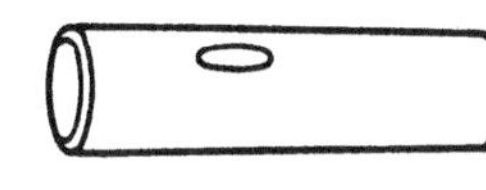

Fig. 33.

Gehärteter Stahlstempel mit hohlkugelartiger Versenkung, die der Form des Nietkopfes entspricht. Der Rand dieser Versenkung ist nach außen meißelartig abgeschrägt, bildet somit eine kreisförmige Schneide, die das überschüssige Material des Nietkopfes abtrennt. Kleinere Döpper werden frei gehalten, größere für Warmnietung sind entweder mit einem Stiel versehen, oder sie werden in eine Greifzange gespannt. Man umwickelt solche Döpper des besseren Haltes wegen und um das Prellen aufzuheben mit Leder; die Zange wird mittels Spannring zusammengehalten. Der Stauchhammer dient zum Hinunterstauchen warmer Nieten; er hat kreisrunde, ebene Bahnen, ist auffallend lang und gegen die Bahnen konisch abgeschwächt. Der Stiel hat die Länge eines größeren Bankhammers, wird aber mit beiden Händen gehalten. Die eigenartige Form des Hammers erleichtert das ungehinderte Zusammenarbeiten mehrerer Hämmer. Die Nietwinde, auch Türke genannt, ist eine Schraubwinde, die bei der Herstellung von Eisenkonstruktionen, Kesselnietungen u. dgl. auf Holzunterlage gestellt und unter den Nietkopf gespannt wird. Das Nietgesenke. Stählerner Untersatz zur Aufnahme des Nietkopfes als Einsatz für die Nietwinde oder mit quadratischem Zapfen zur Verwendung an Amboß, Lochplatte u. dgl.

Der Stemmer. Kantiger Stahlstempel in verschiedenen Formen. Der Hohlmeißel dient zum Abgraten der Nietköpfe, die Broche zum Zusammenziehen der Teile.

Das Nieten. 1. Kalt. Nieten dürfen nur mit der Breitbahn des Hammers bearbeitet werden; die Anwendung der Schmalbahn (Finne) macht sie unganz und spröde Spröde Nietköpfe springen bei starker Beanspruchung ab. Nieten sollen leicht ins Loch gehen aber nicht schlottern. a) Kopfnieten. Lochkanten zu beiden Seiten leicht ansenken (Kantenbrechen), damit die Nietköpfe keine messerscharfen Ecken erhalten. Beide Teile mit dem Nietenzieher zusammenziehen.

Die Nieten gerade hinunterstauchen. Neigen sie sich zur Seite, so kommt der Kopf neben seinen Bestimmungsort, er wird versetzt. Der gleichmäßig angestauchte Nietkopf wird mit dem Döpper fertiggeformt; der Kopf soll ringsum anliegen, die Schneidkante de: Döppers darf nicht in das Material eindringen. b) Gestauchte (spitzgekopfte) Nieten. Nur für grobe Arbeiten; ihre Köpfe werden nicht geformt. c) Versenkte Nieten dürfen nur so weit verhämmert werden, bis die Versenkung vollständig ausgefüllt ist; bei Nichtbeachtung dieser Bedingung hämmert man das überschüssige Nietmaterial in die Umgebung der Versenkung ein, was vollständig zwecklos ist und der Arbeit ein schlechtes Aussehen gibt. Die Überreste versenkter Nieten lassen sich nicht durch weiteres Hämmern einebnen, sie müssen mit der Feile oder sonstigen Schneidwerkzeugen entfernt werden. Handelt es sich um starke Nieten, die mit dem Flachmeißel geebnet werden, so ist von mehreren Seiten ein Span anzusetzen, da andernfalls die scharfen Ränder der Nieten ausbrechen. Flächen, die der Nachbearbeitung oder Abnützung unterworfen sind, müssen sehr spitz versenkt werden, damit die Nietköpfe so tief wie möglich in das Material hineinragen. d) Halbversenkte Nieten erhalten nur geringe Versenkung und flachgewölbten Kopf.

2. Warmnieten. Löcher zu beiden Seiten ansenken, die Teile zusammenspannen und ausrichten. In jedes Nietloch eine kalte Niete probieren, nötigenfalls Stahldorn (Broche) eintreiben. Die Nieten müssen in kaltem Zustande $^1/_2$—1 mm Spiel haben, sie sind in Schweißhitze einzubringen; die Arbeit muß so flott von statten gehen, daß der fertige Kopf noch dunkelrotwarm ist. Klingen die Schläge hart, so ist die Niete fertig. a) Gestauchte Köpfe. Flach abplatten oder stumpfkegelig anspitzen; nur für untergeordnete Arbeiten. b) Dichtnieten. Dünnwandige Niederdruckbehälter werden durch Mennige, Mangankitt oder Leinwandstreifen abgedichtet, bei Hochdruckbehältern werden Nieten und Näte gestemmt.

Das Blech.

Eisenblech. Man unterscheidet Fein- und Grobbleche; erstere in Stärken von 0,2 bis zu 3 mm, letztere von 3 mm aufwärts. Feinblech kommt teils schwarz oder blankgewalzt, teils verzinnt oder verzinkt in den Handel. Das Schwarzblech wird auch Sturzblech genannt; das sogenannte Glanzblech ist kaltgewalztes Schwarzblech; es hat blaugraue Färbung und wird im Maschinenbau zu Verkleidungen verwendet. Verzinntes Eisenblech kommt vorwiegend für Klempnerarbeiten in Betracht und ist unter dem Namen Weißblech bekannt. Das verzinkte Eisenblech ist entweder galvanisch oder nach dem Metallspritzverfahren behandelt oder im Feuer verzinkt, es eignet sich für die Herstellung von Gefäßen und für Bauzwecke. Dekapiertes Blech ist gebeiztes Blech.

Grobbleche verwendet man für Behälter und Eisenkonstruktionen. Abarten der Grobbleche sind das Riffelblech und das Buckelblech;

beide werden in zahlreichen Mustern durch Walzen hergestellt und zu Abdeckungen und Bodenbelag verwendet.

Weitere für Schlosser in Betracht kommende Bleche sind: Messingblech und Kupferblech; beide werden als Fein- und Grobbleche hergestellt.

Blechtafelträger (Fig. 34). Blechtafeln sind an sich unhandlich; man trägt sie leicht an zwei, etwa $1/2$ m langen Haken mit einem ösenförmigen, abstehenden Handgriff, wobei man die Tafel senkrecht unter den Arm nimmt.

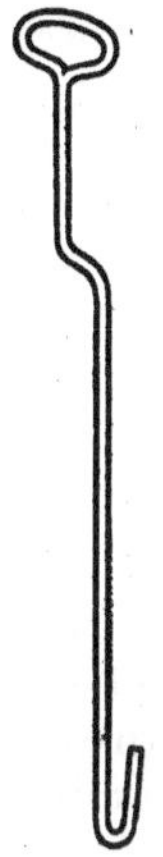

Blecharbeiten. Das Material ist stets so einzuteilen, daß möglichst wenig Abfälle entstehen. Lehrlinge sind häufig geneigt verhältnismäßig kleine Stücke mitten aus den schönsten Tafeln herauszuholen. Man geht beim Einteilen stets an den Rand. Meist läßt es sich so einrichten, daß man an zwei Seiten den Rand benutzen kann, so daß es keine nennenswerten Abfälle gibt. Der Aufriß geschieht der besseren Sichtbarkeit wegen mit einem gespitzten Messingstift, das Abtrennen möglichst mit der Blechschere. Zwickel zum Umlegen von Verbindungslappen werden angeschnitten, in den Ecken ausgehauen. Muß in Ermanglung geeigneter Scherwerkzeuge Blech mit dem Meißel zertrennt werden, so entsteht vermehrte Arbeit und Materialverlust, da hierdurch eine besondere Bearbeitung der Kanten notwendig wird. Soll schwächeres Blech mit dem Meißel im Schraubstock abgetrennt werden, so müssen die Backen gut schließen, andernfalls legt sich das Blech um; da häufig die hintere Schraubstockbacke höher ist als die vordere, so ist der Meißel schräg und so zu halten, daß er über die höhere Backe hinweggleitet. Keinesfalls kann man diese Arbeit in Schutzbacken ausführen.

Fig. 34. Blechtafelträger.

Das Biegen. Biegearbeiten sollen tunlichst mit dem Holzhammer ausgeführt werden, längere Stücke spannt man mit der Blecheinspannkluppe in den Schraubstock; beim Einspannen muß man die Materialstärke zugeben.

Röhren, Hülsen und ähnliche Stücke werden, sofern sie nicht autogene oder elektrische Schweißung erfahren (s. d.), überlappt genietet oder gefalzt. Längere Stücke hängt man hierbei über eine starke Welle oder Schiene. Schwache (dünne) Bleche werden mit dem Durchschlag (Fig. 35) auf einer Bleiunterlage gelocht, stärkere gebohrt.

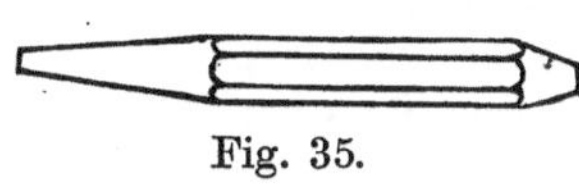

Fig. 35.

Falzen. Beide Enden in entgegengesetzter Richtung umbiegen, übereinanderhängen und verhämmern; der Wulst ist je nach Erfordernis nach innen, außen oder vermittelt durchzurichten. Materialzugabe für genietete Rohrstücke: Überlappungsbreite; für einfachen Falz: dreifache Falzbreite.

Bördeln. Wulstrand: Blechrand mit leichtem Hammer umlegen, Drahtring einlegen, den Wulst schließen.

Bordscheibe. Rohrstück in passende Kluppe spannen oder in Gesenke einsetzen, Bord mit der Hammerfinne ausziehen, mehrmals ausglühen oder

Blechscheibe zuerst vorbohren, dann aufdornen; mehrmals glühen.

Treiben und Einziehen. Beispiel: Es sollen zwei Seiten eines 3 mm starken Bleches so umgebogen werden, daß sich eine geschlossene Ecke bildet. Die Ecke ist vor dem Biegen flach abzurunden. Beide Seiten werden nacheinander erwärmt und im Schraubstock bis nahe der Ecke im rechten Winkel umgebogen. Hierauf erwärmt man die Ecke, hält sie über einen feststehenden oder eingespannten Block, Amboß genannt, und schlägt die Ecke in Falten, die unter jedesmaliger Erwärmung einzeln oder paarweise eingeebnet werden. Das Erwärmen und Einziehen darf immer nur abschnittweise erfolgen, d. h. das Blech darf nur an der Arbeitstelle warm sein; benachbarte miterwärmte Teile sind zu kühlen.

Beispiel: Runde Schale. Amboß rund, Amboßdurchmesser gleich der Schalenweite. Maß der Blechscheibe = Schalenweite + zweimal der Randhöhe + zweimal der Blechstärke. Blech an beliebiger Stelle des Randes erwärmen, auf Amboßmitte halten und die erwärmte Stelle in Falten schlagen; anschließende Stelle erwärmen, falten usf., bis der ganze Rand in Falten umgelegt ist; Falten mit der Breitbahn einebnen. Damit das Blech satt anliegt und nicht prellt, wird ein kräftiger Hammer aufgesetzt.

Ausbuchten. Das Auspoltern muldenförmiger Schalen geschieht mit dem Treibhammer über einer hohlen Unterlage.

Blechverkleidungen. Die Maße für Blechverkleidungen werden in einfachen Fällen mit Bandlineal, Meßband und Rollmaß festgestellt. In schwierigen Fällen fertigt man eine Schablone aus steifem Papier und klebt diese auf das Blech. Löcher, Aussparungen und Schlitze läßt man beim Zuschneiden vorläufig etwas kleiner; sie werden beim Anpassen auf das richtige Maß nachgearbeitet. Da solche Verkleidungen in der Regel aus Glanzblech hergestellt werden, sind Rundungen möglichst durch Walzen zu biegen, bzw. mit einem guten Holzhammer zu bearbeiten, so daß keine Beulen entstehen und die Glanzschicht nirgends abspringt. Blechverkleidungen werden entweder mit Metallschräubchen unmittelbar am Körper befestigt oder mit blanken Spannbändern zusammengehalten.

Das Spannen (Dressieren). Die Verschiedenheit der Materialspannung macht sich bei Blech durch Klappen bemerkbar, da außer der Materialsteife keinerlei Widerstand vorhanden ist. Klappende Innenstellen und schlappende Ränder sind verstreckt; es ist daher nötig, die zwischen diesen befindlichen Stellen ebenfalls zu strecken, so daß ein Ausgleich der Spannungen stattfindet. Man benutzt dazu Hämmer mittlerer Größe mit breiter, schwachgewölbter, möglichst glatter Bahn und abgerundeten Kanten. Die Spannunterlage muß mindestens ebenso groß sein wie das zu spannende Blechstück. Man stellt beim Spannen sämtliche Fingerspitzen der linken Hand auf das Blech, tupft dabei das Blech ab, um die Spannwirkung zu fühlen, und dreht und wendet das Blech fortwährend. Es darf kein Streich auf federnde Stellen fallen, sondern nur um diese herum. Das Blechspannen ist reine Übungs- und Geschicklichkeitsache und es bedarf langer Übung, darin einige Fertigkeit zu erlangen. Ein Lehrling sollte deshalb jede Gelegenheit wahrnehmen, sich hierin zu üben, dann werden ihm allmählich auch größere Stücke gelingen.

Schlösser, Schlüssel und Sperrzeuge.

Schlösser. Das gewöhnliche Schloß besteht aus Schloßkasten, Schloßriegel, Zuhaltung, Feder, Schlüssel und Schild. Kastenschlösser werden flach aufgeschraubt, Einsteckschlösser von der Stirnseite in das Holz eingelassen. Um Schlösser gegen unbefugtes Öffnen zu schützen, bringt man in den Schloßkästen Sicherungen an; die Schlüssel erhalten Aussparungen, die zu den Sicherungen passen. Zu den Sicherungen zählt auch der Führungsdorn.

Schlüssel. Die gewöhnlichen Schlüssel bestehen aus schmiedbarem Guß; sie sind in allen gängigen Größen und Formen käuflich. Rohe Schlüssel werden sauber gefeilt, geschmirgelt und poliert. Das Polieren (Blankreiben) der vorgearbeiteten Flächen wird mit Polierstählen ausgeführt, es sind dies zwei durch Öse und Ring miteinander verbundene, gehärtete und polierte Stäbe aus Rundstahl. Sie werden über dem Schlüsselgriff zusammengelegt, geölt und unter Druck über die Rundungen geführt. **Abgebrochener Bart.** Schmiedeeisernen Ersatzbart einschleifen und hart verlöten (s. d.).

Sperrzeuge. Werkzeuge zum Öffnen von Schlössern ohne zugehörigen Schlüssel. 1. Der **Hauptschlüssel.** Geschmiedeter Schlüssel aus Stahl mit dünnem, geradem Bart und breiter Aussparung, oder mehrteiliger Schlüssel mit auswechselbaren Bärten. 2. **Sperrhaken oder Dietriche.** Geschmiedete oder aus federhartem Stahldraht gebogene Haken verschiedener Länge und Stärke und aus Stahlblech gerollte Hohlschlüssel. **Das Aufsperren.** Man drückt die Zuhaltung in die Höhe und schiebt den Schloßriegel zurück. In manchen Fällen ist es auch möglich, durch Auseinanderbeugen beider Teile, d. h. durch Zurückdrücken der Türe oder Schublade den Schloßriegel freizulegen. Ist ein Führungsdorn im Schloß und kein Hohlschlüssel zur Stelle, so muß der Sperrhaken so dünn sein, daß er um den Dorn herumgeht; man macht ihn dabei entsprechend breiter. Letztes Mittel: den Dorn mit kleiner Spitzzange herausreißen und gewöhnlichen Dietrich benutzen.

Meßwerkzeuge.

Maßstäbe. 1. Stahllineale mit Maßeinteilung. 2. Biegsame Bandlinealmaßstäbe für unebene Flächen. 3. Gliedermaßstäbe aus Metall oder Holz. Gliedermaßstäbe sind für genaue Arbeiten nicht zu gebrauchen, können aber unbedenklich zu Eisenkonstruktionsarbeiten verwendet werden, solange sie satt gehen. Die Scharnierreibflächen solcher Maßstäbe müssen zeitweilig geschmiert werden. Ausgeleierte Gliedermaßstäbe sind wertlos.

Das Meßband. Stahlband mit Maßeinteilung in Längen bis zu 50 m; das Band wird mit einer kleinen Umschlagkurbel auf eine Trommel gewunden, die von einer Kapsel umschlossen ist.

Das Rollmaß. Runde Stahlscheibe mit Maßeinteilung am Umfang; die Scheibe dreht sich lose an einem Halter und dient zur Feststellung von Flächenlängen an runden und unebenen Körpern. Das Maß muß in gerader Linie abgerollt werden.

Das gewöhnliche Tiefenmaß. Aus Zunge und feststellbarer Schiebehülse bestehendes Werkzeug zum Abmessen von Absätzen und Lochtiefen; das Maß wird wie bei der Schieblehre abgelesen.

Die Feinmeßtiefenlehre. Eine Mikrometerschraubenlehre für Tiefenmessung.

Stichmaße. Spindelförmige Schieblehren mit gehärteten Tastzapfen für Innenmessungen; einfachere Ausführung mit Nonius, bessere mit Mikrometerschraube für Hundertstelablesung.

Das Zehntelmaß, auch Federlehre genannt. Zuverlässiges Werkzeug zum Messen von Blechstärken; das Maß ist in Zehntelmillimetern an einem Maßbogen ablesbar.

Die Fühlerlehre, auch Dickenschablone genannt, besteht aus einer Anzahl gehärteter Stahlplättchen in Stärken von 1—1,5—2—3—4—5 usf. Zehntelmillimetern, die einzeln oder zusammen verwendet werden können. Sie dient zum Untersuchen von Lagern, Führungen, Rissen, Spalten und ähnlichem.

Draht- und Blechlehren. Lehren mit genau gearbeiteten, gehärteten Einschnitten für die Maße aller gängigen Draht- und Blechstärken.

Lochlehren. Konische Lehren aus Stahlblech mit Millimeterteilung oder spindelförmig und gestuft in Absätzen von $^1/_2$ zu $^1/_2$ mm, oder dünne Stahlplatten nach Art der Schneideisen mit genau gearbeiteten Probierlöchern verschiedener Durchmesser.

Taster für Außen- und Innenmessung. 1. Gewöhnlicher Greifzirkel. Gebräuchlichstes Werkzeug zum Nachprüfen runder Gegenstände. 2. Greifzirkel mit Maßbogen. Werkzeug mit Maßeinteilung zum Messen von Nuten und Hohlräumen, die für andere geteilte Meßwerkzeuge nicht zugänglich sind. 3. Lochzirkel. Die sichere Handhabung des Lochzirkels ist besonders für Dreharbeiten von größter Wichtigkeit und erfordert längere Übung. Lochzirkel nach der Schieblehre einstellen: Schieblehre in der linken Hand halten, Hülsenschnabel auf Mittelfinger aufliegen lassen, Zirkel zwischen Daumen, Zeige- und Mittelfinger der rechten Hand halten; unteres Tastende des Zirkels auf Mitte Hülsenschnabel setzen, an die Fingerspitze anlegen, mit dem oberen Tastende am andern Schnabel den Berührungspunkt suchen. Der Taster darf nur schwach wahrnehmbar berühren. Einstellen nach dem Loch: Zirkel je nach Stellung zum Arbeitstück zwischen Zeige- und Mittelfinger und dem Daumen, oder zwischen Zeigefinger und

Daumen halten; der Taster muß spielen. Spielraum bei kleinen Löchern nur gering, steigert sich bei zunehmender Größe infolge Abflachung der Lochwand. Löcher sollen kreuzweise gemessen werden, da sie unrund sein können. Taster mit Hilfschenkel und Feststellmutter und Federzirkel ermöglichen rasche und sichere Feineinstellung.

Der Gradmesser. Werkzeug für die Bearbeitung von Werkstücken mit ungewöhnlichen Winkelgraden, zur Herstellung von Lehren und Schablonen und zum Einstellen von Werkzeugen und Maschinenteilen.

Mehrfachwinkel und Winkelmesser. Sehr vielseitig verwendbares Werkzeug, das als Maßstab, Tiefenmaß, Gradmesser, Anschlagwinkel, Kreuz-, Zentrier- und Gehrungswinkel sowie als Wasserwage verwendet werden kann.

Das Schrägmaß (Fig. 36). Verstellbares Werkzeug ohne Maßeinteilung.

Das Prüfwerkzeug, auch Indikator genannt (Fig. 72), Apparat zum Prüfen und Ausrichten von Präzisionsarbeiten und zum Untersuchen der Maschinen. Es wird wie

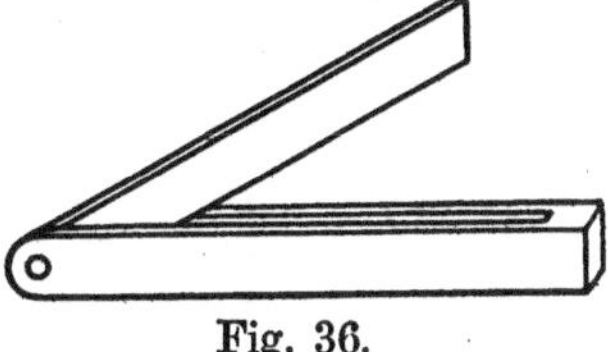

Fig. 36.

ein Supportstahl eingespannt, kann aber auch auf mannigfache andere Weise befestigt werden. Der Fühler drückt auf ein Hebelsystem, das jede Ungenauigkeit in vergrößertem Maßstabe an einer Teilung anzeigt.

Der Parallelreißer oder Reißstock besteht aus Sohle, Führungstange, Klemmvorrichtung und Reißnadel. Die Sohle ist ausgespart, die Stange in der Regel feststehend, die Klemmvorrichtung verschiebbar und drehbar. In besserer Ausführung ist die Führungstange mit Maßeinteilung, die Klemmvorrichtung mit Nonius und Hilfschieber ausgestattet (Noniusreißstock).

Der Prismenreißstock. Die Sohle hat prismatischen Ausschnitt zur Verwendung auf runden oder abgerundeten Körpern.

Das Mikrometer. Feinmeßschraubenlehre in Bügelform, an deren unterem Ende ein nachstellbarer Tastzapfen eingeschraubt ist. Das obere Bügelende trägt eine durchbohrte Verlängerung mit Innengewinde, Gewindehülse genannt, in der sich die Meßspindel bewegt. Die Gewindehülse trägt Millimeterteilung, sowie einen die Teilstriche kreuzenden Längsstrich für die Ablesung der Hundertstel. Die Meßspindel hat gewöhnlich 1 mm Steigung auf den Umgang, sie verschiebt sich somit bei einer Umdrehung um 1 mm. Das mit ihr fest verbundene Meßrohr schiebt sich über die Gewindehülse; sein scharfer, konisch gedrehter Rand trägt Rundteilung. Die Tastzapfen sind genau senkrecht zur Spindelachse, eben und gehärtet; bei einem guten Instrumente ruft ihr Aufeinandertreffen ein schlagartiges Gefühl hervor. Der feststehende Tastzapfen muß so eingestellt sein, daß bei leichter Berührung der Tastflächen der Rand des Meßrohres mit dem Nullstrich der Gewindehülse und der Nullstrich des Meßrohres mit dem Längsstrich der Gewindehülse zusammenfallen. Die Längsteilung der Gewindehülse wird an dem Meßrand des Rohres in ganzen Millimetern, die Rundteilung des Meßrohres an dem Längsstrich der Gewindehülse in Zehnteln und Hundertsteln abgelesen.

Die Gefühlschraube. Bei besseren Mikrometern befindet sich am Kopfe der Meßspindel die sogenannte Gefühlschraube oder Ratsche, die sich nach erfolgtem richtigem Anstellen der Meßspindel leer dreht und so stets ein gleichmäßiges Anspannen ermöglicht.

Die Gewinde-Schraubenlehre. Mikrometer mit kegelförmig zugespitzter Meßspindel. Der feststehende Tastzapfen ist als Doppelschneide ausgebildet. Gewindeschraubenlehren sind jeweils nur für diejenigen Gewinde verwendbar, für deren Kantenwinkel sie hergestellt sind.

Normal- und Grenzlehren. Starre Meßwerkzeuge für die reihenweise (serienweise) Maschinenfabrikation und Herstellung von Werkzeugen und Einzelteilen in großen Mengen. Die Anwendung dieser Werkzeuge erspart das Zusammenpassen einzelner Teile und ermöglicht die Herstellung und Nachlieferung passender Ersatzteile. Normallehren haben das Vollmaß; sie dienen zur zeitweiligen Kontrolle der Grenzlehren und zur Einstellung verstellbarer Lehren. Grenzlehren, auch Toleranzkaliber genannt, besitzen nicht das Vollmaß, sondern an zwei getrennten Meßstellen die Maße der höchstzulässigen Abweichung nach oben und nach unten. Normal- und Grenzlehren haben glasharte Meßflächen und sind in der Regel auf $^1/_{100}$ mm genau geschliffen. Grenzlehren für Außenmessung sind entweder einseitig oder doppelseitig (ein- oder doppelrachig); bei einseitigen Lehren sind die Meßbacken zur Hälfte abgesetzt, die Meßstellen durch eine Nute getrennt. Ihr vorderer Teil ist auf Maximum (Plus +), ihr hinterer Teil auf Minimum (Minus —) geschliffen. Bei doppelseitigen Lehren trägt ein Rachen das Plus-, der andere das Minusmaß. Grenzlehren für Innenmessung. a) Lochlehren, doppelseitig, eine Seite für Plus, die andere für Minus. b) Grenzlehrbolzen, doppelseitig, zu jeder Seite gehört ein saugend aufgepaßter Lehrring (Kaliberring). Lehrbolzen und Ringe müssen bei der Einführung vollkommen rein sein; sie dürfen nur mit Talg oder Knochenöl eingefettet und sollen niemals zusammengesteckt aufbewahrt werden. Die Maßbezeichnung der Grenzlehren ist in + und — markiert (aufgestempelt). Außenmessung. Ist beispielsweise für eine Welle das Maß $\pm$ 50 mm vorgeschrieben, so bedeutet dies, daß der mit + bezeichnete Teil der Rachenlehre oder der Lehrring leicht auf die Welle gehen muß, während der mit — bezeichnete Teil oder Ring nicht draufgehen darf. Innenmessung. Maß für die Bohrung eines Lagers, beispielsweise $\pm$ 70 mm. Minus muß leicht, Plus darf nicht in die Bohrung gehen. Endmaße sind entweder scheibenförmige oder kantige Normallehren, die auf $^1/_{100}$ oder $^1/_{1000}$ mm Genauigkeit gearbeitet sind. Kantige Endmaße sind teils stabförmig, teils platten- oder blockförmig und können einzeln oder zusammen verwendet werden. Normalgewindelehren sind gehärtete Lehrbolzen für Kerndurchmesser und Gewinde mit zugehöriger Lehrmutter. Berücksichtigung der Temperatur. Lehren und zu messende Arbeitstücke müssen die gleiche Temperatur besitzen;

durch die Bearbeitung erwärmte Stücke sind vor dem Messen zu kühlen, sehr kalte Stücke auf Zimmertemperatur zu bringen.

Die Paßstufen für Präzisionsarbeiten. Man unterscheidet fünf verschiedene Passungen; diese sind: Laufsitz, Schiebesitz, fester Sitz, Preßsitz und Schrumpfsitz. Der Laufsitz ist für Wellen und Lager, der Schiebesitz für gleitende, von Hand verschiebbare Teile, die nicht schlottern dürfen. Fester Sitz für Teile, die durch leichten Schlag oder Druck vereinigt werden, Riemenscheiben, Räder u. dgl. Preßsitz für Teile, die unter starkem Druck aufgepreßt werden, Kurbeln, Hebel u. dgl. Schrumpfsitz für Gegenstände, die warm aufgezogen (aufgeschrumpft) werden. Sämtliche Paßstufen erfordern besondere Grenzlehren. Den Passungen wird entweder die Einheitswelle oder die Einheitsbohrung zugrunde gelegt. Bei der Einheitsbohrung werden alle Löcher der auf eine Welle kommenden Teile, gleichviel ob sie beweglich oder fest werden sollen, nach einer Lehre und nach derselben Toleranz ausgebohrt; die zugehörige Welle erhält entsprechende Ansätze, die nach den verschiedenen Paßstufen bearbeitet werden. Bei der Einheitswelle ist es umgekehrt, d. h. die Welle wird durchaus zylindrisch hergestellt, während man die Bohrungen der zugehörigen Teile nach Paßstufen bearbeitet.

Zeichnungen und Pläne.

Der Maschinenbauer führt die ihm übertragenen Arbeiten zuweilen nach Mustern und Lehren, zum überwiegenden Teile aber nach Zeichnungen aus. Es ist deshalb jedem Lehrling dringend anzuraten, technische Zeichenkurse zu besuchen, damit er Werkstattzeichnungen verstehen, Maschinenteile anzeichnen lernt. Werkstattzeichnungen geben Einzelteile (Details), Grundrisse, Längen- und Querschnitte einzelner Teile und des Ganzen, Einzelmontierungspläne, Zusammenstellungen und Gesamtansicht in den jeweils geeigneten Größenverhältnissen wieder. Teilzeichnungen enthalten Hinweise über roh bleibende und zu bearbeitende Stellen, Art und Form der Materialien, weich bleibende und zu härtende Stellen, autogene und elektrische Schweißungen, sämtliche Bearbeitungsmaße, Art der Passungen, Art und Steigung der Gewinde und eine Stückliste. Schnitte und Zusammenstellunspläne enthalten Erkennungzeichen und die für die jeweiligen Abteilungen wichtigen Maße und Vermerke. Die Zeichnungen, gewöhnlich Blaupausen, sind auf haltbaren Stoff gezogen, ihre Orginale (Urpausen) werden feuersicher aufbewahrt. An technischen Zeichnungen darf nichts abgemessen werden, denn das Bild ist meist ungenau. Man hat sich stets an die eingeschriebenen Maße zu halten; wo solche fehlen oder sonstige Unklarheiten bestehen, lasse man sich rechtzeitig belehren. In Fällen, wo bei zusammengehörigen Teilen Niet- oder Schraubenlochteilungen in beiden Zeichnungen enthalten sind, ist es nicht immer ratsam, beide Teile nach Zeichnung einzuteilen. Am sichersten wird man hier stets gehen, wenn man nur einen Teil nach Zeichnung teilt und den anderen nach diesem bohrt.

Das Anreißen, Vorreißen oder Vorzeichnen.

Das Anreißen von Maschinenteilen führen in kleineren Betrieben Schlosser und Monteure selbst aus; Großbetriebe halten besondere Anreißer oder Vorzeichner, deren Arbeitstätte die Anreißplatte ist. Die Größe dieser Platten richtet sich nach den anfallenden Werkstücken; sie bewegt sich gewöhnlich zwischen 2 und 5 qm. Anreißplatten sind entweder auf einem Sockel fest montiert oder mit Schraubfüßen versehen und freistehend, so daß ihr Standort nötigenfalls gewechselt werden kann. Sie müssen, wenn mit empfindlicher Wasserwage geprüft, an jeder Stelle „stimmen". Schwere und rohe Stücke sollen nie unmittelbar auf die Platte, sondern auf Unterlagen gestellt werden, insbesondere ist das Rücken und Verschieben auf der Platte zu unterlassen.

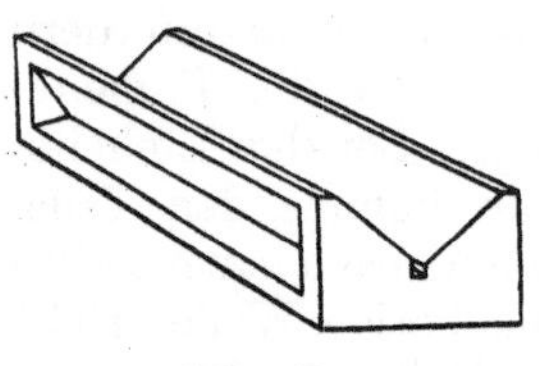

Fig. 37.

Geräte für die Anreißplatte. Mehrere Parallelreißer verschiedener Höhe, Höhenmaßstab, einige Paare paralleler Unterlagsblöcke und Prismen (Fig. 37), größere Rechteck- (Fig. 38) und Anschlagwinkel (Fig. 39), Gradmesser, Metallmaßstab in Plattenlänge, Stangenzirkel, Rahmen- und Wellenwasserwage, einige Aufspannwinkel, Spitzenböcke für zentrische Werkstücke, Schraubenböcke und verschiedene Schlosserwerkzeuge.

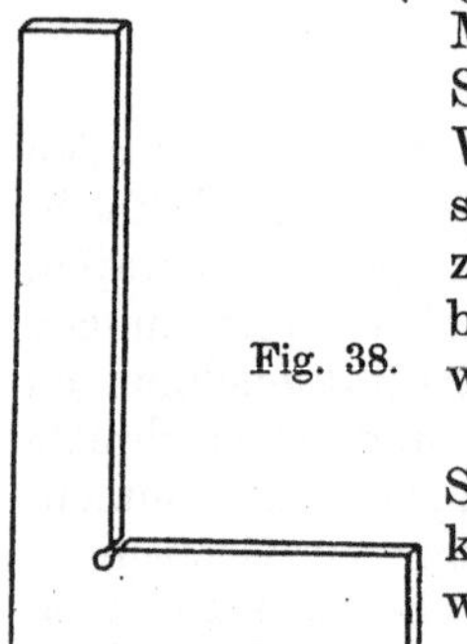

Fig. 38.

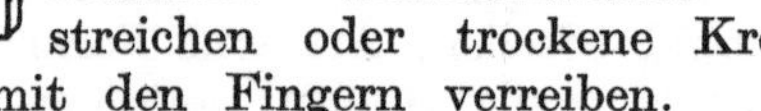

Fig. 39.

Vorbereitung der Stücke. An Schmiedestücken den Zunder abklopfen, Anreißstellen mit gewässerter Schlemmkreide bestreichen oder trockene Kreide auftragen und mit den Fingern verreiben.

Vorprüfung. Mit Schablonen oder auf dem sonst üblichen Wege die Hauptachsen (Mittellinien) vorläufig festlegen und die wichtigsten Maße prüfen. Anreißschablonen werden in der Regel an den Mittellinien mit Endeinschnitten versehen. Reicht ein Stück an irgendeiner Stelle nicht aus, so sucht man durch Verlegung der Mittel einen Ausgleich herbeizuführen. Wo es möglich ist, muß auch bei den roh bleibenden Stellen vermittelt werden.

Anreißen. In den meisten Fällen können Werkstücke nicht sofort an mehreren Stellen angezeichnet werden, da bei der Bearbeitung einer Stelle zumeist der Aufriß einer andern weggearbeitet würde. In besonderen Fällen wird der Aufriß einzelner Flächen erst durch die Bearbeitung anderer ermöglicht. Man wird z. B. eine Pleuelstange zuerst nur zum Fräsen der flachen Seiten anreißen, einen Zylinder in vielen Fällen zunächst nur zum Ausbohren anzeichnen und von dem Mittelpunkt der ausgedrehten Bohrung die Maße für den Schieberkasten, die Paßflächen usw. abtragen. Rundungen (Hohlkehlen) brauchen für Fräsarbeiten nicht immer angezeichnet zu werden, da sie sich manchmal durch den Fräser selbst ergeben, sofern dessen Durchmesser richtig gewählt wird. Es genügt in solchen Fällen, eine Grenzlinie zu ziehen, bis zu der der Fräser zu führen ist. **Zentrische Stücke** legt man in Prismenpaare; befindet sich an solchen ein Kopf, Hebel o. dgl., so nimmt man sie in die Spitzenböcke. **Stellung der Reißnadel bei Handgebrauch.** Die Reißnadelspitze muß an Linierwerkzeugen, Lochwandungen u. drgl. vollständig anliegen (Fig. 40). **Spitzzirkel einstellen.**

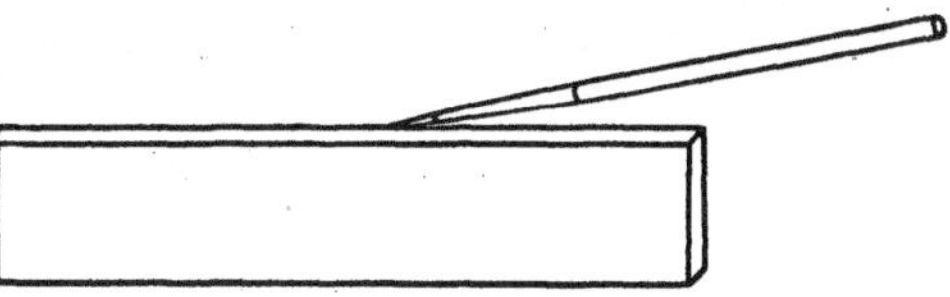

Fig. 40. Stellung der Reißnadel.

Um festzustellen, ob ein Spitzzirkel genau eingestellt ist, prüft man ein Vielfaches. Die Zirkelstellung z. B. fünfmal an einer Geraden abgetragen, muß, an einem Stück gemessen, dem fünffachen, zehnmal dem zehnfachen der betreffenden Teilung entsprechen. **Parallelreißer auf Achsmittel einstellen.** Man stellt ihn, so gut es geht, auf Spitzen- oder Körnerhöhe ein, zieht auf beiden Seiten oder der Stirnfläche des Werkstückes vorläufige kurze Striche, dreht das Stück um 180° und prüft die Striche. In große Drehkörner wird ein Mittel eingesetzt (Fig. 41). **Senkrecht zu stellende**

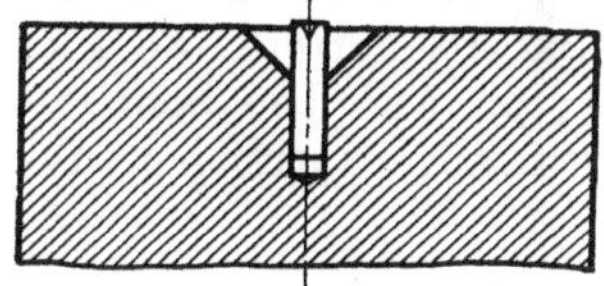

Fig. 41. Mittel einsetzen.

höhere Stücke ohne festen Stand spannt man an den Aufspannwinkel. Mit dem Parallelreißer gezogene Risse werden beim Wenden durch Anlegen eines Rechteckwinkels senkrecht gestellt und umgekehrt. Wo andere Winkelgrade verlangt sind, legt man den Gradmesser an. Manche Stücke können wegen Unzugänglichkeit nicht an der Bearbeitungstelle selbst angezeichnet werden; man zieht in solchen Fällen die Risse auf Außenflächen und in anstoßende Vertiefungen und Bohrungen. Bei wertvollen Stücken soll man stets nach vollzogenem Anreißen die wichtigsten Maße nachprüfen.

Fig. 42.

Das Körnen der angezeichneten Stücke. Spitzen, leichten Körner (Fig. 42) verwenden, die Körner genau auf die Linien setzen. An geraden Linien und Kreisen nur wenige Körner schlagen, an Übergängen und unregelmäßigen Kurven sind sie eng zu setzen. An fertig bearbeiteten Stücken dürfen keine Körnerreste sichtbar sein.

Das Markieren (Signieren, Zeichnen, Stempeln).

Zahlen- und Buchstabenstempel sollen sauber gerade, gleich tief, in gleichen Abständen und genau auf der Linie eingeprägt werden.

Bei Wörtern und mehrstelligen Nummern beginnt man in der Mitte und teilt nach rechts und links ab. Sind Stempel mit Erkennungzeichen versehen, so richtet man diese gegen sich. Die Zahlen 6 und 9 werden, wenn einzeln angewandt, mit einem Körner (Punkt) versehen, damit keine Verwechslungen vorkommen können (6. 9.). In gut eingerichteten Betrieben wird das Markieren auf Markiermaschinen, Graviermaschinen, durch Ätzen oder mit einem elektrischen Signierapparat ausgeführt.

1. Die Markiermaschine. Flache Stücke werden unter einer Stempelwalze, runde unter einem Flachstempel durchgezogen. 2. Die Graviermaschine. Die Schriftzeichen werden mit einem kleinen Fräser ausgeschnitten, dessen Spindel mit einem Storchschnabel (Pantographen) den Umrissen einer in vergrößertem Maßstabe hergestellten Schablone parallel geführt wird. 3. Ätzen gehärteter Teile. Man bestreicht die sorgfältig gereinigten und erwärmten Stücke mit einem Deckmittel (Asphaltlack oder Bienenwachs), schreibt mit einem spitzen Bleistift bis aufs blanke Metall durch und betupft die Zeichen mit einem Gemisch von 1 Teil Salzsäure und 3 Teilen Salpetersäure. Die chemische Einwirkung vollzieht sich in einigen Minuten, worauf man die Säurereste mit einem Löschblatt abtupft, das Deckmittel entfernt und die betreffende Fläche in Natronlauge abspült. 4. Der Signierapparat. Die Schriftzeichen werden mit einem kupfernen Schreibstift auf elektrischem Wege ausgeschnitten (ausgebrannt).

B. Die Werkzeugmaschinen.

Die Arbeitsmaschinen mechanischer Werkstätten führen die Bezeichnung „Werkzeugmaschinen". Sie gliedern sich in allgemeine Werkzeugmaschinen, Spezialmaschinen für Sonderarbeiten und Drehbänke. Die meisten Werkzeugmaschinen sind ortsfest, d. h. mit dem Boden, der Wand oder der Decke fest verankert; für besondere Zwecke gibt es auch bewegliche Maschinen, die den Werkstücken zugeführt werden.

Der Antrieb und die Veränderung der Umlaufgeschwindigkeit erfolgt teils durch Stufenscheiben mit Rädervorgelege, teils durch Einscheibenmit Räderkastenantrieb oder Stufenrädervorgelege. **Die Vorrückung** (Vorschub, Transport) der Werkzeuge oder Arbeitstücke wird durch Gewindespindeln oder Zahnstangentriebe, selbsttätiger Vorschub gewöhnlich durch Riementriebe, Sperrklinken und Reibscheibenmitnehmer, zuweilen auch hydraulisch übermittelt. Wird selbsttätiger Vorschub zwangläufig, d. h. durch Zahnräder, Zahnketten oder Gelenkketten übertragen, so spricht man von „positivem Vorschub".

Maschinen für Schnellbetrieb, sogenannte Hochleistungsmaschinen für die Vollausnützung des Schnellarbeitstahles, finden sich in fast allen Gruppen vor; ihre besonderen Merkmale sind: kräftiger, gedrungener Bau, hohe Riemengeschwindigkeit, breite Riemen, Räderkastenantrieb und positiver Vorschub. Alle beweglichen Teile müssen sehr passend gelagert sein und in diesem Zustand erhalten werden.

Die Umlauf- oder Schnittgeschwindigkeit regelt sich nach der Beschaffenheit der Maschinen und Werkzeuge, der Art und Härte der zu bearbeitenden Materialien, der Spanstärke und dem Vorschub, der für harte Materialien sehr mäßig zu wählen ist. Werkzeuge aus Schnellarbeitstahl gestatten eine doppelt so große Umlaufgeschwindigkeit und stärkeren Vorschub als Werkzeuge aus gewöhnlichem Werkzeugstahl. Die Berechnung der Schnittgeschwindigkeiten. Die Umlaufgeschwindigkeiten der Werkstücke und Werkzeuge werden teils nach Umdrehungen pro Minute, teils nach Metern pro Sekunde berechnet. Ist die Umdrehungzahl pro Minute bekannt, so erhält man die Umfangsgeschwindigkeit in Metern pro Sekunde aus der Formel:

$$\frac{\text{Werkstückdurchmesser} \times \text{Umdreh. pro Min.} \times 3,14}{60}.$$

Ist die Umfangsgeschwindigkeit in Metern pro Sekunde bekannt, so erhält man die Umdrehungzahl pro Minute aus der Formel:

$$\frac{\text{Umfangsgeschwindigkeit pro Sek.} \times 60}{\text{Werkstückdurchmesser} \times 3,14}.$$

Harte Stellen. Bei der Bearbeitung von Eisen- und Stahlgußteilen zeigen sich manchmal Stellen, wo selbst das beste Werkzeug abgleitet und den Schnitt verliert. Es sind dies glasharte Butzen, die ausgehauen, unterstochen oder ausgeschliffen werden müssen.

Allgemeine Maschinenarbeiten. Die allgemeinen Werkzeugmaschinen und Spezialmaschinen werden teils von angelernten Hilfsarbeitern, teils von solchen bedient, die das Bohren, Hobeln, Fräsen u. s. w. handwerksmäßig erlernt haben. Der Maschinenbauer kommt heute nur noch selten in die Lage, die maschinelle Bearbeitung seiner Aufträge selbst auszuführen. Dessenungeachtet muß er mit diesen Maschinen und ihrer Bedienung einigermaßen vertraut sein, er muß in jedem Falle wisssen, was und wie gehobelt, gestoßen oder gefräst, was gebohrt oder gedreht wird. Auch muß er die richtige Aufeinanderfolge der verschiedenen Bearbeitungsmethoden kennen, denn nur dann ist es ihm möglich, seine Arbeiten folgerichtig in Angriff zu nehmen und voranzubringen. Man unterscheidet Maßarbeit und Schablonenarbeit. Erstere ist ausschließlich von der Geschicklichkeit der Arbeiter abhängig, aber in vielen Fällen, insbesondere bei Reparaturarbeiten, unentbehrlich. Schablonenarbeit kommt vorwiegend bei spanabhebenden Maschinen in Frage; sie ist vollkommener und billiger als Maßarbeit und kann auch bei hohen Ansprüchen durch angelernte Arbeiter ausgeführt werden. Bei der Bedienung spanabhebender Werkzeugmaschinen ist folgendes zu beachten: Wird der Vorschub ausgerückt, so muß gleichzeitig entweder das Werkzeug bezw. das Werkstück zurückgezogen oder die Maschine abgestellt werden, andernfalls schabt das Werkzeug auf der betreffenden Stelle weiter. Wird einem Werkzeuge plötzlich Kühlflüssigkeit zugeführt, welches zuvor trocken arbeitete, oder wird die Kühlung unterbrochen, solange ein Span im Ansatz steht, so wird die Arbeit unsauber und ungenau. Stellt man eine Maschine für längere Zeit, z. B. bei Pausen, Geschäftschluß u. s. w. ab, solange das Werkzeug im Span läuft, so bildet sich an der betreffenden Stelle fast immer ein Ansatz.

Sicherheitsregeln. Die Arbeitskleidung muß anliegend sein, besonders an den Armen; Ärmel schließen oder nach außen zurückstülpen (nach innen halten sie nicht). Laufende Treibriemen vorsichtig erfassen, Riemenschlösser und Drahtspiralen können ernstliche Verletzungen verursachen. Abgeworfene Transmissionsriemen läßt man nicht auf der Welle schleifen, da sie hierbei Schaden nehmen und sich verfangen können; man hängt solche Riemen am nächsten Lager oder an einem Haken auf. Zahnräder nur mit äußerster Vorsicht berühren, Schutzvorrichtungen dürfen nicht entfernt werden. Der Transmission und den Deckenvorgelegen haben Lehrlinge fernzubleiben.

Instandhaltung der Maschinen. Bei der Übernahme einer Maschine ist diese zunächst gründlich zu schmieren. Fettschmierbüchsen sind aufzufüllen und nachzuziehen; beim Wiedereinschrauben ist darauf zu achten, daß das Gewinde richtig anfängt, da andernfalls die feinen Gänge zerdrückt werden und solche Büchse dann nie mehr richtig geht. Ölkännchen sollen stets verschlossen sein, damit das Öl rein bleibt. Die während des Ganges dauernd in Bewegung befindlichen Teile sind täglich zu schmieren; solche jedoch, die nur zeitweilig eine geringe Drehung oder Verschiebung erfahren, benötigen nur eine einmalige Schmierung in der Woche. Hauptbedingung ist hier Reinlichkeit und Ordnung! Man schmiere z. B. nie eine Gleitfläche, bevor der Schmutz von ihr entfernt ist. Auch setze man Werkstücke, Apparate u. dgl. nie auf Schmutz oder Späne, sondern nur auf reine Flächen und achte stets darauf, daß die Späne verschiedener Metalle gesondert bleiben.

Die Reinigung der Maschinen. Die eigentliche Reinigung der Maschinen, wie sie gewöhnlich bei Wochenschluß vorgenommen wird, darf niemals erfolgen, solange sie sich im Gange befinden; es ist gut, sich stets zu überzeugen, ob eine Maschine auch vollständig ausgerückt ist, oder den Riemen abzuwerfen, ehe man mit dem Putzen beginnt. Man spannt in der Regel zuerst die Werkzeuge aus, worauf man oben anfängt. Schmirgelleinwand ist möglichst fernzuhalten, wo es jedoch ohne diese nicht abgeht, soll sie nicht in freier Hand gehalten werden, da dies mit der Zeit unschöne abgeschliffene Ecken gibt.

Der tote Gang an Supportspindeln. Durch seitliche Abnützung der Gewindegänge entsteht zwischen den Gängen der Spindel und denen der Mutter allmählich ein Spielraum. Dieser macht sich dadurch bemerkbar, daß die betreffende Spindel beim Wenden nicht sofort anfaßt, sondern es einer kleinen Drehung bedarf, ehe sie auf die Mutter bzw. auf den Support einwirkt. Man nennt diesen Zustand toten Gang oder totes Spiel; seine Begrenzung läßt sich durch das Gefühl feststellen, da die Spindel während der Überwindung des Spieles leichter geht. Totes

Spiel entsteht auch durch Abnutzung der Spindelanlaufflächen und der Gegenmuttern. Der tote Gang muß stets übertrieben werden, andernfalls weicht der Support durch den Arbeitsdruck der Werkzeuge so weit zurück, bis die Gewindegänge von Spindel und Mutter sich gegenseitig wieder berühren bzw. die Spindelanlaufflächen anliegen. Wurde also beim Ansetzen eines Spanes zu weit vorgetrieben, so genügt es nicht, die Handkurbel ein wenig zurückzustellen, sondern der Support muß wieder zurückgezogen, der Span neu angesetzt werden.

Aufspanngeräte. Die Arbeitstische der Werkzeugmaschinen sind zum Zwecke der Befestigung der Arbeitstücke und Spanngeräte teils mit durchgehenden Löchern und Schlitzen, teils mit nicht durchgehenden Nuten versehen, die entweder ⊤-förmig oder schwalbenschwanzförmig gestaltet sind. Aufspannschrauben. Kopfform für durchgehende Löcher und Schlitze beliebig, für Nuten ihrer Form entsprechend. Die Köpfe müssen leicht durch die Nuten gehen. Schwalbenschwanz-köpfe dürfen nicht zu viel Spielraum haben; zu schwache Köpfe ragen beim Anziehen über die Tischfläche hervor und ziehen sich gegebenenfalls an der Auflagefläche des Werkstückes fest (Fig.43). Spannschrauben sollen tunlichst nicht länger ausgewählt werden, als man sie braucht; wo keine Schrauben geeigneter Länge vorhanden sind, verwendet man die nächstlängeren und legt einige Scheiben oder alte Muttern bei, die leicht über die Schraube gehen. Die Gewinde der Spannschrauben sollen leicht geölt und mit gut passender Mutter versehen sein. Da durch das fortwährende Schließen und Öffnen der Muttern die Gewinde mehr oder weniger verzogen werden, darf eine Verwechslung der Muttern nicht stattfinden, auch dürfen diese nicht umgekehrt werden. Die Muttern sind auch an ihrer Auflagefläche zu ölen, andernfalls fressen sie sich ein. Jede Spannschraube soll mit einer Unterlagscheibe versehen sein. Stark benützte Spannschrauben bedürfen infolge der natürlichen Abnützung häufiger Erneuerung; sie werden rechtzeitig um das abgenützte Gewinde gekürzt oder angeschweißt. Verdorbene Muttern werden durch neue ersetzt. Spanneisen. Scheren aus Vierkanteisen, gabelförmig, oder Spannplatten, Pratzen genannt; diese sind meist in der Mitte verstärkt, an den Enden verjüngt oder angespitzt, manchmal auch mit einem Fuße versehen. Die Sechskantspannpratze. An Stelle des festen Fußes exzentrische, drehbare Stützplatte. Die Gelenkspannpratze. Dreiteilige Pratze, die auch seitlich angestellt werden kann. Zweiteiliger Spannkloben, dessen beweglicher Teil sich beim Anspannen senkt, das Werkstück seitlich erfaßt und fest auf den Tisch zieht. Gelenkspannpratzen und Spannkloben werden stets paarweise angesetzt. Maschinenschraubstöcke. 1. Par-

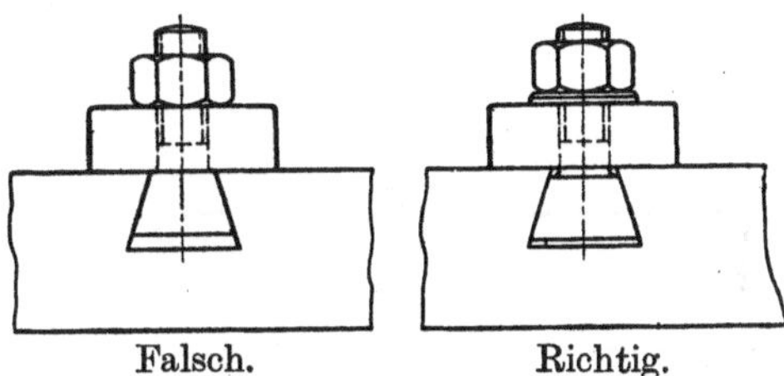

Fig. 43. Spannschraube.

allelschraubstock, teils starr, teils wagerecht oder senkrecht drehbar.
2. Zweiteiliger Schraubstock, bestehend aus zwei gesonderten Teilen,
deren jeder an eine beliebige Stelle gespannt werden kann; Einspann-
länge unbegrenzt. 3. Schraubstock mit freibeweglicher Backe. Die bewegliche Backe stellt sich auch auf konische Stücke ein; beide Backen
bewegen sich beim Zuspannen nach unten, so daß das Arbeitstück
fest auf die Platte gezogen
wird. Aufspannsupporte
mit Längs- und Querbewegung
für Bohrmaschinen mit star-
rem Tisch und für Fräsarbeiten. Aufspannwinkel, ge-
nau im Winkel von 90° gearbeitet, gewöhnlich aus Gußeisen und beiderseitig mit
Schraubenlöchern und Schlitzen versehen, oder verstellbar
und mit Gradeinteilung.

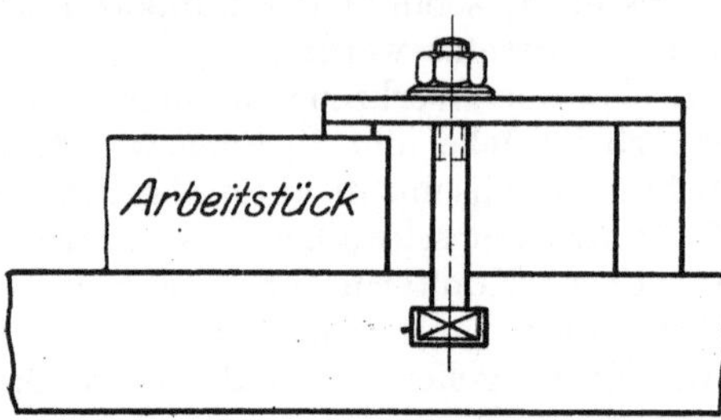

Fig. 44. Schraube und Unterlage richtig.

Aufspannen. Es ist für Lehrlinge wichtig, im Anziehen und
Lösen der Aufspannschrauben
baldigst unbedingte Sicherheit
zu erlangen. Merkwürdiger-
weise beginnen sie dabei regelmäßig verkehrt, sie machen
auf statt zu und umgekehrt.
Dies ist nun durchaus nicht
belanglos, denn ein leicht befestigtes (geheftetes) Stück, bereits ausgerichtet, verschiebt
sich wieder, wenn die Spann-
muttern gelöst statt festgezogen werden; eine gut festge-
zogene Schraube kann abge-
rissen werden, wenn sie nochmals nachgezogen statt gelöst
wird. Für Aufspannschrauben
sollten nur gutpassende Gabelschlüssel verwendet werden;

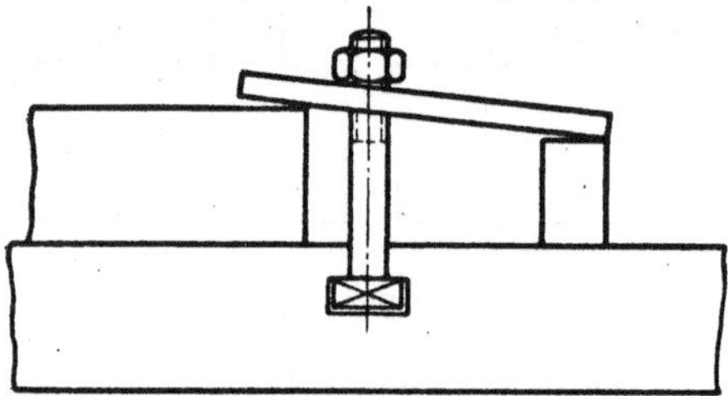

übertrieben dargestellt.
Fig. 45. Unterlage zu niedrig.

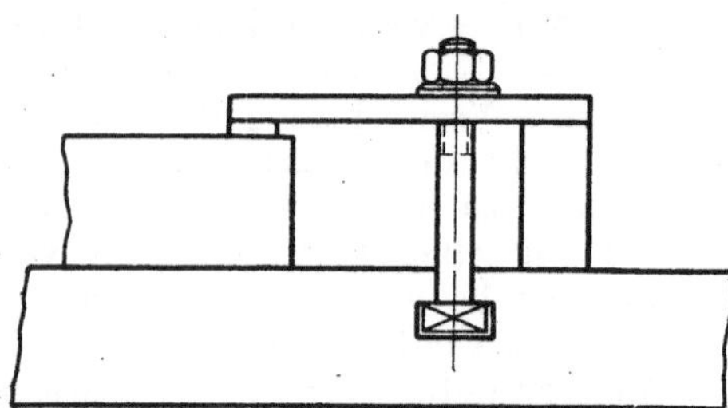

Fig. 46. Schraube zu nahe der Unterlage.

verstellbare Schraubenschlüssel eignen sich nicht zu Aufspannarbeiten
und sollten nur in Ausnahmefällen zur Anwendung kommen. Ist ein
Schlüssel auch nur um ein Weniges zu weit, so faßt er nur an den Ecken,
und beide Teile sind in kurzer Zeit zerstört; noch schlimmer ist es, wenn
der Schlüssel zu eng ist, so daß er die Flächen nur teilweise erfaßt, am
schlimmsten jedoch, wenn er vorn ausgeweitet ist. Ist ein Schlüssel
zu weit und kein passender zur Stelle, so hilft man sich mit passender
Beilage. Beim Anziehen von Schrauben hat man stets mit der Möglich-

keit eines Bruches zu rechnen, beim Lösen damit, daß bei kräftigem Ziehen ein plötzliches Lösen erfolgt. Um in beiden Fällen gegen Sturz gesichert zu sein, ist es immer gut, einen Fuß nach rückwärts auszuspreizen. **Ansetzen der Scheren und Pratzen (Fig. 44—46).** Spanneisen aller Art sind an ihrem freien Ende so zu unterlegen, daß sie nicht auf die Kante des Werkstückes, sondern auf seine Fläche drücken. Ist die Unterlage zu niedrig, so eckt das Stück, es kippt; ist sie dagegen zu hoch, so spannt man nur die Unterlage fest, das Stück selbst hält nicht. Bearbeitete Stellen sind durch Messing- oder Kupferblech zu schützen, doch empfiehlt es sich auch in vielen andern Fällen, eine Beilage zu verwenden. Die Spannschrauben sollen von dem Werkstück nie weiter entfernt sein als von der Spanneisenunterlage, denn der der Schraube am nächsten befindliche Teil hält am besten. Hölzerne Unterlagen dürfen nur so verwendet werden, daß der Druck senkrecht auf die Fasern kommt; man läßt auf Hirnholz aufliegen.

Die Feilmaschine.

Leichte Maschine senkrechter Bauart. Dieses vermeintliche Ideal aller Lehrlinge dient zur maschinellen Bearbeitung rechtwinkliger und geneigter Flächen an kleineren Gegenständen durch Feilen. Die eigens hierfür hergestellten kurzen Feilen haben keine Angel, sie sind durchaus gleich stark, mithin nach allen Seiten gerade und werden in allen gängigen Profilen hergestellt. Die Feilen werden mit dem nach unten gerichteten Schnitt an beiden Enden in den Feilenhalter eingespannt, dessen einer Arm sich über und dessen anderer sich unter dem Arbeitstisch befindet, der für den Feilendurchgang durchbohrt ist. Die Feilbewegung ist senkrecht, der Hub verstellbar, der Feilenhalter drehbar. Der Tisch kann für die Bearbeitung geneigter Flächen um einige Grade schräg gestellt werden. Die zu feilenden Gegenstände werden während der Abwärtsbewegung an die Feile gedrückt; ein fingerartiger Niederhalter gibt Stücken mit kleiner Auflagefläche den nötigen Halt und verhindert ihr Kippen. Die Feilspäne werden selbsttätig abgeblasen, damit der vorgezeichnete Riß frei bleibt. An Stelle der Feile kann auch ein Sägeblatt eingesetzt werden. Selbst gehärtete Stücke können auf Feilmaschinen nachgearbeitet werden; das Befeilen gehärteter Flächen wird mit Schmirgel- oder Diamantfeilen ausgeführt. Schmirgelfeilen werden nach Art der Schleifräder hergestellt, Diamantfeilen bestehen aus Kupferstäben, in deren Oberfläche Diamantstaub eingepreßt ist.

Die Bohrmaschinen

sind Maschinen zum Bohren, Ausreiben und Ausfräsen runder Löcher, zum Anfräsen von Paß- und Dichtungsflächen und zum Schneiden von Muttergewinden. Sie bestehen in einfacher Ausführung aus einem senkrechten Ständer, Tisch, Triebwerk, Bohrspindel und Schaltwerk. Der Ständer ist in den meisten Fällen ein Hohlgußgestell, der Tisch bei kleineren Maschinen in der Regel senkrecht und wagerecht verstellbar, bei großen Maschinen freistehend und abnehmbar. Eine in den Tisch eingelassene, gehärtete auswechselbare Führungsbüchse dient als Gegenlager für Bohrstangen und Fräswerkzeuge. Antrieb: Gewöhnlich Stufenscheibe mit Rädervorgelege und Kegelradübertragung auf die Bohrspindel. Die bei neueren Maschinen durch ein Gegengewicht ausgeglichene (entschwerte) Bohrspindel ist genutet und erhält ihre Drehbewegung durch eine Hohlspindel, in der sie verschiebbar ist. Eine konische Bohrung im Spindelkopf ist für die Aufnahme der Bohrwerkzeuge bestimmt; sie mündet in einen flachen Querschlitz, in den der Mitnehmerlappen der Werkzeuge hineinreicht; der Schlitz dient zugleich zum Austreiben der Werkzeuge. Für die Befestigung von Fräsern, Bohrstangen, Zapfenbohrern, Gewindeschneidapparaten usw., die auch ohne senkrechten Arbeitsdruck in der Bohrspindel halten müssen, ist ein besonderes Keilloch oder eine Stellschraube vorgesehen. Der Arbeitsdruck (axialer Bohrdruck) wird je nach Bauart durch Spurzapfen, Druckringe oder Kugeldrucklager aufgenommen. Die Bohrspindel erhält ihre Längsbewegung durch eine Spindelhülse mit Mutterrad oder durch eine Zahnstange. Sollen Bohrmaschinen zum Gewindeschneiden benutzt werden, so erhalten sie ein Wendegetriebe. Typen: Schnellbohrmaschinen, Ständerbohrmaschinen, Säulenbohrmaschinen, mehrspindlige Bohrmaschinen und Radialbohrmaschinen.

Schnellbohrmaschine. Kleine Maschine für Schnellbetrieb; unmittelbarer Antrieb der Spindel durch Winkelriemen, daher nahezu geräuschloser Gang. Vorschub durch Handhebel mit Zahntrieb.

Ständerbohrmaschine. Kräftige Maschine für allgemeine Zwecke ohne besondere Merkmale. Der Tisch ist in senkrechten Gleitbahnen geführt, zuweilen als Doppelsupport ausgebildet und meist durch eine Verstellspindel abgestützt.

Säulenbohrmaschine. Der säulenförmige Ständer ist durch ein Rahmengestell versteift, der Tisch gewöhnlich nach jeder Richtung verstellbar. Die Spindelhülse trägt eine Teilung für genaue Tiefeneinstellung.

Mehrspindlige Bohrmaschine. Maschine mit zwei oder mehr Bohrspindeln, die durch Schraubenräder oder Gelenkwellen angetrieben werden; die Spindeln sind gegenseitig verstellbar. Die Maschine eignet sich ebenso zum gleichzeitigen Bohren mehrerer Löcher wie auch für die Ausführung verschiedener Arbeiten an demselben Stück.

Radialbohrmaschine. Die Bohrspindel kann dem Arbeitstücke folgen; Hauptteile: Ständer, Ausleger mit Bohrschlitten, Spindelstock mit Drehteil, Bohrspindel und Tisch. Ständer und Tisch stehen auf einer gemeinschaftlichen Sohlplatte, die ebenso wie der Tisch genutet ist; große Arbeitstücke können unmittelbar auf die Sohle gestellt werden. Der Ausleger ist am Ständer radial und senkrecht verstellbar und bei vorzüglicher Ausführung auch um seine eigene Achse drehbar. Der Bohrschlitten hat Zahnstangenbewegung und ist durch das Drehteil mit dem Spindelstock verbunden; der Antrieb erfolgt durch Kegelräder und Wellenübertragungen. Die Drehbarkeit des Auslegers in Verbindung mit der des Spindelstockes ermöglicht es, die Bohrspindel auf jeden Winkel, also auch wagerecht, einzustellen. Es gibt auch fahrbare Radialbohrmaschinen für Montagearbeiten, Kesselschmieden u. dgl.

Gelenkradialbohrmaschine. Der Ausleger besteht aus mehreren beweglichen Einzelgliedern; Maschine zum Bohren von Eisenkonstruktionen, großer Blechtafeln und ähnlicher Arbeiten.

Die Bohrgrube. Bei großen Radialbohrmaschinen befindet sich neben der Sohlplatte eine ausgemauerte Grube, damit auch höhere Stücke unter die Bohrspindel gebracht werden können, als es die Bauhöhe der Maschine an sich zuläßt. Ein in der Grube auf Vorsteckbolzen ruhender Eisenrost dient als Tisch; die Grube ist in unbenutztem Zustande betriebsicher abgedeckt.

Bohrwerkzeuge.

Bohrköpfe für die verschiedenen Konen, auch Konushülsen oder Reduktionshülsen genannt, selbstzentrierende Bohrfutter für Werkzeuge mit zylindrischem Schaft, Bohrfutter für gepreßte Spiralbohrer und Schnellwechselfutter; Konusaustreiber, Spitzbohrer, Zentrumbohrer und Spiralbohrer nach Bedarf, Maschinenreibahlen, Pendeldorne, Zapfenbohrer (Zapfensenker) zum Anfräsen von Auflageflächen für Schraubenköpfe, Muttern u. dgl., Versenker in Spitzbohrerform und gezahnt, Bohrstangen mit Messern verschiedener Größen und zugehörigen Führungsbüchsen, Mitnehmergabeln zum Gewindeschneiden und Gewindeschneidapparate. Die Bohrwerkzeuge sind im Deutschen Reiche vorwiegend mit metrischem oder Morsekonus versehen. Schnellwechselbohrfutter gestatten das Auswechseln der Bohrer während des Ganges der Maschine.

Bohrer. Spitzbohrer und Zentrumbohrer werden nur noch in Ausnahmefällen verwendet; letztere für Löcher mit flachem Grund. Eines der vollkommensten und leistungsfähigsten Werkzeuge ist der Spiralbohrer; er ist auf seine ganze nutzbare Länge von zwei spiralförmigen Nuten durchzogen, deren Form, Steigung und Tiefe dem günstigsten Schneidwinkel angepaßt sind. Der zylindrische Teil des Bohrers ist hinterschliffen und dadurch die Reibung auf das Mindestmaß beschränkt; nur ein schmaler Rand der vorauseilenden Kanten hat das Vollmaß des Bohrers. Die Nuten werden gefräst, gepreßt oder eingewalzt; kleine Bohrer erhalten einen zylindrischen Schaft, größere Konus- und Mitnehmerlappen.

Bohrerschnitte. Die Spitze eines Bohrers muß genau in der Mitte liegen; einseitig geschliffene Bohrer erzeugen ungenaue Löcher und brechen leicht ab. Bei Zentrumbohrern müssen beide Schneidkanten in einer Ebene und senkrecht zur Bohrerachse stehen. Spiralbohrer erhalten einen Schneidwinkel von 116—118°, ihr Zuschärfungswinkel richtet sich nach der Bohrerstärke; größere Bohrer erhalten mehr, kleine geringeren Hinterschliff. Die Schrägstellung der Querschneide soll 55° betragen (Fig. 47); diese Stellung ergibt sich bei richtigem Hinterschliff von selbst. Das Schleifen der Spiralbohrer wird in gut eingerichteten Betrieben gewöhnlich auf Spezialmaschinen ausgeführt, doch wird jedem Lehrling angelegentlichst empfohlen, das freihändige Schleifen solcher Bohrer möglichst frühzeitig zu üben. Um einen Spiralbohrer sachgemäß zu schleifen, stützt man die rechte, den Bohrer hinter der Spitze haltende Hand auf die Schleifauflage,

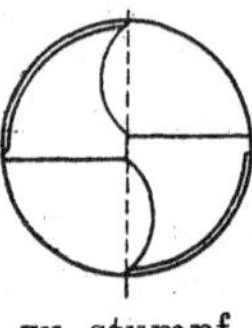
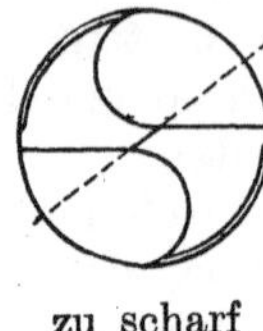
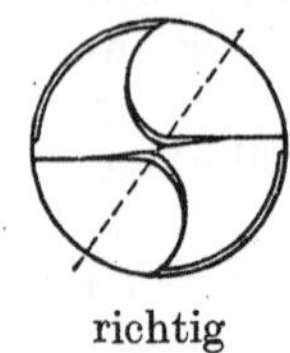

zu stumpf   zu scharf   richtig

Fig. 47.

führt mit der Linken, die den Bohrer am hinteren Ende hält, zuerst eine kurze Abwärtsbewegung aus und gibt von da ab gleichzeitig mit dieser dem Bohrer eine kleine Rechtsdrehung, damit er ausreichenden Hinterschliff erhält. Die Schneidkanten sollten, wenn irgend möglich, mit der Spiralbohrerschleiflehre (Fig. 48) geprüft werden, die Stärke der Querschneide wird durch Anspitzen in das richtige Verhältnis gebracht.

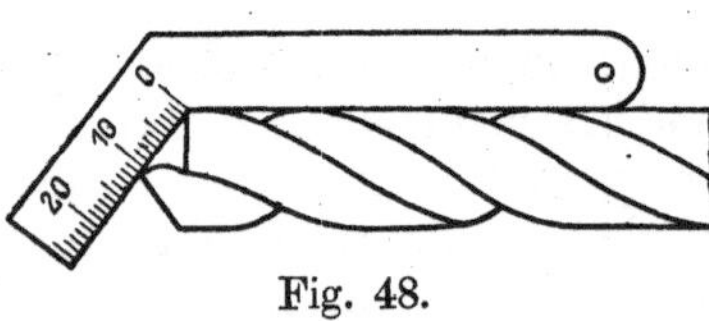

Fig. 48.

Stumpfe Bohrer. Beide Schneidkanten sollen stets so scharf gehalten sein, daß die Schnittschärfe an den Fingern fühlbar ist und nicht glänzt. Ein stumpfer Bohrer braucht mehr Bohrdruck und Kraft, als er aushalten kann und bricht deshalb leicht ab. Merkmale eines stumpfen Bohrers sind folgende Anzeichen: es ist ein auffallend starker Druck nötig, bis der Bohrer angreift, an der Eintrittstelle des Bohrers wirft sich um das Loch herum ein Wulst auf, und beim Austritt des Bohrers bildet sich ein röhrenartiger Grat.

Abgenutzte Spiralbohrer. Wird ein Spiralbohrer längere Zeit nur zum Bohren von Blech, Flacheisen u. dgl. verwendet, so kann der Fall eintreten, daß er durch Abnutzung vorn schwächer wird. Soll nun mit solchem Bohrer plötzlich ein tieferes Loch gebohrt werden, so spannt er sich unter auffälligem Gekreische in dem Loch fest. Abgenutzte Spiralbohrer können auf der Rundschleifmaschine nachgeschliffen werden, wobei sie aber in jedem Falle ihr bisheriges Maß verlieren. Ähnlich liegt der Fall, wenn ein Bohrer längere Zeit zum Bohren harter und spröder Materialien verwendet wird, wobei sich seine vorauseilenden Kanten abnutzen.

Fallende Bohrspindel. Der Bohrdruck wird, wie bereits erwähnt, durch Spurzapfen, Druckringe oder Kugellager aufgefangen; in entgegengesetzter Richtung ist die Spindel gewöhnlich durch Doppelmuttern gehalten, die so eingestellt sein müssen, daß die Spindel ohne totes Spiel läuft, d. h. daß sie in der Längsrichtung nicht nachgibt. Dieser unerwünschte, aber nur zu häufig vorhandene Zustand wird durch Abnutzung der Druckflächen oder Selbstlösen der Sicherungsmuttern hervorgerufen. Man spricht dabei von fallender Spindel, denn in dem Augenblicke, wo die Bohrerspitze am unteren Ende eines gebohrten Loches austritt, fällt die Spindel durch ihr Eigengewicht durch. Ist dies nun auch bei starken Bohrern ohne unmittelbare nachteilige Folgen, so ist es für die kleinen um so schlimmer, da sie der hierbei auftretenden Überbeanspruchung nicht standhalten; sie müssen das Loch, für das vielleicht noch fünf Umdrehungen nötig gewesen wären, in einer oder zwei Umdrehungen durchreißen, wobei sie sich spalten oder absplittern. Es ist somit wichtig, die Spindelreglung einer Bohrmaschine zu überwachen; sie läßt sich auf einfache Weise prüfen, indem man bei abgestellter Maschine ein kleines Hebeisen so unter die Spindel setzt, daß es einen zweiarmigen Hebel bildet, und mit diesem die Spindel in die Höhe drückt.

Tiefe Löcher. Ist ein Loch tiefer zu bohren als der Bohrer genutet ist, so muß er öfter zurückgezogen werden, da die Späne sich nicht mehr herausschaffen können; kleinere und lose Stücke entleert man durch Umstülpen, größere oder festgespannte Stücke mit holzschraubenartigen Werkzeugen. Bei Eisen und Stahl leistet hier auch ein Magnetstab gute Dienste. Durchgehende tiefe Löcher bohrt man am sichersten von beiden Seiten je zur Hälfte.

Durchmesser des Spiralbohrers	Umdrehungen des Spiralbohrers pro Minute [1]) Spiralbohrer aus Werkzeugstahl. [2]) Spiralbohrer aus Schnellstahl.											
	Gußeisen		Stahlguß		Temperguß		Eisen und Stahl		Werkzeugstahl		Rotguß und Messing	
	[1]) Werkzeugstahl	[2]) Schnellstahl	[1]) Werkzeugstahl	[2]) Schnellstahl	[1]) Werkzeugstahl	[2]) Schnellstahl	[1]) Werkzeugstahl	[2]) Schnellstahl	[1]) Werkzeugstahl	[2]) Schnellstahl	[1]) Werkzeugstahl	[2]) Schnellstahl
2	2390	2870	2390	2870	2390	2870	2390	3820	1910	2210	4290	7960
3	1590	1910	1590	1910	1590	1910	1590	2540	1270	1490	2860	5300
4	1190	1400	1190	1400	1190	1400	1190	1910	955	1115	2145	3980
5	960	1150	960	1150	960	1150	960	1530	760	890	1720	3180
6	800	960	800	960	800	960	800	1270	640	745	1432	2650
7	680	820	680	820	680	820	680	1090	545	635	1230	2275
8	600	720	600	720	600	720	600	955	480	560	1075	1990
9	530	635	530	635	530	635	530	850	425	500	955	1770
10	480	575	480	575	480	575	480	760	380	445	860	1590
11	430	520	430	520	430	520	430	695	345	405	780	1445
12	400	480	400	480	400	480	400	635	320	370	720	1325
13	370	440	370	440	370	440	370	590	290	340	660	1225
14	340	410	340	410	340	410	340	545	270	320	615	1135
15	320	380	320	380	320	380	320	510	255	300	570	1060
16	300	360	300	360	300	360	300	475	240	280	540	995
18	265	320	265	320	265	320	265	425	210	250	480	885
20	240	290	240	290	240	290	240	380	190	220	430	795
22	220	260	220	260	220	260	220	350	175	200	390	720
24	200	240	200	240	200	240	200	320	160	185	355	660
26	184	220	184	220	184	220	184	295	145	170	330	610
28	171	205	171	205	171	205	171	270	140	160	307	560
30	160	190	160	190	160	190	160	250	125	150	285	525

Den angegebenen Umdrehungzahlen sind mittlere Schnittgeschwindigkeiten zugrunde gelegt; sie können bei weichem Material erhöht, müssen aber bei härterem Material verringert werden.

Maße für Gewindelöcher.

Metrisches Gewinde.

Gewindedurchmesser	mm	5	6	7	8	9	10	11	12	14	16	18
Passende Spiralbohrer	mm	4	4,8	5,8	6,5	7,5	8,1	9,1	9,9	11,5	13,5	15,8
Gewindedurchmesser	mm	20	22	24	27	30	33	36	39	42	45	48
Passende Spiralbohrer	mm	16,8	18,8	20,2	23,2	25,5	28,5	31	34	36,2	39,2	41,7

Whitworthgewinde.

Gewindedurchmesser	Zoll	$1/4$	$5/16$	$3/8$	$7/16$	$1/2$	$5/8$	$3/4$	$7/8$
Passende Spiralbohrer	mm	4,9	6,3	7,7	9	10,2	13	16	18,8
Gewindedurchmesser	Zoll	1	$1^1/_4$	$1^1/_2$	$1^3/_4$	2	$2^1/_4$	$2^1/_2$	3
Passende Spiralbohrer	mm	21,5	27,5	33	38,4	44	50	56	68

Gasgewinde nach Whitworth.

Gewindedurchmesser	Zoll	$1/8$	$1/4$	$3/8$	$1/2$	$5/8$	$3/4$	$7/8$	1	$1^1/_4$	$1^1/_2$	2
Passende Spiralbohrer	mm	8,7	11,7	15	19	21	24,5	28,5	30,5	39,5	45	57

Das Bohren.

Um ein Loch ohne besondere Hilfsmittel genau bohren zu können, muß es vor allen Dingen richtig angezeichnet und mit Kontrollkreis versehen sein; der Körner ist der Bohrerstärke entsprechend, aber stets möglichst kräftig einzuschlagen, damit er dem Bohrer eine gute Führung gibt. Der zu bohrende Gegenstand muß gerade und satt aufliegen; denn so wie er liegt, steht nachher das gebohrte Loch. Holzunterlagen eignen sich nicht für genaue Bohrarbeiten, da sie leicht einseitig nachgeben, besonders wenn naß gebohrt wird. Gibt aber eine Bohrunterlage einseitig nach, so muß der Bohrer sich biegen und dabei abbrechen. Kürzere Stücke sind mit Zange, Schlüssel, Feilkloben u. dgl. zu halten, oder an Anschlagbolzen des Tisches anzulegen. Gegenstände mit unsicherer oder kleiner Auflagefläche und solche, die keine vorspringenden Ecken haben, an denen man sie halten kann, werden auf metallener Unterlage oder im Maschinenschraubstock, manchmal auch am Aufspannwinkel festgespannt. Das Bohrzentrum (der Körner) muß genau unter der Bohrerspitze liegen, d. h. sofern der Bohrer rund läuft. Ist ein vollständiges Rundrichten des Bohrers ausnahmsweise nicht möglich, so muß die Bohrerspitze den Körner eines festgespannten Stückes in gleichen Abständen umkreisen. Wird das nicht sorgfältig beachtet, so muß der Bohrer sich nach der abstehenden Seite biegen; ist er schwach, so bricht er hierbei ab, andernfalls würgt er das Loch einseitig aus; in jedem Falle aber gibt es schlechte Arbeit. Freigehaltene Stücke stellen sich selbst auf den Bohrer ein, ebenso Maschinenschraubstöcke, wenn sie nicht festgespannt sind, sofern der Bohrer stark genug ist.

Vorbohren. Bei größeren Löchern soll mit einem kleineren Bohrer vorgebohrt werden, da die kräftigen Spitzen der größeren Bohrer nur schwer in das Material eindringen. Löcher zuerst kleiner bohren. Will man bei einem besonders wertvollen Stück vollkommen sicher gehen, so bohrt man zuerst 1—2 mm kleiner, gleicht eine etwaige Abweichung mit der Rundfeile aus und bohrt auf das richtige Maß auf.

Aufbohren. Beim Aufbohren eines gut aufliegenden oder genau aufgespannten Stückes läuft der Bohrer dem bereits vorhandenen Loche so nach, daß sich an dessen Lage nichts mehr ändert; daraus erhellt, daß das vorgebohrte Loch stimmen muß, wenn das aufgebohrte Loch stimmen soll. Sind vorgebohrte Löcher nur ein wenig aufzubohren, so müssen die Werkstücke festgespannt werden, da der Bohrer infolge des geringen Widerstandes rasch einsinkt (siehe fallende Spindel).

Aufreiben. Vollkommen genaue Löcher, d. h. solche mit genauen Durchmessern, erhält man auch von Spiralbohrern nicht. Wo große Genauigkeit verlangt wird, werden die vorgebohrten Löcher mit dem Aufbohrer nachgebohrt und mit der Maschinenreibahle nachgerieben. Aufbohrer sind dreispiralige Werkzeuge ohne Spitze mit einem Untermaß von ca. 0,2 mm. Maschinenreibahlen sind wie Fräser gezahnt, sie haben das Vollmaß und müssen dem Loch frei folgen können. Da die Bohrspindeln nur selten genau rund laufen, kommt hier der sog. Pendeldorn zur Anwendung, welcher nach Art der Gelenkwellen gebaut ist.

Bohren nach dem Kontrollkreis. Mehrmals untersuchen, ehe die Bohrerspitze vollständig in das Material eingedrungen ist; bei nur geringer einseitiger Abweichung vom Kontrollkreis verlegt man das Bohrzentrum, indem man einen spitzen Körner daneben schlägt. Ist die Abweichung bedeutend, so haut man mit dem Kreuzmeißel einige Kerben. Der Bohrer wird der Vertiefung folgen, doch ist es nötig, noch einige Male nachzusehen und unter Umständen nachzuhelfen, so daß das Angebohrte mit dem Kontrollkreis übereinstimmt, bevor die Bohrerspitze vollständig eingedrungen ist.

Schräge Löcher. Beim Bohren auf einfachen Maschinen werden die Werkstücke nach der Winkelstellung aufgespannt, welche die Löcher erhalten sollen. Bei Schrägstellung der Spindel an Radialbohrmaschinen müssen Ausleger und Bohrschlitten nach jeder Einstellung festgezogen werden.

Mehrere gleichgerichtete Löcher. Auf der Radialbohrmaschine werden alle Löcher eines auf den Tisch gespannten Stückes ohne weiteres gleichgerichtet, wobei das Stück nicht gelöst zu werden braucht, da die Bohrspindel verschiebbar ist. Das trifft auch bei Bohrmaschinen anderer Bauart zu, wenn der Tisch als Doppelsupport ausgebildet ist, so daß der Tisch mit dem Arbeitstück verschoben werden kann. Ist aber weder die Spindel, noch der Tisch verschiebbar, so muß das Stück in einer verschiebbaren Spannvorrichtung befestigt werden. Hierzu eignen sich am besten Maschinenschraubstöcke und Aufspannsupporte.

Mehrere gleichtiefe Löcher bohren. Wenn eine Teilung an der Spindelhülse ist, nach dieser, andernfalls beim ersten Loch den Abstand des Bohrfutters von der Bohrstelle abmessen und die Stellung des Handrades ankreiden, oder verstellbaren Anschlag verwenden.

Bohren in bestimmter Richtung ohne Auflagefläche. Beispiel: Federnute. Mittelriß der Stirnfläche senkrecht ausrichten, oder gegenüber der Bohrstelle Anschlagwinkel an die Peripherie der Welle stellen; der Abstand zwischen Körner und Winkel muß gleich dem halben Wellendurchmesser sein.

Bohren am Rand. Man spannt eine Beilage an die zu bohrende Stelle und bohrt die Beilage mit.

Bohren an abschüssigen Stellen. Vorher Vertiefung aushauen oder das Loch senkrecht zur Fläche anbohren, bis die Bohrerspitze eingedrungen ist.

Arbeiten mit Zapfenbohrern. Der Bohrerzapfen darf nicht gewaltsam eingeführt werden. Ist er schwächer, so bohrt man das Loch nach dem Zapfen und bohrt es nach dem Anfräsen auf.

Bohrbüchsen (Fig. 49). Abschüssige und porige Stellen lassen sich mit Hilfe von Bohrbüchsen ebenso genau und sicher bohren wie andere. Diese Büchsen sind gehärtet und in geeigneten Haltern gefaßt, welche auf dem Tisch oder am Werkstück befestigt werden.

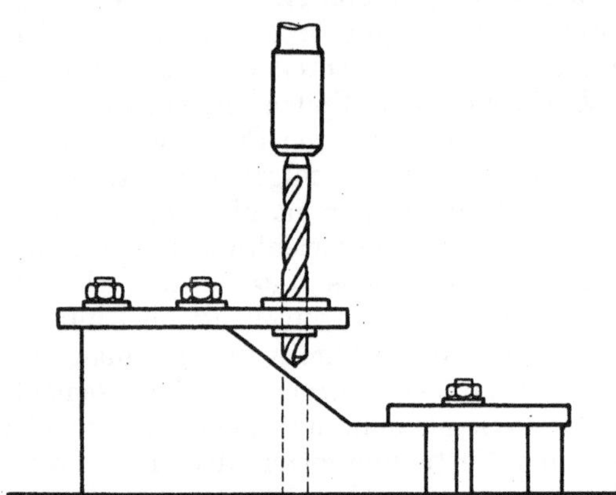

Fig. 49. Bohrbüchsenhalter für abschüssige Stellen.

Bohrlehren oder Bohrschablonen. Bei reihenweiser Herstellung von Maschinen und Werkzeugen werden alle wichtigen Bohrarbeiten mit Hilfe von Bohrlehren ausgeführt. Diese Lehren sind aber nur bei vollkommener Genauigkeit brauchbar; auf ihre Herstellung wird daher die äußerste Sorgfalt verwendet. Die mit Lehren gebohrten Löcher werden, obwohl sie gar nicht angezeichnet sind, genauer, als es auf jedem andern Wege erreicht werden kann. Bohrlehren werden durch Anschläge, Paßzapfen u. dgl. mit dem Arbeitstück verbunden; beide Teile werden fest zusammengespannt, ihre Führungsbüchsen sind gehärtet. Um besonders wertvolle Bohrlehren zu schonen und voll auszunutzen, empfiehlt es sich in vielen Fällen, sie nur zum Anbohren zu benutzen und die angebohrten Löcher auf andern Maschinen vollends durchzubohren.

Abbohren. Die Löcher sind so einzuteilen, daß ihre Zwischenwände nur etwa $^1/_2$ mm stark bleiben. Mittels geeigneter Bohrschablonen können Abbohrlöcher auch ineinandergebohrt werden (Fig. 50). Lohnt sich die Anfertigung einer besonderen Bohrlehre nicht, z. B. bei kleineren Durchbrüchen, Schnitten, Keillöchern, so empfiehlt es sich, ein um das andre Loch zu bohren und die Bohrungen auszufüllen, dann die ausgelassenen Löcher anzukörnen und zu bohren; hierauf werden die eingeschlagenen Stifte herausgeschlagen und die stehengebliebenen Ecken weggenommen (Fig. 51).

Große Löcher. Mit einem doppelsupportartigen Werkzeuge kann man auf starken Bohrmaschinen aus Blechen und Platten Scheiben und Ringe herausstechen und die entstandenen Löcher ausdrehen.

Schneiden von Muttergewinden. Die Gewindebohrer werden entweder mit Gabelmitnehmer oder Gewindeschneidapparat eingetrieben; dieser eignet sich besonders zum Schneiden nicht durchgehender Löcher, da er gegen Bohrerbruch weitgehende Sicherheit bietet. Die durch eine nachstellbare Spiralfeder angepreßte Ratsche des Apparates springt über, wenn der Gewindebohrer den Lochgrund erreicht oder den Widerstand nicht zu überwinden vermag.

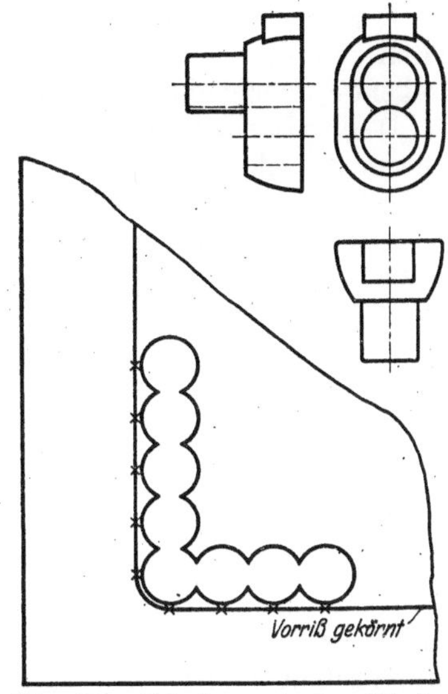

Fig. 50. Abbohren starker Bleche.

Kühlmittel. Zum Bohren: Seifenwasser oder Bohröl. Zum Gewindeschneiden: Für Eisen, Stahl und Bronze dasselbe; für Gußeisen: reines Wasser, Petroleum oder Preßluft.

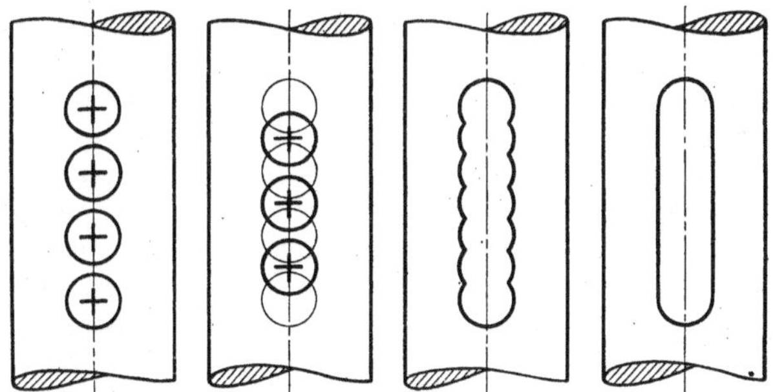
Fig. 51. Abbohren von Keilnuten und Schlitzen.

Hobelmaschinen.

Die Hobelmaschinen dienen zur Bearbeitung gerader Flächen, sie leisten nur bei der Vorwärtsbewegung Nutzarbeit, und haben deshalb beschleunigten Rücklauf. Eine Ausnahme hiervon machen ältere Shaping- und Blechkantenhobelmaschinen. Man unterscheidet Shaping- oder Horizontalstoßmaschinen und Langhobelmaschinen.

1. **Shapingmaschinen.** Maschinen für kleinere Hobelarbeiten; der Tisch mit dem Werkstück steht fest, während der den Hobelsupport tragende Stößel die Hobelbewegung ausführt.

a) **Einfacher Kurbelantrieb.** Der Stößel läuft vor- und rückwärts gleich schnell; Hubverstellung am Kurbelrad, Auslaufverstellung am Stößelzapfen.

b) **Exzentergetriebe.** Das Kurbelrad dreht sich lose auf einem Exzenter und ist durch ein Zwischenglied mit der Kurbel verbunden. Je nachdem sich der Kurbelzapfen der Arbeitswelle nähert oder von ihr entfernt, läuft die Maschine schneller (Rücklauf) oder langsamer (Vorlauf).

c) **Kurbelschleifengetriebe.** Eine um einen feststehenden Zapfen schwingende Schleife (Kulisse) wird durch den Kurbelzapfen mit Gleitsteinführung hin und her bewegt. Das schwingende Schleifenende ist mit dem Stößel verbunden, der sich schneller bewegt (Rücklauf), wenn sich der Kurbelzapfen dem festen Drehpunkt der Schleife nähert, und langsamer (Vorlauf), wenn er sich von diesem entfernt. Shapingmaschinen mit Kurbel- und Exzentergetrieben erhalten gewöhnlich Stufenscheibenantrieb.

d) **Zahnstangenantrieb.** Maschinen mit Zahnstangenbewegung des Stößels erhalten Riemenscheibenwendegetriebe mit doppelter Reibungskupplung. Zwei Riemenscheiben verschiedener Durchmesser mit Innenkegel drehen sich in entgegengesetzter Richtung lose auf der Antriebswelle; die größere Scheibe dient dem Vorlauf, die kleinere dem Rücklauf. Eine zwischen den Riemenscheiben sitzende, mit der Antriebs- und Steuerwelle verbundene doppelkegelige Reibscheibe wird durch die Umsteuerung wechselweise gegen die Riemenscheiben gedrückt und von diesen mitgenommen. Die Umsteuerung wird durch Stoßknaggen (Umschaltknaggen) betätigt, die am Stößel verstellbar befestigt sind und auch während des Ganges auf den jeweils erforderlichen Hub eingestellt werden können. An dem Umsteuerungshebel oder der Steuerwelle ist eine Schneide befestigt, die bei der Steuerbewegung über einen federnden Zahn geführt wird; diese Vorrichtung beschleunigt die Umsteuerung und hält den jeweils eingerückten Reibungskegel fest. Die Maschine kann in jeder Lage auch von Hand umgesteuert werden.

Doppelshapingmaschinen haben in der Regel den Ständer, mitunter auch den Antrieb gemeinsam, arbeiten aber im übrigen unabhängig voneinander.

Kegelräderhobelmaschinen. Viel verbreitet sind Maschinen mit beweglichen Supportführungen und Teilapparat. Die Supporte nähern sich während des Hobelns und folgen den Umrissen einer in vergrößertem Maßstabe hergestellten Doppelschablone. Beide Flanken einer Zahnlücke werden gleichzeitig gehobelt; die sehr dünnen Stähle kommen hintereinander. Sind die Zähne aus dem Vollen zu schneiden, so müssen die Zahnlücken vorgestochen werden.

2. **Langhobelmaschinen.** Maschinen für die Bearbeitung größerer und längerer Werkstücke, bei denen der Tisch die Hobelbewegung aus-

führt. Sie gliedern sich in Einständermaschinen, auch Einpilaster-
maschinen genannt, und in Zweiständermaschinen. Die Bauart der
ersten ist ähnlich derjenigen der Radialbohrmaschinen; auch sie
haben einen senkrecht verstellbaren Ausleger, der den Supportschlitten
trägt. Einständermaschinen haben den besonderen Vorzug, daß auf
ihnen beliebig breite Stücke gehobelt werden können. Zweiständermaschinen. Die Supportständer sind durch ein festes Joch und einen
verstelbaren Querträger miteinander verbunden, der den Supportschlitten trägt. Der Tisch der Langhobelmaschinen wird durch
Schnecken, Zahntriebe oder mehrgängige Gewindespindeln gezogen;
er bewegt sich in flachen oder prismatischen Gleitbahnen, in die
Ölrollen eingebaut sind. Diese tauchen in einen Ölbehälter und werden durch Federn an die Laufflächen des Tisches gedrückt. Bei manchen Maschinen ist der Tisch mit Aufspannlinien versehen, die zum
seitlichen Ausrichten der Arbeitstücke dienen. Große Maschinen haben
zwei Hauptsupporte und besondere Seitensupporte; es kann mit mehreren derselben gleichzeitig gearbeitet werden.

Antrieb: Riemenscheibenwendegetriebe mit Riemenumsteuerung
oder Magnetkupplung. Beschleunigter Rücklauf durch entsprechende
Riemenscheibenunterschiede oder Räderübersetzung. Umsteuerung
durch Stoßknaggen, Stoßhebel und Nutenwalze mit Riemenführer.
Von den beiden Stoßknaggen ist wegen des langsameren Vorlaufes die
vordere entweder länger als die hintere, oder mit einem federnden
Stoßpuffer versehen, der den Stoßhebel zurückschnellt. Kleinere Maschinen haben zumeist nur einen Riemenführer mit doppeltem Riemenleiter; große Maschinen haben zwei selbständig steuernde Riemenführer mit einfachen Riemenleitern. Die erste Anordnung hat den
Nachteil, daß bei ihr der eine Riemen die Festscheibe noch nicht ganz
verlassen hat, ehe sie von dem anderen Riemen erfaßt wird, daher das
bekannte Pfeifen der Riemen. Bei der Doppelsteuerung eilt der aus-
rückende Führer vor, so daß die Festscheibe vollständig frei ist, ehe sie
von dem anderen Riemen erfaßt wird. Der Vorschub soll bei Hobelmaschinen möglichst nach beendetem Rücklauf erfolgen, nie aber vor
sich gehen, solange der Stahl unter Schnittdruck steht; er wirkt bei
Langhobelmaschinen immer auf den Supportschlitten. Der Hobelsupport ist bei allen Maschinen der genannten Bauarten drehbar und meist
mit Gradteilung versehen, so daß er zum Behobeln geneigter Flächen,
wie Schwalbenschwanzführungen u. dgl. auf bestimmte Winkelgrade
eingestellt werden kann. Der an einem Hilfsdrehteile des Supports
scharnierartig aufgehängte Stahlhalter, Klappe genannt, ist nach vorn
lose beweglich, damit der Stahl beim Rücklauf nachgibt und geschont
wird; er fällt nach beendetem Rücklauf durch sein Eigengewicht oder
Federdruck auf seinen Auflagesitz zurück. Dieser Stahlhalter kann
zum Aushobeln von Nuten, Schlitzen u. dgl. durch einen Stahlstift
festgestellt werden, damit sich der Stahl nicht sperrt. Bei größeren
Maschinen ist eine besondere Stahlabhebevorrichtung angebracht, die
selbsttätig wirkt. Hobelklappen mancher kleinerer Maschinen haben

an ihrem unteren Ende einen keilförmigen Auslauf, der in einen entsprechenden Sitz des Supports paßt. Dieser Sitz darf nur geschmiert werden, wenn die Klappe durch eine starke Feder in den Sitz gedrückt wird, andernfalls sinkt sie nicht bei jedem Span gleich tief ein, so daß Rillen und Riefen entstehen.

Die Blechkantenhobelmaschine ist eine Langhobelmaschine mit feststehendem Tisch. Der durch eine mehrgängige Gewindespindel gezogene, sehr breite und kräftige Supportschlitten führt die Hobelbewegung aus. Umsteuerung wie bei Langhobelmaschinen. An dem Schlitten ist ein Standbrett angebracht, auf dem der Arbeiter stehend mit hin- und herfährt. Die Maschine wird ihrem Zweck entsprechend sehr lang gebaut; ein über ihre ganze Länge sich erstreckendes sehr starkes Joch, das sich in geringem Abstand über den Tisch hinzieht, trägt die Spannwerkzeuge zur Befestigung der Arbeitstücke. Das sind eine größere Anzahl Druckspindeln nach Art der Schraubstockspindeln, die in das Joch eingeschraubt sind. Bessere Ausführungen haben hydraulische oder Preßluftdruckanlagen, doch können die Werkstücke auch mit Schrauben befestigt werden, da der Tisch mit Löchern und Schlitzen versehen ist. Auf den Blechkantenhobelmaschinen werden nur die Kanten von Blechen, Platten u. dgl. bearbeitet; dabei können mehrere Stücke aufeinandergespannt und gleichzeitig behobelt werden. Während bei gewöhnlichen Hobelmaschinen der auf eine bestimmte Spantiefe eingestellte Stahl seitlich weiterarbeitet, nähert sich die Arbeitsweise der Blechkantenhobelmaschine der des Tischlerhobels, indem der hier sehr breite, im rechten Winkel und genau eben geschliffene Stahl den Span bei jedem Zug in der vollen Schnittbreite oder Materialstärke abhebt. Die Maschine arbeitet nach beiden Richtungen gleich, nach jedem Zug wird der drehbare Stahlhalter mit einer kräftigen Handkurbel um 180° herumgeschlagen. Der Support kann für die Bearbeitung von Stemmkanten schräg gestellt werden.

Hobelwerkzeuge und -geräte.

Maschinenschraubstock, Aufspannwinkel, Spannpratzen, Spannkloben, eine größere Anzahl gehobelter oder gefräster Unterlagen, Prismen und Wasserwage; an Hobelstählen: Schrupp-, Eck- und Messerstähle rechts und links, Spitz- und Abstechstähle, Form- oder Fassonstähle zum Abrunden von Kanten und Stahlhalter mit auswechselbaren Messern. Über Schnittformen und das Schleifen der Hobelstähle siehe Näheres bei Drehwerkzeugen.

Das Hobeln.

Rohe Arbeitstücke werden entweder nach der Wasserwage aufgefangen oder nach vorgezeichneten Linien ausgerichtet. Soll ein Werkstück nach einer bereits bearbeiteten Fläche aufgefangen werden, so geschieht dies am sichersten mit dem Prüfwerkzeuge. Ist dieses nicht

vorhanden oder verfügbar, so spannt man einen stumpfen Stab in den
Support und richtet mit diesem das Stück so aus, daß der Stab, über
die Fläche geführt, an allen Punkten gleichmäßig berührt. Die Berührung läßt sich sicher feststellen, indem man zwischen Stab und
Fläche einen dünnen Papierstreifen hält und diesen durch Zupfen
probt. Will man solche Fläche nach der Wasserwage ausrichten, so ist
vor allen Dingen zu prüfen, wie die Maschine selbst im Wasser steht.
Es sind hierbei nicht ohne weiteres die Tischfläche, Schraubstockfläche
usw. maßgebend, da diese Flächen ungenau gearbeitet und montiert
und auch ungleich eingelaufen sein können; bei Shapingmaschinen
werden die Tisch- und Stößelführung, bei Langhobelmaschinen das
Tischbett und die Supportschlittenführungswange geprüft. Wenn die
Wasserwage somit auf das Werkstück gestellt wird, muß sie zwischen
denselben Teilstrichen einspielen, wie auf den genannten Gleitflächen
derselben Richtung. Ein mit der bearbeiteten Fläche auf den Tisch
gespanntes Stück wird beim Überhobeln nur dann genau parallel
(gleichstark), wenn sämtliche Gleitflächen (Führungsbahnen von Tisch,
Stößel und Support) parallel zur Tischoberfläche stehen, was in allen
Fällen durch das Prüfwerkzeug festgestellt werden kann. Wo dieses
fehlt, vergleiche man das Maß der Abstände. Eine Hauptbedingung
beim Aufspannen ist, daß jedes Durchbiegen des Werkstückes vermieden wird, denn ein verspanntes Stück geht beim Loslassen wieder
zurück. Dies hat zur Folge, daß das gehobelte Stück krumm und
somit unbrauchbar ist. Es ist deshalb sehr darauf zu achten, daß besonders bei langen oder schwachen Stücken die Spanneisen nur an
solche Stellen kommen, wo das Stück gut aufliegt; das ist leicht festzustellen, indem man mit dem Hammer ausprobt. Aufliegende Stellen
klingen satt, nichtaufliegende dagegen hohl; man sagt: es schettert.
Will man ganz sicher gehen, so legt man eine Anzahl Papierstreifen
quer darunter und überzeugt sich durch Anzupfen von den Auflagestellen. Muß aus besonderen Gründen ein Spanneisen an einer nicht aufliegenden Stelle angebracht werden, so ist diese zuvor so zu unterlegen
oder zu unterstecken, daß ein Nachgeben ausgeschlossen ist. Man verwende tunlichst nur metallene bearbeitete Unterlagen; sind diese gut
eben und parallel, so können unbedenklich mehrere aufeinandergelegt
werden. Schwache rohe Unterlagen (Bleche) sollten nur einzeln, niemals zu mehreren aufeinandergelegt verwendet werden, da es fast nie
gelingt, ein solches Bündel so unterzustecken, daß kein Nachgeben
stattfindet. Hölzerne Unterlagen sind mithin möglichst zu vermeiden;
wo ihre Verwendung infolge großer Abmessungen oder aus sonstigen
Gründen nicht zu umgehen ist, dürfen sie immer nur so unterstellt werden, daß der Druck senkrecht auf die Fasern kommt. Dabei ist es
gleichgültig, ob sie aus weichem oder hartem Holze sind.

Hobeln eines Nasenkeiles auf der Shapingmaschine. Der Keil wird
an den Seitenflächen in den Schraubstock gespannt und zuerst an seiner
Auflagefläche der Länge nach ebengehobelt. Hierauf spannt man ihn
so ein, daß die gehobelte Fläche an die feststehende Schraubstockbacke

zu liegen kommt und hobelt eine Seitenfläche eben, läßt diese parallel
aufliegen und hobelt die gegenüberliegende Seite nach der Schieblehre
auf Fertigbreite. Jetzt wird die Keilstärke angezeichnet, der Schraubstock um 90° gedreht, der Keil nach dem Riß eingespannt und mit
dem Parallelreißer ausgerichtet, worauf man auch diese Fläche und
die Nase fertig hobelt. Bei einseitigem Spannen in Maschinen-Parallel-
schraubstöcken empfiehlt es sich, das andere Backenende durch eine
Beilage abzustützen.

Behobeln der ersten Seite eines Supports auf der Langhobelmaschine; sie ist ange-
zeichnet. Das Stück ist den
Tischnuten oder Aufspann-
linien parallel zu legen, nach
dem Riß auszurichten und
dann festzuziehen. Erforderlich: ein Schrupp- und ein
Schlichtspan.

**Hobeln einer längeren fla-
-chen Schiene.** Erste Fläche:
Die Schiene wird auf Papierstreifen gelegt, nach Erfordernis untersteckt und mit
möglichst vielen Spanneisen
so auf den Tisch gespannt,
daß die eine seitliche Hälfte
zum Hobeln frei bleibt. Nachdem diese Hälfte gehobelt, werden die Spanneisen ausgewechselt, indem man eins ums andere auf die gehobelte Seite
setzt, worauf man die andere
Hälfte hobelt. Der Schlichtspan muß sehr fein sein, damit in der Mitte kein Ansatz
stehen bleibt. Es empfiehlt sich,
vor dem Ansetzen des Schlichtspanes sämtliche Spannschrau-

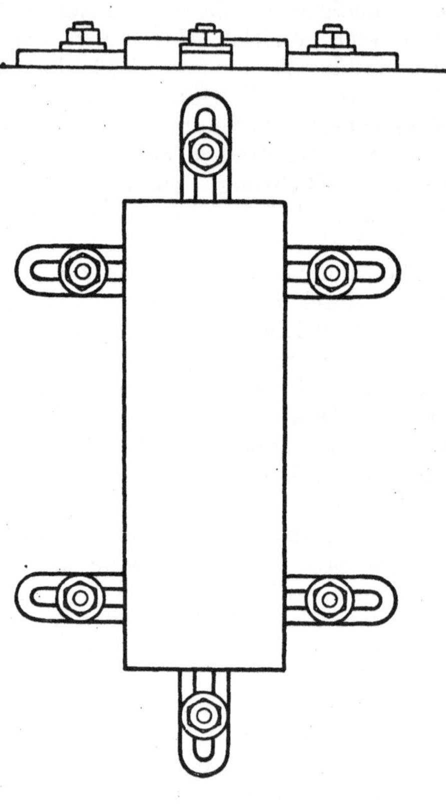

Fig. 52.

ben ein wenig zu lösen, damit das Stück sich geben kann. Zweite
Fläche: Ist der Tisch gut, so wird die gehobelte Fläche glatt aufgelegt, im übrigen wie bei der ersten Fläche verfahren. Die Kanten:
Man spannt die Schiene hochkant in zwei lose auf dem Tisch stehende Schraubstöcke, die sich hierbei nach der Schiene geben müssen,
zieht sie aber erst dann auf dem Tisch fest, wenn die Schiene seitlich
gerade läuft und hobelt so erst die eine, dann die andere Seite. Ist die
Schiene im Verhältnis zu ihrer Länge zu schwach, um den Arbeitsdruck
des Stahles aufnehmen zu können, ohne sich durchzubiegen, so muß sie

besonders unterstützt werden. Auch hierfür gilt das für das Unterlegen
im allgemeinen Gesagte. An Stelle der Schraubstöcke können für diese
Arbeit auch ein langer oder zwei kurze Aufspannwinkel gewählt werden.
In zahlreichen Fällen können gut aufliegende Schienen, Leisten, Platten
u. dgl. so auf dem Tisch befestigt werden, daß die ganze Arbeitsfläche
freiliegt, indem man dieselben zwischen Spanneisen einklemmt. Die
Spanneisen müssen entweder niedriger als das Arbeitstück (Fig. 52)

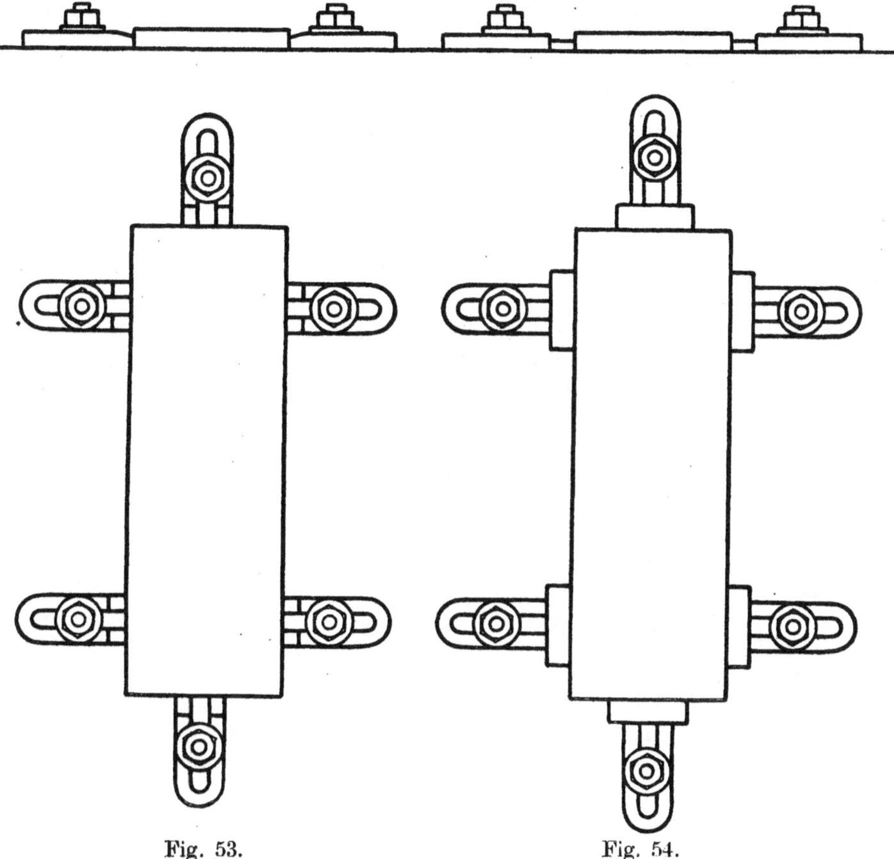

Fig. 53.Fig. 54.

oder abgeschrägt sein (Fig. 53), unter Umständen verwendet man
schwächere Beilagen (Fig. 54). Nachdem man die Spanneisen leicht
befestigt, treibt man sie mit dem Hammer satt an das Arbeitstück
und zieht sie dann fest.

Meßblöcke. Werkstücke, die auf einer bearbeiteten Fläche aufliegen, können ohne angezeichnet zu sein auf genaues Maß gehobelt
werden, indem man beim Ansetzen des Schlichtspanes den Stahl nach
einem Meßblock desselben Maßes einstellt. Ein zwischen Meßblock
und Hobelstahl gehaltener dünner Papierstreifen soll beim Verschieben

fühlbar berühren, aber nicht zerreißen. Für das Abziehen sauber gehobelter Stücke genügt $^1/_{10}$ mm Zugabe.

Die Stoßmaschine.

Diese Maschine zeigt in ihrer Arbeitsweise einige Ähnlichkeit mit der Hobelmaschine, unterscheidet sich aber von ihr im wesentlichen dadurch, daß sie in senkrechter Richtung arbeitet. Durch Einbau eines Kurbelschleifen- oder Exzentergetriebes, oder auch einer Verbindung beider, erhält sie beschleunigten Rücklauf. Der durch eine Kurbelstange oder Gewindespindel bewegte schwere Stößel ist durch ein Gegengewicht ausgeglichen. Ein kräftiges Schwungrad überwindet den beim Ansetzen der breiten Späne plötzlich auftretenden starken Widerstand. Der mit Rundschaltung ausgestattete Arbeitstisch ist auf einem Lang- und Quersupport montiert; diese Anordnung ermöglicht die Ausführung aller gängigen Außenarbeiten sowohl als auch der Arbeiten im Innenraum innerhalb der Hubgrenzen. Die Hubstellung erfolgt ähnlich wie bei der Shapingmaschine, doch ist der Hub etwas reichlicher zu nehmen. Wo Kurbel- und Stößelzapfen oder einer der beiden nicht mit Verstellspindeln versehen sind, oder ein Gegengewicht fehlt, muß vor Lösung der Zapfenmuttern der Stößel sicher unterlegt werden. Der auf die Antriebwelle wirkende Stoß wird bei den meisten Maschinen von einer über der Kurbelscheibe angebrachten Gleitbacke, dem Stoßfänger, aufgenommen. Der selbsttätige Vorschub wird durch eine auf der Antriebwelle sitzende Kurvenscheibe bewirkt; er erfolgt in dem Augenblick, wo der Stahl beim Rücklauf oben frei wird.

Der Stahlabheber. Ist eine Stoßmaschine mit Stahlabheber ausgerüstet, so muß die am oberen Ende des Abhebesupports befindliche Anschlagschraube so eingestellt sein, daß sie während der Abwärtsbewegung des Stahles gut aufsitzt, da andernfalls der Stahl einreißt. Die richtige Einstellung dieser Schraube ist mit einem Papierstreifen zu prüfen. Muß eine Arbeit unter Ausschaltung des Stahlabhebers ausgeführt werden — wenn z. B. der Stahl seitlich oder nach rückwärts gerichtet eingespannt wird —, so stellt man den Abhebeexzenter auf seinen höchsten Punkt.

Stoßwerkzeuge. Aufspanndorn, Aufspannwinkel, verschiedene Unterlagblöcke, Schrupp- und Nutenstoßstähle verschiedener Länge, Stärke und Breite und Stahlhalter mit Messern. Der Aufspanndorn oder Zentraldorn ist eine Aufspannvorrichtung für Augen, Ringe, Flanschen, Büchsen u. dgl.; er ist in einer Platte gefaßt und wird mit dieser auf den Tisch gespannt. Um ein genaues Rundlaufen des Dornes zu gewährleisten, ist diese Platte unten mit einem Zapfen versehen, der in die zentrische Bohrung des Tisches paßt. Bei dem Dorn befinden sich mehrere gut passende außen konische Büchsen verschiedener Größe, am oberen Dornende ein Gewindezapfen mit Mutter. Die auf dem Dorn zu stoßenden Arbeitstücke werden je zwischen zwei Büchsen gespannt. Schruppstähle sind vorn leicht gewölbt, Nutenstähle eben und rechtwinklig gehalten. Der Schneidwinkel betrage für Bronze und Rotguß etwa 87°, für Eisen und Stahl etwa 63°. Stoßstähle werden gewöhnlich nur an der Brust geschliffen; schleift man sie auch an der Flanke, so ist darauf zu achten, daß der Ansatzwinkel nicht verloren geht und der Stahl nicht hinter der Schneidkante anläuft. Läuft ein Stahl infolge Durchfederung an, so muß er am untern Rande der Auflagefläche unterlegt werden. Die Messer der Stahlhalter erhalten Hobelstahlschnittform.

Das Stoßen. Beim Aufspannen der Werkstücke ist zunächst zu beachten, daß der Stahl überall dort, wo gestoßen werden soll, auch freien Auslauf hat. Sind gute Auflageflächen vorhanden, so spannt man die Stücke auf passende Unterlagen oder an den Winkel. Ringförmige Stücke nimmt man auf den Dorn. **Ausrichten.** Man stellt den Stahl oder eine auf diesen gespannte Reißnadel an den Riß und treibt das Stück vorbei; runde Gegenstände, die nicht auf den Dorn gespannt werden, zentriert man durch Drehen des Tisches. Befindet sich am Umfang des Rundtisches eine Teilung, so kann diese zum Einstellen auf bestimmte Winkelgrade benutzt werden; zentrische Werkstücke sollen hierbei genau in Tischmitte aufgespannt sein. Beispiele: **Zwei Seiten einer Platte im rechten Winkel stoßen.** Man fängt eine Seite nach der vorgezeichneten Linie auf und stößt sie fertig; dreht hierauf den Tisch um 90° und stößt die andere Seite. **Ovaler Flansch.** Aufspanndorn anwenden; wo er nicht vorhanden ist, spannt man das Stück auf eine durchbohrte Unterlage ähnlicher Form, die etwas kleiner ist, als der Flansch werden soll, und zieht es mit einer durch die Bohrung geführten Schraube fest. Ein Ausrichten kommt bei dieser Form nicht in Frage. Man schruppt das überschüssige Material ringsum ab und nimmt zuletzt einen Schlichtspan nach den vorgezeichneten Linien; hierbei kann man nach einer Seite schalten lassen und nach der andern mitkurbeln. **Rundes Auge.** Das Auge eines Hebels soll gestoßen werden. Man nimmt das Stück auf den Dorn, setzt den Span da an, wo die Rundung an einer Seite des Hebels verläuft, läßt rundschalten bis zur andern Seite und wiederholt dies, bis das Maß erreicht ist. **Keilnute.** Mittelriß über die Nabe ziehen; er muß die Nutenmitte schneiden (Fig. 19). Das Werkstück wird auf eine ringförmige oder zwei gleich starke, flache Unterlagen so auf die Nabe gespannt, daß der Stahl freien Auslauf hat. Soll die Nut Anzug erhalten, so muß die Nabe einseitig unterlegt werden. Der Stahl muß die genaue Nutenbreite haben, schön eben, kantig und winkelrecht sein; denn so, wie der Stahl beschaffen ist, wird auch die Nut. Beim Ausrichten stellt man den Mittelriß parallel zur Langsupportführung und den Stahl auf die vorgezeichnete Nut ein. Wenn dann bei Beginn des Stoßens beide Ecken des Stahles gleichzeitig die Lochwand berühren, so wird die Nut ohne weiteres gerade.

Der Schablonensupport. Mit Hilfe von Schablonen lassen sich auch unregelmäßige Rundungen und Übergänge, wie überhaupt Formstücke verschiedenster Art, auf genaues Maß stoßen. Es sind zu diesem Zwecke einzelne Maschinen mit einem besonderen Support ausgestattet, auf dem die Schablonen befestigt werden. Der Tischschlitten wird durch Federdruck oder Gewichtbelastung an die Schablone gepreßt und während des Stoßens dieser entlang geschaltet. Kühlung: Gußeisen stößt man mit Bohröl, alle übrigen Metalle mit Schmieröl.

Sägemaschinen.

Maschinen zum Zuschneiden von Stücken in mechanischen und Eisenkonstruktionswerkstätten.

Die Bügelkaltsäge. An einem mit einem kleinen Schraubstock versehenen leichten Gestell ist an einem Führungsarm der Sägebügel aufgehängt, der durch eine Kurbel bewegt wird. Der Arbeitsdruck erfolgt durch das Eigengewicht des Sägebügels, der ein Laufgewicht trägt. Während des Rücklaufes wird durch eine Kurvenscheibe der Führungsarm leicht in die Höhe gedrückt und dadurch die Säge entlastet. Nach erfolgtem Durchsägen eines Stückes rückt die Maschine sich selbst aus.

Die Kaltkreissäge ist eine Maschine mit selbsttätigem Vorschub; das kreisrunde Sägeblatt ist durch Klemmscheiben mit der Arbeitspindel verbunden, die Klemmscheiben sind mit durchgehenden Mitnehmerzapfen besetzt, da ein Keil abgeschert oder überrissen würde. Die Arbeitspindel wird meistens durch ein Schneckenrad angetrieben, der Spindellagerkopf ist gewöhnlich drehbar, damit das Blatt für Gehrungschnitte schräg gestellt werden kann. Neuerdings baut man auch Kreissägen, bei denen ein schmaler, glasharter Zahntrieb in entsprechende Aussparungen (Transportlöcher) des Sägeblattes eingreift und dieses unmittelbar antreibt. Kreissägeblätter sind entweder hohl geschliffen, gestaucht, gewellt oder mit auswechselbaren konischen Zähnen besetzt; sie laufen durch ein Ölbad und schneiden von unten nach oben. Bei den ersteren können nach eingetretener seitlicher Abnutzung die Zähne nachgestaucht werden; bei den letzteren nimmt man die Zähne gleich so breit, daß der Blattdurchgang ein für allemal gesichert ist. Windschief gewordene Kreissägeblätter müssen ohne Verzug gerichtet werden.

Die Metallbandsäge. Bauformen ähnlich der Tischlerbandsäge, Umlaufgeschwindigkeit wie bei Metallkreissägen.

Die Warmkreissäge ist eine Maschine mit hoher Umlaufgeschwindigkeit zum Abschneiden glühender Metalle. Die Sägeblätter haben tief ausgeschnittene Zähne, sie erhalten rd. 1000 Umdrehungen pro Minute; die Sägespäne erscheinen als leuchtende Funken.

Schneidemaschinen (Scheren).

Während bei allen übrigen Maschinen für Trennarbeiten mit Materialabgang gerechnet werden muß, kommt dieser bei Scheren nicht in Frage. Schermesser jeder Art müssen dicht aneinander vorbeigeführt werden, andernfalls klemmen sich schwache Bleche ein, starke erhalten unsauberen Schnitt; man gibt den Messern einen Ansatzwinkel von etwa 2° und einen Zuschärfungswinkel von 75—80°. Man unterscheidet Parallelscheren und Kreisscheren.

1. Parallelscheren. Die Messer sind nur seitlich parallel geführt; das untere ist wagerecht und feststehend, während das Obermesser in einem Winkel von etwa $i = 1 \div 2°$ (Fig. 55) angestellt ist und sich mit dem Messerschlitten auf und nieder bewegt, so daß das Material nach und nach durchgeschnitten wird. Der Ständer ist für den Blechdurchgang in Messerhöhe abgesetzt (versetzt). Ein verstellbarer Niederhalter hält die zu schneidenden Stücke in wagerechter Lage und verhindert ihr Kippen. Ein verstellbarer Anschlag gestattet das Abschneiden gleichlanger Stücke. Zur genauen Einweisung auf vorgezeichnete Linien dient ein in senkrechter Richtung lose beweglicher Zeiger.

Fig. 55. Schermesser.

a) Zahnhebelscheren. Der Messerschlitten wird durch einen mit Zahnsegment versehenen Handhebel bewegt, der für schwache Bleche unmittelbar mit dem Exzenter gekuppelt wird; mehrfache Staffelradübersetzung gestattet das Schneiden stärkerer Bleche. b) Motorscheren. Die Exzenterwelle wird durch motorische Kraft betrieben; ein kräftiges, schnelllaufendes Schwungrad überwindet den Scherwiderstand. Der Messerschlitten ist durch Gegengewicht oder Spiralfeder entschwert und geht beim Ausrücken selbst in Hochstellung. Das Ein- und Ausrücken des Exzenters geschieht durch Umlegen eines kleinen Gewichthebels. c) Profileisenscheren sind meist mit Parallelscheren verbunden; die Schermesser sind den zu schneidenden Profilen angepaßt. d) Drahtscheren. In beide Messer sind eine Anzahl Löcher gebohrt, die in Ruhestellung der Schere aufeinanderpassen, so daß der Draht hindurchgeschoben werden kann. Die Schneidlöcher sollten möglichst passend ausgewählt werden, sind sie zu weit, so wird der Draht beim Abscheren flachgedrückt. Es können so viele Drähte auf einen Schnitt abgetrennt werden, wie die jeweils eingesetzten Messerpaare Löcher haben.

2. Die Kreisschere, Rund- oder Rollschere, ist eine Maschine zum Zuschneiden kreisrunder Blechscheiben mittels umlaufender Kreismesser (Rollmesser). Die zu schneidenden Scheiben werden an einem Spitzenkegel festgehalten und drehen sich beim Schneiden um ihre Achse. Die Maschine ist auch zum Schneiden beliebig langer Streifen verwendbar.

Lochmaschinen.

Maschinen zum Ausstanzen runder und gemusterter Löcher und zur Ausführung von Preßarbeiten; sie heißen Stanzen oder Pressen.

Bauformen: Handspindelpressen, Reibungs- oder Friktionspressen, Exzenterpressen und Kurbelpressen.

1. Handspindelpressen und Reibungspressen. Stößelbewegung durch eine senkrecht auf und nieder steigende, mehrgängige Gewindespindel, die bei Handpressen durch einen Schwengel, bei Reibungspressen durch ein mit Leder bezogenes Schwungrad von zwei Reibscheiben im Wechsel angetrieben wird.

2. Exzenterpressen. Stößelbewegung durch Exzenterdruckwelle mit Schwungrad. Schwere Maschinen erhalten Doppelexzenter. Die Exzenter werden mittels Klauen- oder Keilkupplung ein- und ausgerückt. Der Stößel ist durch Spiralfeder entschwert. Der Hub ist meist verstellbar, die Steuerung kann von Hand oder durch Fußtritt bedient oder selbsttätig eingestellt werden. Bei Einrichtung einer Sicherheitsvorrichtung sind zur Bedienung der Steuerung beide Hände gleichzeitig notwendig.

3. Kurbelpressen. Maschinen für schwere Arbeiten, Stößelbewegung durch zwei Kurbelstangen.

Das Stanzwerkzeug, Durchbruch oder Schnitt benannt, besteht aus dem Oberteil, dem Stempel oder der Patrize, und dem Unterteil, der Matrize. Man unterscheidet Matrizen mit und ohne Führungsplatte. Das Oberteil wird am Stößel, das Unterteil in dem Matrizenhalter oder unmittelbar auf dem Tisch befestigt; dieser hat eine Öffnung für die Stanzausschnitte. Beim Einspannen eines Durchbruches wird zuerst das Oberteil befestigt, hierauf der Stößel nach unten getrieben, bis die Matrize aufsitzt und dann diese festgezogen. Das Oberteil soll so tief gehen, daß es einen über die Matrize gehaltenen dünnen Papierstreifen gerade noch andrückt. Die Matrizen haben ihr Vollmaß nur an der Schneidkante und sind von da ab kegelförmig erweitert; in gewissen Fällen sind auch Stempel von der Schneidkante ab verjüngt. Durchbrüche werden an der Stirnfläche geschliffen; sie müssen sehr scharf gehalten und gewissenhaft geschmiert werden.

Gewindeschneidmaschinen.

Maschinen zum Schneiden der Gewinde von Schrauben und Muttern. Die hohlgebohrte Spindel trägt den Schneidkopf. Die Gewindebacken sind in besonderen Führungsbacken nachstellbar gefaßt; diese bewegen sich in Gleitschlitzen des Schneidkopfes und eines durch Handhebel verschiebbaren Ringes und stellen sich selbstzentrierend ein. Je nach Art der zu schneidenden Gewinde und ihrer Durchmesser sind die Schneidköpfe mit drei, vier oder fünf Backen besetzt. Der durch Zahnstangentrieb verschiebbare, lose in Führungsbahnen gleitende Schraubstock folgt mit dem eingespannten Werkstück der Gewindesteigung; er hat freies Spiel, so daß er vorkommenden Unebenheiten der Werkstücke folgen kann. Die je zur Hälfte rechts- und linksgängige Schraubstockspindel bewirkt durch gleichzeitiges Öffnen und Schließen beider Schraubstockbacken deren zentrische Stellung. Auswechselbare Einsätze gestatten das Einspannen verschiedenartiger Schraubenköpfe.

Schrauben schneiden. Die Schrauben müssen gerade sein und gerade eingespannt werden. Einfache Gewinde werden in der Regel auf einen Zug geschnitten. Das Schneiden längerer Gewinde, die keinen Steigungsunterschied aufweisen dürfen, erfordert die zwangläufige Führung des Schraubstockes durch eine Leitspindel. Bei Verwendung einer Leitspindel muß das Lösen der Backen gleichzeitig mit dem Ausrücken der Leitspindel erfolgen.

Innengewinde schneiden. Nur für größere Bohrungen und kurze Gewinde. Die hierzu erforderlichen Backen haben eine den Schneidkopf überragende Verlängerung mit Außengewinde.

Muttern schneiden. Der Schneidkopf erhält einen Einsatz, der den Gewindebohrer am Vierkant erfaßt. Die Mutter wird in den Schraubstock gespannt und folgt nach leichtem Andrücken der Gewindesteigung. Nach beendetem Durchtrieb wird der Schraubstock mit Mutter und Gewindebohrer zurückgezogen.

Senkrechte Gewindeschneidmaschinen für nicht durchgehende Muttergewinde. Ein einstellbarer Anschlag bewirkt den selbsttätigen Rücktrieb des Gewindebohrers, wenn dieser die gewünschte Tiefe erreicht hat; eine auf verschiedene Bohrerstärken einstellbare Reibungskupplung bietet außerdem Sicherheit gegen Bohrerbruch.

Kühlung. Die Werkzeuge der Gewindeschneidmaschinen bedürfen reichlicher Kühlung. Kühlmittel für Eisen und Stahl: Bohröl oder Seifenwasser; für Gußeisen: Petroleum, Talg oder Preßluft.

Das Gewinderollen.

Das Gewinderollverfahren beruht auf dem Walzprinzip. Bei Gewinderollmaschinen vollzieht sich das Einwalzen der Gewinde zwischen zwei gehärteten Walzplatten, die der Gewindeform und Steigung entsprechend gezahnt (gerieft) sind, durch Hin- und Herrollen der Schraube. Die Gewindespitzen der einen Walzplatte müssen den Lücken der andern genau gegenüberstehen; das Material wird um die halbe Gangtiefe schwächer genommen und muß vom Zunder befreit sein. Mittels des sogenannten Gewinderollers kann das Rollverfahren auch auf der Drehbank ausgeübt werden. Der Gewinderoller ist eine gehärtete Stahlscheibe, deren Durchmesser das Mehrfache des Schraubendurchmessers beträgt; auf diese Scheibe ist das betreffende Gewinde in entgegengesetzter Richtung aufgeschnitten. Das Gewinde ist entsprechend dem vergrößerten Durchmesser mehrgängig, die Gewindespitzen sind scharf, damit der Roller leichter in das Material einzudringen vermag. Ein besonderer Vorzug des Rollverfahrens besteht darin, daß an Bunden und Ansätzen die Gewinde bis in die Ecke gehen.

Die Schmiernutenziehmaschine.

Maschine zum Einschneiden der Ölnuten in Lager und Führungen. Ihre Arbeitsweise nähert sich teils der der Drehbank, teils der der Hobelmaschine. Das Werkzeug besteht aus einem Stahlhalter mit

Messer, dessen Schnittform der jeweils zu schneidenden Nut angepaßt ist. Schmiernuten können rund, spiralförmig oder geradlinig gezogen werden. 1. Runde Nuten. Das zentrisch eingespannte Arbeitstück dreht sich, das Messer wird wie beim Drehen angestellt und seitlich nicht verschoben. 2. Spiralnuten. Das Arbeitstück dreht sich sehr langsam, das Messer wird nach dem jeweiligen Spiralwinkel schräg gestellt, hinten angesetzt und nach vorn gezogen, so daß sich eine Rille nach Art eines sehr steilen Gewindeganges bildet. 3. Geradlinige Nuten. Das Arbeitstück steht still, das Messer wird auf Zug angestellt, die Rille eingehobelt.

Die Abstechmaschine.

Nach Art der Drehbänke gebaute Maschine mit Hohlspindel, einem oder zwei Spannfuttern und Abstechsupport; zum Abstechen von Rundeisen und Rundstahl sowohl, als auch profilierter Materialien. Das am hinteren Spindelende starker Maschinen sitzende zweite Futter (Hinterendfutter) gibt dem Stangenmaterial Halt und Führung. Abstechstähle erhalten einen Schnittwinkel von 70° und einen Sichtwinkel von 5—15°. Hochleistungsbänke arbeiten mit Doppelsupport und selbsttätiger Antriebsbeschleunigung (siehe auch Plandrehen). Abstechmaschinen werden in der Regel nicht parallel zur Transmission, sondern schräg aufgestellt, damit das Stangenmaterial an der jeweils nächstfolgenden Maschine vorbeigeht.

Die Zentriermaschine.

Ein- oder zweispindlige Anbohrmaschine zum Zentrieren in der Dreherei. Die Arbeitstücke werden in einem zentrisch spannenden Schraubstock festgehalten. Gute Maschinen sind entweder mit einem Schraubstock und einer Prismenstütze oder mit zwei hintereinanderliegenden Schraubstöcken ausgestattet. Die Arbeitstücke sind kurz einzuspannen, da sie andernfalls leicht abweichen. Bei einspindligen Maschinen erfolgt das Anbohren und Versenken durch dasselbe Werkzeug in einem Zuge, während bei zweispindligen Maschinen sich beide Spindeln in diese Arbeit teilen. Der Spitzenwinkel des Versenkers muß dem der Drehbankspitzen angepaßt sein.

Die Abbiegemaschine.

Die Blechstücke werden entweder unmittelbar oder mit einer Biegeschiene (Schablone) eingespannt, deren Form und Stärke zu der gewünschten Biegung paßt, und mit dem Abbiegesupport um die Kante oder Schiene herumgezogen. Der Abbiegesupport ist verstellbar.

Die Blechbiege- und Richtmaschine.

Kleine Maschinen für Handbetrieb, größere durch Motor angetrieben, mit Umsteuerung. Zwei parallel gelagerte, durch Zahnräder miteinander verbundene gleichstarke Walzen, die Unterwalzen, drehen sich in gleicher Richtung. Die etwa um die Hälfte stärkere Druck- oder Oberwalze ist senkrecht verstellbar, ausschwenkbar und mit einem ausziehbaren Lager versehen, damit man zylinderförmige Stücke ein- und ausführen kann; sie läuft beim Walzen lose mit. Bei sehr langen Maschinen sind die Unterwalzen durch Laufrollen gegen Durchbiegung abgestützt. Legt man über die beiden Unterwalzen eine starke ebene Platte gleichsam als Tisch, so lassen sich auf dieser Bleche und andere Arbeitstücke geradewalzen (richten), indem man sie mehrmals dreht und wendet. Bei konischen Biegearbeiten wird die Oberwalze einseitig nachgestellt. Kurze Büge erhält man, indem man die Unterwalzen still-setzt und die Oberwalze anspannt.

Die Blechricht- und Spannmaschine.

Für starke Bleche zwei Ober- und drei Unterwalzen, für schwache Bleche drei Ober- und vier Unterwalzen, die durch Zahnräder unter sich verbunden sind. Die Oberwalzen sind nachstellbar. Diese werden beim Beginn des Richtens gleich straff angespannt, nach dem ersten Durchzug aber etwas nachgelassen, worauf man das Blech mehrmals wendet. Bei schlappenden Rändern kann durch Blechbeilagen ein Spannungsausgleich herbeigeführt werden; schwache Bleche werden mit dem Hammer fertig gespannt.

Pressen.

Wo beim Zusammensetzen, Auseinandernehmen oder Richten von Maschinenteilen Schlag oder Stoß nicht angebracht ist, oder die ge-wünschte Wirkung nicht zu erzielen vermag, tritt an die Stelle des Hammers die Presse.

Die Handpresse, auch Richt- oder Dornpresse genannt, wird durch Hebel- oder Spindeldruck bedient; sie eignet sich vorzugsweise zum Ein- und Auspressen von Zapfen, Büchsen und Drehdornen und zum Richten schwächerer Gegenstände. Für höheren Druck, wie ihn z. B. das Ein- und Auspressen von Achsen, Kurbelzapfen und ähnlichem, oder das Richten starker Körper erfordert, kommt die durch eine Preßpumpe betriebene hydraulische Presse in Anwendung.

Die hydraulische Presse besteht in ihren wichtigsten Teilen aus dem Preßzylinder, dem Widerlager, der Preßpumpe, dem Kolben, der Dichtungseinlage und dem Druckanzeiger (Manometer). Von besonderer Wichtigkeit ist bei diesen Pressen die Abdichtung des Preßkolbens. Sie wird durch eine sogenannte Manschette erreicht. Es ist dies ein Doppelring aus Leder oder Guttapercha mit U-förmigem Querschnitt, der in einer Nut des Zylinders seinen Sitz hat. Das Einlegen einer Man-schette geschieht mit dem offenen Teile nach innen, d. h. nach der Seite, von welcher der Druck kommt. Dieser preßt den innern Rand der Manschette an den Kolben, den äußern an den Grund der Nut. Je höher der Druck, desto stärker das Anpressen der Manschette. Um das Zusammenklappen der Ränder zu verhüten, füttert man die Manschette mit einem getalgten Hanfzopf aus.

Die Manschette (Fig. 56). Guttaperchamanschetten werden fertig bezogen, Ledermanschetten dagegen in der Regel im eigenen Betriebe hergestellt. Es ist daher wichtig, das hierbei angewandte Verfahren kennenzulernen.

Herstellung einer Ledermanschette. Man braucht drei ineinandergehende eiserne Ringe, deren Maße sich aus folgendem ergeben: Kleiner Ring: der Außendurchmesser entspricht dem Kolbendurchmesser, die lichte Weite ist ohne Belang; großer Ring: die lichte Weite entspricht dem Durchmesser des Zylindernut, Außendurchmesser beliebig; Mittelring oder Druckring: die lichte Weite ist um das Doppelte der Leder stärke, also um 10 mm, größer als der Außendurchmesser des kleinen Ringes, sein Außendurchmesser um 10 mm kleiner als die lichte Weite

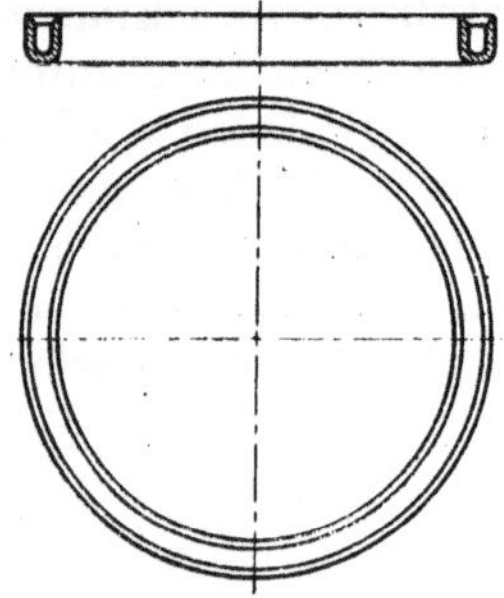

Fig. 56. Preßmanschette.

des großen Ringes, woraus sich seine Wandstärke ergibt. Die Breite der Ringe ist gleich dem Anderthalbfachen der Zylindernutenbreite. Das Material für eine Ledermanschette besteht aus einer runden Scheibe aus bestem Kernleder, dessen Haarseite, Narbe genannt (das ist die glatte und dichteste Seite des Leders), nach dem Innern der U-Form genommen wird. Es besteht vielfach die Ansicht, die Narbe gehöre der besseren Dichtung wegen nach außen, damit sie am Kolben und Nutengrund anliege. Die Erfahrung lehrt aber, daß solcher Art hergestellte Manschetten nur so lange dichten, bis die Narbe vom Kolben abgeschliffen ist. Die Fleischseite des Leders ist durchlässig, sie hält einem höheren Druck nicht stand. Die zur Herstellung einer Manschette bestimmte Lederscheibe wird zuerst in lauwarmem Wasser aufgeweicht und dann so über die zuvor eingefetteten Schlupfringe gelegt, daß die Narbe oben ist. Nun wird der Druckring aufgesetzt und auf einer Handpresse oder starken Bohrmaschine eingedrückt. Die Form bleibt so lange stehen, bis das Leder vollständig trocken geworden ist, es schrumpft dabei und läßt sich leicht aus den Ringen ziehen. Im weiteren Verlauf wird mit einem scharfen Messer der Boden herausgeschnitten, beide Enden des sich nun darbietenden Doppelringes werden auf Nutenbreite abgenommen und nach innen abgeschrägt, damit sie sich gut anlegen. Die fertige Manschette soll etwa 1 mm schmaler sein als die Zylindernut.

Der Kalkansatz. Der im Preßwasser enthaltene Kalk setzt sich im Laufe der Zeit auch am unteren Ende des Preßkolbens fest und bildet dort eine harte Kruste, die allmählich eine Zerstörung der Manschette herbeiführt. Dieser Übelstand kann vermieden werden, indem man mit Öl preßt.

Preßarbeiten. Bei der Ausführung von Preß- und Richtarbeiten ist in erster Linie auf gutes Aufliegen und gerade Stellung der Teile zu achten. Aufgesetzte Bolzen, Beilagen u. dgl. dürfen nicht schief stehen; empfindliche Teile sind durch Beilagen zu schützen.

Höchstdruck. An den Preßzylinder jeder hydraulischen Presse ist ein Druckmesser oder Manometer angeschlossen; der vorgeschriebene Höchstdruck darf nicht überschritten werden. Eine sehr ausgedehnte Anwendung finden hydraulische Pressen als Schmiedepressen und Ziehpressen; auch Schneidmaschinen und Lochmaschinen der Schwerindustrie werden hydraulisch betrieben.

Ziehbänke, Maschinen zur Herstellung blanker Drähte, Stangen und Röhren.

Die Scheibenziehbank. Nur für Draht. Das angespitzte Ende eines über eine lose Trommel gelegten Drahtbundes wird durch das feststehende Zieheisen gesteckt und der ganze Bund auf eine zweite Trommel aufgewunden.

Die Schleppzangenziehbank. Für Stangen und Röhren. An dem Ende einer längeren Bank ist das Zieheisen befestigt. Das angespitzte Ende einer Stange wird in das Zieheisen eingeführt. Ein von einer endlosen Kette gezogener, auf der Bank rollender kleiner Wagen erfaßt mittels selbstschließender Zange das Stangenende und zieht die Stange durch.

Das Zieheisen (Fig. 57) ist eine glasharte Stahlplatte mit einem oder mehreren Ziehlöchern. Diese sind glatt ausgerundet und nur auf einer kurzen Strecke zylindrisch. Die Ausrundung muß sehr

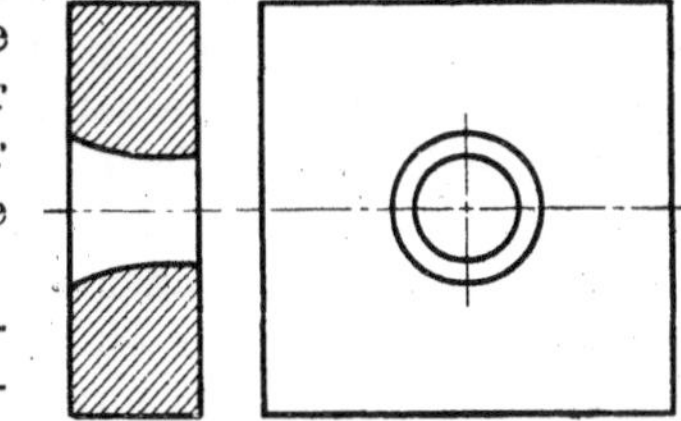

Fig. 57. Zieheisen.

sorgfältig durchgeführt sein. Ist sie auch nur im geringsten ungleichmäßig, d. h. einseitig, so läuft das Zieheisen nicht. Die zum Ziehen bestimmten Rohmaterialien müssen vom Zunder befreit sein (siehe Beizen).

Die Fräsmaschinen.

Die vielseitigste, leistungsfähigste und anregendste unter den spanabhebenden Werkzeugmaschinen ist unstreitig die Fräsmaschine. Ebenso vielseitig wie ihre Verwendungsmöglichkeiten sind auch ihre Bauformen; man kennt Universalfräsmaschinen, Senkrechtfräsmaschinen, Langlochfräsmaschinen, Planfräsmaschinen, Langfräsmaschinen, Rundfräsmaschinen, Gewindefräsmaschinen, Räderfräsmaschinen, Schrauben- und Mutternfräsmaschinen, Kopierfräsmaschinen, Stemmkantenfräsmaschinen, Wagerechtbohrmaschinen, Pleuelstangenausbohrmaschinen, Zylinderbohrmaschinen, Senkrecht- und Wagerecht-Bohr- und -Fräsmaschinen.

Die Universalfräsmaschine. Eine Wagerechtfräsmaschine für allgemeinen Maschinenbau und Werkzeugfabrikation. Ihre wichtigsten Bestandteile sind: der Ständer, der Spindelstock mit Vorgelege, die Arbeitspindel, der Gegenhalter mit Versteifungstreben, der Tischträger mit Längsupport, Drehteil und dem als Tisch ausgebildeten Quersupport und der Teilapparat. Sie eignet sich für die meisten Planfräsarbeiten, zum Fräsen von Schrauben und Muttern, Zahnrädern, genuteten und andern Werkzeugen. Die an ihren Lagerstellen gehärtete Arbeitspindel ist wegen der Befestigung von Werkzeugen in ganzer Länge durchbohrt; der Spindelkopf trägt Außengewinde zur Aufnahme des Spannfutters und sonstiger Apparate; eine konische Bohrung dient zur Aufnahme der Fräsdorne und Schaftfräser. Der Gegenhalter ist ein in einer Verlängerung (Erhöhung) des Spindelstockes über der Arbeitspindel gelagerter, verschiebbarer Arm mit Gegenlager für den Fräsdorn. Die scherenartig oder parallel angeordneten Versteifungstreben dienen zum Abstützen des Gegenhalters; sie sind an dem Tischträger befestigt und stellen zwischen Tisch und Arbeitspindel eine starre Verbindung her, die ein Nachgeben beider Teile ausschließt.

Der Tischträger ist an senkrechten Führungen des Ständers verschiebbar; seine freistehende Gewindespindel dient zugleich als Stütze. Der Tisch ist gewöhnlich drehbar, die Drehscheibe in der Regel für Winkelstellungen mit Gradeinteilung versehen; der selbsttätige Vorschub wird durch einstellbare Anschläge an beliebiger Stelle selbsttätig ausgelöst. Die Tischspindeln tragen Bunde mit $1/_{50}$ oder $1/_{100}$ mm Teilung, die ein sehr genaues Anstellen der Späne ermöglichen.

Die Senkrechtfräsmaschine. Die Arbeitspindel ist senkrecht gelagert; sie kann bei manchen Maschinen schräg gestellt, bei andern mit dem Spindelstock senkrecht verstellt werden. Der Arbeitstisch ist in der Regel rund, mit Gradteilung versehen und kann zum Rundfräsen benutzt werden. Ein Gegenhalter findet sich nur vereinzelt; die Werkzeuge werden fast ausschließlich fliegend eingespannt. Die Senkrechtfräsmaschine wird auch als senkrechte Universalfräsmaschine gebaut und findet in diesem Falle dieselbe Verwendung wie die wagerechte Universalfräsmaschine.

Die Langlochfräsmaschine. Senkrechtfräsmaschine für die Herstellung von Nuten und Schlitzen. a) Maschine mit gewöhnlichem Vorschub. Der Keillochfräser geht bei Nuten sofort auf volle Nutentiefe und nimmt bei gewöhnlichem Vorschub die ganze Nute auf einen Span. b) Maschine mit pendelndem Vorschub. Der wagerechte Vorschub erfolgt durch ein Kurbelgetriebe, dessen Hub auf die jeweilige Nuten- oder Schlitzlänge einzustellen ist. Der Vorschub des Fräsers in senkrechter Richtung erfolgt jeweils an den Nutenenden.

Die Planfräsmaschine. Senkrechtfräsmaschine mit großer Ausladung, senkrecht verstellbarem Spindelstock und Rundschalttisch; ein Schablonensupport gestattet die genaue Wiedergabe von Übergängen, Rundungen u. dgl. Die Maschine findet ausgedehnte Anwendung beim Gebrauch von Messerköpfen.

Die Langfräsmaschine. Wagerechtfräsmaschine für schwere Fräsarbeiten, ähnliche Bauform wie bei Zweiständerhobelmaschinen. An

Stelle des dortigen Querträgers der senkrecht verschiebbare Spindelstock mit Frässpindel, parallel geführtem Gegenhalter und doppelter Fräsdornführung. Die Gewichtslasten sind bei Spindelstock und Gegenlager der Verschiebbarkeit wegen gesondert ausgeglichen. Nach jeweils beendetem Vorschub wird der Tisch mit erhöhter Geschwindigkeit zurückgezogen.

Die Rundfräsmaschine. Maschine für die Ausführung von Fräsarbeiten an kreisförmigen Flächen mittels Rundschaltung. Diese Bearbeitungsmethode erstreckt sich auf die Herstellung kleinerer Riemenscheiben, Seilscheiben, Räder u. dgl., wo es sich um größere Mengen gleichartiger Stücke handelt. Die Umlaufgeschwindigkeit des Werkstückes ist gleich der Vorschubgeschwindigkeit.

Die Gewindefräsmaschine. Rundfräsmaschine zum Schneiden von Außen- und Innengewinden durch Scheiben- und Gruppenfräser, deren Schnittprofile dem jeweils zu schneidenden Gewinde angepaßt sind. Scheibenfräser bearbeiten wie Supportstähle eine einzelne Ganglücke; Gruppenfräser dagegen sämtliche Lücken gleichzeitig, während das Werkstück einmal im Kreise gedreht wird. Fräsdornstellung, Werkstückumlauf und Vorschub richten sich nach der Gewindesteigung. Gewindefräsmaschinen sind sehr leistungsfähig, doch ergibt das Fräsen keine vollkommen genauen Gewinde. Steile Gewinde werden öfter nur vorgefräst und auf der Drehbank fertiggeschnitten.

Räderfräsmaschinen. Die Herstellung von Zahnrädern auf wagerechten und senkrechten Fräsmaschinen gewöhnlicher Bauart erfolgt durch Scheibenfräser (Zahnformfräser) nach dem Teilverfahren.

a) Stirnräder. Es sind zwei Arbeitsgänge notwendig; die Zahnlücken werden mit einem schwächeren Fräser vorgearbeitet, worauf man mit dem Zahnformfräser auf volle Tiefe geht. b) Kegelräder. Das Rad wird in das Futter des Teilkopfes gespannt, der Teilkopf selbst auf den Winkel des Rades eingestellt. Es sind drei Arbeitsgänge notwendig; erster Gang: Vorfräsen der Zahnlücken mit einem schwächeren Fräser auf volle Tiefe; zweiter und dritter Gang: Beide Zahnflanken werden mit dem Zahnformfräser nachgefräst, wobei man den Tisch erst auf die eine, dann auf die andere Zahnflanke einstellt. Fräsen von Schneckenrädern. Das Rad wird im Teilapparat der Steigung entsprechend gedreht, während sich der auf Radkranzmitte eingestellte schneckenförmige Zahnformfräser allmählich bis zur vollen Zahntiefe einarbeitet. Automatische Stirnräderfräsmaschine. Die Zähne werden mit einem Scheibenfräser einzeln ausgeschnitten; der Frässchlitten wird nach beendetem Durchfräsen jeder Zahnlücke selbsttätig und mit erhöhter Geschwindigkeit zurückgezogen, worauf sich das Rad ebenfalls selbsttätig um einen Zahn dreht usf., bis sämtliche Zahnlücken gefräst sind. Kegelräderfräsmaschine. Sie ahmt das Ineinandergreifen zweier Kegelräder nach, dessen einen Teil das zu fräsende Rad und dessen andern Teil zwei dünne Scheibenfräser darstellen. Abwälzräderfräsmaschine.] Eine außerordentlich leistungsfähige Maschine für die Herstellung von Stirn-, Schrauben- und Schnek-

kenrädern durch schneckenförmige Zahnformfräser. Der Ständer besteht aus einem winkelförmigen Hohlgußgestell; an seinem senkrechten
Teil gleitet der Frässchlitten und auf seinem wagerechten Bett der Arbeitsschlitten, der einen Rundtisch mit zentralem Aufspanndorn trägt.
Fräsen von Stirnrädern. Das zu fräsende Rad wird auf dem Aufspanndorn befestigt; die Arbeitspindel wird auf den Steigungswinkel
des Fräsers eingestellt, so daß die Gewindegänge des Fräsers an der
Eingriffstelle senkrecht stehen. Vorschub des Fräsers von oben nach
unten bei gleichzeitigem Umlauf des Rades und Tischvorschub.
Fräsen von Schraubenrädern. Sie werden ähnlich wie Stirnräder
gefräst; durch Einschaltung eines Differentialgetriebes erhält man die
Steigung. **Fräsen von Schneckenrädern.** Die Fräserachse wird
wagerecht und auf Radkranzmitte eingestellt. Bei Anwendung zylindrischer Schneckenfräser wird das Werkstück durch Tischvorschub
dem Fräser zugeführt, während sich angespitzte Schneckenfräser infolge
des Quervorschubes des Frässchlittens tangential an dem zu fräsenden
Kranze vorbeibewegen. Bei größeren Rädern wird der Zahnkranz
abgestützt.

Modul, Diametral- und Cirkular pitch.

Modul oder π ist die im Deutschen Reiche am meisten angewandte
Grundteilung für die Berechnung von Zahnrädern.

1 Modul ist 3,14 mm.

Die Grundteilung wird entsprechend dem Zwecke der herzustellenden
Räder mit einer, wenn möglich, geraden Zahl vervielfacht; diese Zahl
ist der Modul. Beispiele: 1 Modul = 3,14, 2 Modul = 2 × 3.14 usf.

Diametralpitch. Englisch-amerikanische Grundteilung, unter der
man die Zähnezahl auf der als Grundmaß angenommenen Umfangslinie eines Teilkreises versteht, dessen Durchmesser gleich 1 Zoll engl.
ist. Der Umfang dieses Kreises ist somit 1″ engl. × 3,1416 = 3,1416″
engl., d. h. die Länge seiner Umfangslinie ist 3,1416″ engl. Diese wird
mit pitch 1 = Teilung 1 bezeichnet. Bei pitch 2 teilt man diese Linie
in zwei, bei pitch 4 in vier Teile usf.

Mit „**Cirkularpitch**" bezeichnet man die Länge einer Zahnteilung
in Zoll, auf dem Teilkreis gemessen.

Schrauben- und Mutternfräsmaschine. Doppelfräsmaschine für die
Bearbeitung von Schraubenköpfen und Muttern. Je zwei sich gegenüberliegende Flächen werden gleichzeitig gefräst, der Arbeitsdruck der
Fräser hebt sich gegenseitig auf. Schrauben und Muttern werden
nicht einzeln, sondern reihenweise gefräst, die Schrauben in geeigneten
Spannvorrichtungen, die Muttern auf einem mit Spannmutter versehenen Dorn.

Die Kopierfräsmaschine. Maschine zum Fräsen innerer und äußerer
unregelmäßiger Formen nach Schablonen. Der Arbeitschlitten wird
an den Umrissen einer Schablone entlang geführt. Die Maschine besitzt
mitunter zwei Arbeitspindeln, von denen die eine zum Vorfräsen,
die andere zum Fertigfräsen dient.

Tabelle.

Vergleiche zwischen Modul-, Diametralpitch- und Millimeterteilung.

Modul	Diametralpitch	Millimeter	Diametralpitch	Modul	Millimeter
1	25,4	3,14	1	25,40	79,78
$1^1/_4$	20,3	3,92	$1^1/_4$	20,32	63,83
$1^1/_2$	16,9	4,71	$1^1/_2$	16,93	53,19
$1^3/_4$	14,5	5,49	$1^3/_4$	14,51	45,59
2	12,7	6,28	2	12,70	39,88
$2^1/_4$	11,3	7,06	$2^1/_4$	11,29	35,46
$2^1/_2$	10,2	7,85	$2^1/_2$	10,16	31,91
$2^3/_4$	9,23	8,63	$2^3/_4$	9,23	29,35
3	8,46	9,42	3	8,47	26,59
$3^1/_2$	7,26	10,99	$3^1/_2$	7,26	22,79
4	6,35	12,54	4	6,35	19,94
$4^1/_2$	5,64	14,11	$4^1/_2$	5,64	17,73
5	5,08	15,70	5	5,08	15,95
$5^1/_2$	4,62	17,27	$5^1/_2$	4,61	14,50
6	4,23	18,84	6	4,23	13,29
$6^1/_2$	3,90	20,41	$6^1/_2$	3,90	12,28
7	3,63	21,98	7	3,63	11,39
8	3,17	25,12	8	3,17	9,97
9	2,82	28,26	9	2,82	8,86
10	2,54	31,41	10	2,54	7,97
12	2,12	37,69	12	2,12	6,64
14	1,81	43,98	14	1,80	5,68
16	1,59	50,26	16	1,59	4,98
18	1,41	56,54	18	1,41	4,43
20	1,27	62,80	20	1,27	3,98

Die Blechkantenfräsmaschine. Gelenkradialfräsmaschine zum Abfräsen der Stemmkanten an Feuerbuchswänden u. dgl. mit abgeschrägtem Scheibenfräser. An dem Ende eines doppelgliedrigen, freibeweglichen Auslegers befindet sich die senkrecht gelagerte Arbeitsspindel. Die Fortbewegung des Fräsers geschieht durch zwei in einem um die Spindel sich lose drehenden Schwingkopf dem Fräser vorgelagerte gezahnte Rollen, die das Arbeitstück gegen eine kleine Laufrolle drücken und zugleich den Fräsdruck aufnehmen. Diese Rollen werden durch eine längere Spiralfeder angespannt, die beim Umlauf der Kurven ein Nachgeben der Rollen gestattet. Die Treibrollen kommen an die Außenseiten des Arbeitstückes. Der Fräser nimmt seinen Weg selbststeuernd um die ganze Bordwand und trennt das überschüssige Material auf einen Schnitt ab. Während der Bearbeitung einer Ecke steht bei kleinen Rundungen die kleine Laufrolle nahezu still, während die Treibrollen die Ecke umlaufen. Der Schwingkopf dreht sich bei diesem Vorgang um 90°. Der Arbeitstisch besteht aus vier freistehenden Schraubfüßen, von denen je zwei durch Querträger verbunden sind; diese werden jeweils nach dem vorgezeichneten Riß eingestellt.

Die Wagerechtbohrmaschine. Maschine für die Ausführung von Bohr-, Fräs- und Dreharbeiten an Lagern, Führungen, freistehenden

Zapfen und ähnlichem. Die Bohrspindel wird bei kürzeren Arbeiten in einem Gegenhalter, bei längeren in einem besonderen Ständer geführt und durch ein Schlittenlager verschoben. Sie ist wie bei der Senkrechtbohrmaschine in einer Hohlspindel verschiebbar und dreht sich mit ihr. Auf dieser Maschine lassen sich mancherlei Bohr- und Dreharbeiten ausführen, denen auf Drehbänken nicht oder nur schwer beizukommen ist.

Die Zylinderbohrmaschine. Schwere Maschine ähnlicher Bauart mit sehr langer und starker Bohrspindel, die durch ein Schneckenrad angetrieben und durch ein Umlaufräderwerk oder ein Differentialgetriebe verschoben wird. Die Maschine arbeitet ausschließlich mit Messerköpfen und Umlaufsupporten. An dem Aufspannsupport befinden sich feststehende Maßstäbe mit Nonius, die ein sehr genaues Anstellen der Werkzeuge ermöglichen und in manchen Fällen das Anzeichnen ersparen.

Die Pleuelstangenausbohr- und -fräsmaschine. Doppelte Wagerechtbohrmaschine zum gleichzeitigen Ausbohren und Anfräsen beider Lager an Kurbel- und Kuppelstangen. Die Maschine besitzt zwei selbständig arbeitende Bohrspindelstöcke mit starken Gegenhaltern und zwei Arbeitstische. Die Stangen werden entweder in zwei Schraubstöcken oder an Winkeln befestigt.

Senkrecht- und Wagerecht-Bohr- und -Fräsmaschinen. a) Ortsfeste: Maschinen für die Bearbeitung senkrechter Flächen und wagerechter Bohrungen an Maschinengestellen mit Bohrern, Fräsern, Bohrstangen, Messerköpfen und Umlaufsupporten. Manche haben auch eine in der Bohrspindel gelagerte Hilfspindel für Schnellauf und eine Einrichtung für Gewindeschneiden. b) Bewegliche: Verwendungzweck ähnlich wie bei ortsfesten Maschinen. Ihr Arbeitsfeld ist zumeist eine von Spannschlitzen durchzogene große Arbeitsplatte. Es können mehrere solcher Maschinen an ein Arbeitstück gestellt werden und seine Bearbeitung gleichzeitig von verschiedenen Seiten vornehmen.

Fräswerkzeuge.

Fräsdorne verschiedener Länge mit Beilageringen, Stirn-, Scheiben-, Walzen- und Walzenstirnfräser, Messerköpfe, Profilfräser einteilig oder als Satzfräser, Zahnform-, Scheiben- und Schneckenfräser, Gewindefräser, Winkelfräser, Schaftfräser, Keillochfräser, Bohrstangen mit Messerhalter, Fräsherze und Prismenreißstöcke.

Fräsdorne werden ebenso wie Bohrstangen mit Querkeil oder Zentralschraube in der konischen Spindelbohrung festgezogen. Sie müssen genau rund laufen, ihre Befestigungsmuttern und Beilageringe müssen parallel gedreht sein und seitlich gerade laufen, andernfalls ziehen sie den Fräsdorn krumm. Man unterscheidet Fräsdorne mit Gegenführung und fliegende Dorne. Die Mitnahme der Fräser erfolgt in den meisten Fällen durch einen Keil, doch werden kleinere Fräser zuweilen auch unmittelbar auf den Dorn geschraubt. Schaftfräser werden teils in der

Spindel selbst, teils in Konushülsen und Spannpatronenfuttern festgehalten.

Fräser erhalten entweder spitzgezahnte (fertig gefräste) oder hinterdrehte Zähne, die an Stirnflächen stets nach dem Mittelpunkt, an Mantelflächen geradlinig (parallel zur Achse) oder spiralförmig verlaufen. Die Zahnbrust ist bei Mantelzähnen nach dem Mittelpunkt gerichtet, bei Stirnzähnen senkrecht gestellt.

Spitzgezahnte Fräser werden am Zahnrücken geschliffen; sie eignen sich in allen Fällen, wo durch das Schleifen des Fräsers seine ursprüngliche Form nicht verlorengeht, und für feinere Zahnungen.

Hinterdrehte Fräser werden nur an der Brust (in der Nut) geschliffen; sie behalten daher ihre ursprüngliche Zahnform solange, wie ein Fräser überhaupt verwendungsfähig ist. Es werden deshalb Profilfräser (Fassonfräser), zu denen auch alle Arten von Zahnformfräsern gehören, immer mit hinterdrehten Zähnen hergestellt. Bei spitzgezahnten Fräsern werden die Nuten durch den Abschliff flacher, bei hinterdrehten Fräsern weiter. Sind also bei spitzgezahnten Fräsern die Zähne allmählich so niedrig geworden, daß die Nutentiefe zum Herausschaffen der Späne nicht mehr ausreicht, so müssen die Nuten nachgefräst werden. Hinterdrehte Fräser sind solange verwendungsfähig, wie die durch wiederholtes Schleifen schwächer gewordenen Zähne den Schnittdruck aushalten.

Die Spanbrechernuten. Bei manchen Walzen- und Schaftfräsern sind die Schnittkanten durch sogenannte Spanbrechernuten unterbrochen, welche die Späne teilen und dadurch den Widerstand verringern. Diese Nuten (halbrunde Ausschnitte) werden entweder hinterfräst oder hinterdreht; sie sind von Zahn zu Zahn versetzt.

Hochleistungsfräser sind weitgezahnte Fräser aus Schnellarbeitstahl mit sehr steiler Spirale, die als zylindrische Schaftfräser und zweiteilige Walzenfräser hergestellt werden. Schaftfräser für Rechtsdrehung erhalten linksgängige, für Linksdrehung rechtsgängige Spirale. Bei Walzenfräsern ist eine Hälfte rechtsgängig, die andere linksgängig, so daß der Längsdruck (Achsialdruck) sich gegenseitig aufhebt.

Messerköpfe sind mit einer Anzahl feststehender oder nachstellbarer Messer oder Supportstähle besetzt, die entweder auf bestimmtes Maß eingestellt oder besser am Kopf geschliffen werden, damit jede Schneide zur Wirkung kommt; Messerköpfe werden zum Abfräsen von Flächen und zum Ausbohren verwendet.

Satzfräser. Fräser, deren Herstellung oder sachgemäßer Schliff nur in geteiltem Zustande möglich ist, werden aus zwei oder mehr Teilen zusammengesetzt; die einzelnen Teile werden gegenseitig verankert.

Schneckenfräser. Schneckenförmige Zahnformfräser für die Herstellung von Schneckenrädern auf gewöhnlichen Fräsmaschinen und für die Herstellung von Stirnrädern, Schraubenrädern und Schneckenrädern auf Abwälzfräsmaschinen, deren Gewindegänge entweder zylindrisch ausgeschnitten oder angespitzt sind. Die Spiralsteigung (Nutung) solcher Fräser muß senkrecht zur Gewindesteigung verlaufen, andernfalls erhält eine Zahnflanke zu viel, die andere zu wenig Schnitt. Die Schnittprofile eines Schneckenfräsers haben mit einer Zahnstange Ähnlichkeit.

Gewindefräser erhalten keine schraubenförmigen, sondern rundumlaufende Rillen, deren Form oder Kantenwinkel dem zu fräsenden Gewinde entspricht.

Winkelfräser sind an der Stirn- und Mantelfläche gezahnt; sie werden in gängigen Winkelgraden hergestellt und dienen zur Herstellung genuteter Schneidewerkzeuge, zum Ausfräsen von Nuten, Führungen u. dgl.

Schaftfräser. Fräser und Befestigungskegel bestehen hier aus einem Stück. Sie eignen sich für die meisten leichteren Fräsarbeiten, vorzugsweise für die Bearbeitung von Innenflächen, Augen und Zapfen auf Senkrechtfräsmaschinen.

Keillochfräser sind Schaftfräser mit sehr steiler Spirale, die in kleineren Nummern zwei, darüber hinaus drei Schneiden erhalten.

Bohrstangen. Längere erhalten Zwischenlager; die Messer werden entweder unmittelbar in den Schlitzen verkeilt oder in Messerhalter gespannt, die ihrerseits durch Keil oder Zentralschraube auf der Stange befestigt werden.

Fräserherze sind Mitnehmer für den Teilapparat; ihr nach der Fräsachse gerichteter Mitnehmerlappen wird in einer mit der Teilkopfspitze verbundenen Gabel festgezogen.

Prismenreißstöcke dienen hier zum Ausmitteln vorgezeichneter Kreise von der Bohrspindel aus.

Das Fräsen.

Das Aufspannen und Ausrichten auf Tisch, Aufspannwinkel, Schraubstock usw. ist im großen und ganzen dasselbe wie bei Hobelmaschinen. Zentrische Stücke wie Spindeln, Reibahlen, Gewindebohrer, Muttern, Büchsen usw. werden zwischen die Spitzen und auf Prismen gespannt oder ins Futter genommen. Der Angriff der Fräserzähne muß von unten

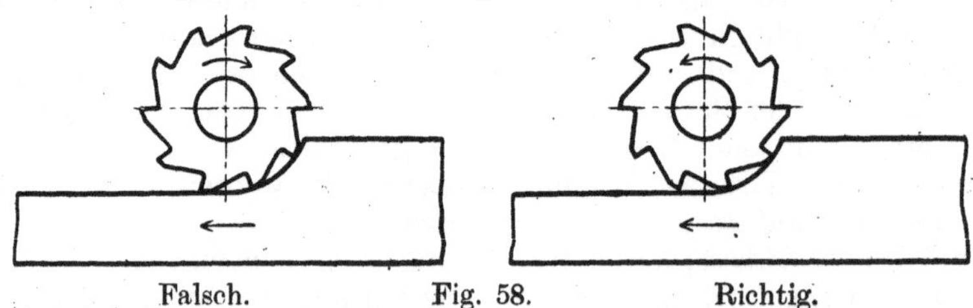

Falsch.   Fig. 58.   Richtig.

nach oben, bzw. von innen nach außen erfolgen. Der Vorschub muß das Arbeitstück den Fräserzähnen entgegenführen (Fig. 58); das ist aber nur möglich, wenn der Fräser von innen heraus arbeitet. Ein von außen nach innen arbeitender Fräser würde an harten Oberflächen vorzeitig den Schnitt verlieren, in den meisten Fällen aber schon beim ersten Angriff das Arbeitstück in sich hineinziehen und sich dabei selbst zerstören. Spiralgezahnte Fräser arbeiten günstiger und ruhiger als geradlinig gezahnte, da bei ihnen ein ziehender Schnitt stattfindet und selbst bei schwachen Spänen immer mehrere Zähne im Eingriff stehen. Für schwere Fräsarbeiten eignen sich grobgezahnte, für Schlichtarbeiten feingezahnte Fräser am besten. Fräser müssen gut befestigt sein und genau rund laufen. Es ist außerordentlich wichtig, sie immer rechtzeitig zu schleifen, da nur scharfe Fräser gute Arbeit liefern und ein rechtzeitig geschliffener Fräser im allgemeinen nicht mehr als $^2/_{10}$ mm an Abschliff verliert, während ein vernachlässigter Fräser leicht ebensoviele ganze Millimeter verlieren kann.

Schnittgeschwindigkeit und Spanansatz richten sich nach dem Fräserdurchmesser und der Güte des Materials. Dividiert man den Fräserdurchmesser in die Zahl 5000, so erhält man eine geeignete Umdrehungzahl pro Minute für Eisen und Stahl, für Messing und Rotguß das Doppelte. Bei Fräsern aus Schnellarbeitstahl soll man nicht die Schnittgeschwindigkeit, sondern nur den Vorschub steigern. Bei Satzfräsern und einteiligen Formfräsern richtet sich die Umlaufzahl nach dem größten Durchmesser. Fräser bedürfen bei der Bearbeitung von Eisen und Stahl reichlicher Kühlung durch Seifenwasser oder Bohröl. Bei Fräsmaschinen mit Versteifungstreben müssen vor jeder Senkrechtverstellung des Tisches die Befestigungschrauben am Gegenhalter gelöst werden. Eine Zugabe ist bei sauberer Fräsarbeit nicht erforderlich.

Der Teilapparat besteht im wesentlichen aus zwei Teilen, dem Teilkopf und dem Reitstock. Der Teilkopf kann gemeinschaftlich mit dem Reitstock oder unabhängig von ihm allein benutzt werden. Die Teilkopfspindel ist durchbohrt und an ihrem vorderen Ende mit Außengewinde und konischem Spitzenloch versehen. Der innere Teil des Kopfes ist um einen Zapfen drehbar und kann mit der Spindel auf jeden Winkelgrad eingestellt werden. Die Teilvorrichtung setzt sich aus Schnecke, Schneckenrad, Teilscheibe, Teilschablone und Zeigerkurbel zusammen. Der Reitstock kann auf die gängigen Steigungen eingestellt werden; er hat an einem umkehrbaren kleinen Schlitten zwei verschieden große Spitzen. Der Schlitten ist mittels Zahntrieb verschiebbar, die Spitzen sind oben abgeflacht. Handhabung des Teilapparates. Bei den mit Teilapparat ausgestatteten Fräsmaschinen befinden sich fast ausnahmslos Tabellen zu dessen Handhabung. Kennt man die Steigung der Tischspindel und das Übersetzungsverhältnis zwischen Schnecke und Schneckenrad, so kann man in einfacheren Fällen auch leicht unabhängig von Tabellen arbeiten. Die Schneckenräder der Teilapparate haben in den meisten Ausführungen 40 Zähne, die zugehörigen Schnecken sind in der Regel eingängig. Es sind in diesem Falle 40 Umdrehungen der Schnecke nötig, bis die Teilspindel sich einmal im Kreise gedreht hat. Die Teilscheiben tragen auf beiden Flächen eine größere Anzahl Teilungen, Lochkreise genannt; die Teillöcher sind nicht durchgehend. Bei neueren Apparaten ist eine besondere Teilscheibe unmittelbar auf der Teilspindel befestigt. Die

Teilschablone, auch Index genannt, ist ein drehbarer Doppelzeiger zur sicheren Handhabung der Zeigerkurbel; der eine Schenkel wird auf die ganze Umdrehung, der andere auf den sich ergebenden Bruch eingestellt. Die Zeigerkurbel. Verstellbare Handkurbel mit federndem Stellstift.

Unmittelbares Teilen mit einer auf der Spindel befestigten Teilscheibe für kleine Teilungen: Der am Teilkopf verschiebbar angebrachte Stellstift wird auf den passenden Lochkreis eingestellt, die Schnecke ausgelöst und die Teilscheibe mit einem Steckstift oder von Hand gedreht.

Mittelbares Teilen. Die Teilscheibe wird am Teilkopfstellstift (an neueren Teilköpfen an einem flachen Stellzahn) festgemacht und bleibt stehen. Die Zeigerkurbel wird auf den erwählten Lochkreis eingestellt, Teilschablone anwenden.

1. Beispiel. Schneckenrad 40 Zähne, Schnecke eingängig. Ein Fräser soll 9 Nuten erhalten. Es sind für einen Teil $^{40}/_9 = 4$ ganze und $^4/_9$ Umdrehungen erforderlich. Um einen zu dieser Teilung passenden Lochkreis zu ermitteln, erweitert man den Bruch, bis der Nenner die Zahl eines vorhandenen, geeigneten Lochkreises ergibt. $^4/_9$ ist gleich $^8/_{18} = {}^{16}/_{36} = {}^{24}/_{54} = {}^{32}/_{72}$. Somit $4^4/_9 = 4^8/_{18} = 4^{16}/_{36} = 4^{24}/_{54}$. Nach beispielsweisem Einstellen des Teilstiftes auf den 54er Lochkreis stellt man einen Schenkel der Teilschablone an den Teilstift, zählt von dem nächstfolgenden Loch ab 24 Löcher hinzu und stellt vor dem 24. Loch den andern Schenkel an. Zwischen den beiden Schenkeln müssen sich $24 + 1 = 25$ Teillöcher befinden. Ist die erste Nut gefräst, so werden mit der Kurbel 4 ganze und $^{24}/_{54}$ Umdrehungen ausgeführt, der Teilstift wird am zweiten Schenkel angesetzt, die Teilschablone gedreht, bis der andere Schenkel an den Teilstift kommt, usf.

2. Beispiel. Schneckenrad 40 Zähne, Schnecke eingängig; ein Zahnrad soll 24 Zähne erhalten. Man wähle den 24er Lochkreis. $^{40}/_{24} = 1^{16}/_{24}$ Umdrehungen.

Das Differentialteilverfahren ist eine Erweiterung des mittelbaren Teilverfahrens; es beruht auf der Anwendung von Wechselrädern und gestattet die Ausführung jeder Teilung. Bei seiner Ausübung ist die Teilscheibe zu lösen, so daß sie sich frei drehen kann; im übrigen nach den Tabellen zu verfahren, da die Berechnung für Lehrlinge zu verwickelt ist.

Das Fräsen von Spiralen. Um Spiralen zu fräsen, wird der Arbeitstisch schräg gestellt (Winkelstellung), der Fräser muß an der Eingriffstelle parallel zur Schraubenlinie stehen. Für den Grad der Winkelstellung ist der Umfang des Werkstückes und die Länge der Spirale auf einen Umgang maßgebend. Ist die Steigung in Graden angegeben, so stellt man den Tisch auf die betreffenden Grade ein. Um die Steigung und Tischwinkelstellung zeichnerisch zu ermitteln, errichtet man auf einer Wagerechten (Fig. 59) eine senkrechte Linie, trägt von dem Schnittpunkt beider Linien aus an der Wagerechten das Maß des Fräserdurchmessers mal 3,14 (also seinen Umfang), und an der Senkrechten das Maß der Spiralsteigung für 1 Umgang in Millimetern ab und verbindet die so erhaltenen Punkte durch eine Linie. Diese Linie entspricht der Steigung, sie bildet zusammen mit der Fräserachse den Tischeinstellwinkel. Um der Teilspindel die zur Bildung einer Spirale nötige Drehung zu erteilen, werden Wechselräder eingesetzt, die wie beim Gewindeschneiden

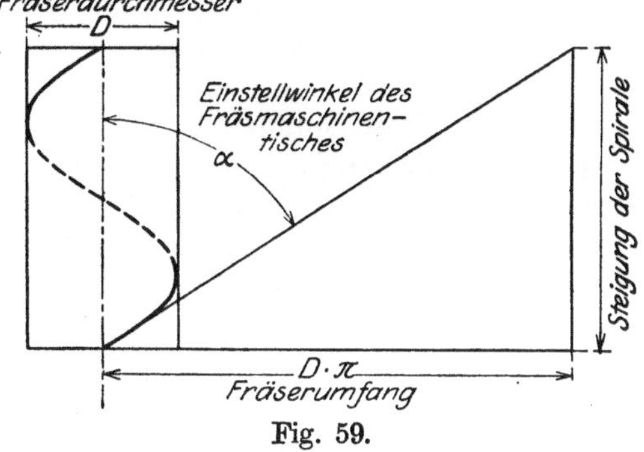

Fig. 59.

auf der Drehbank berechnet werden. Die Drehung der Teilspindel muß zum Tischvorschub in einem ganz bestimmten Verhältnis stehen. Die Teilscheibe wird von der Zeigerkurbel mitgenommen, der Teilstift dient als Mitnehmer (Arretierstift).

Berechnen der Wechselräder für Spiralsteigungen. (Näheres über Wechselräderberechnungen siehe „Gewindeschneiden auf der Drehbank".)

Bezeichnet man mit

X die Spiralsteigung,

H die Steigung der Tischspindel,

a_1 die Schneckensteigung,

b_1 die Zähnezahl des Schneckenrades,

a die Zähnezahl des Teilkopfspindelrades,

b die des Tischspindelrades,

so ist, um a und b zu finden $\dfrac{X \cdot a_1}{H \cdot b_1} = \dfrac{a}{b} = \dfrac{\text{Teilspindelrad}}{\text{Tischspindelrad}}$.

1. Beispiel: Tischspindelsteigung   5 mm

          Spiralsteigung   80 mm

          Steigung der Schnecke 1 gängig

          Schneckenrad   40 Zähne.

$$\frac{X \cdot a_1}{H \cdot b_1} = \frac{80 \cdot 1}{5 \cdot 40} = \frac{80}{200} = \frac{40}{100} = \frac{\text{Teilkopfspindelrad}}{\text{Tischspindelrad}}.$$

Das auf den Bolzen des Stelleisens kommende Zwischenrad kann beliebig groß genommen werden.

Zollsteigung bei doppeltem Radsatz.

2. Beispiel: Tischspindelsteigung $\frac{1}{4}$ Zoll, Spiralsteigung 12 Zoll. Umdrehungen der Tischspindel bei 1 Umdrehung der Teilkopfspindel =

$$\frac{12}{\frac{1}{4}} = 48$$

$$\frac{40}{48} = \frac{5 \cdot 8}{4 \cdot 12} = \frac{48 \cdot 40}{72 \cdot 32}.$$

Rad an der Teilkopfspindel 72 Zähne,
Übersetzungsräder 40 „
32 „
Tischspindelrad 48 „

Die Teilkopfstellung beim Fräsen von Stirn- und Winkelfräsern. Der Neigungswinkel des Teilkopfes ist so zu wählen, daß die Schleiffläche der Zähne eine gleichmäßige Breite erhält.

Schleifsteine.

Die aus dem Gestell, einem umlaufenden Stein und der Schleifauflage zusammengesetzten einfachen Maschinen zum freihändigen Schleifen einfacher Werkzeuge werden gemeinhin Schleifsteine genannt. Sie sind in den meisten Betrieben jetzt mit Schleifrädern aus Kunststein besetzt; doch haben diese den Sandschleifstein nicht ganz zu verdrängen vermocht, der zum Schleifen gewöhnlicher Werkzeuge auch heute noch gern benutzt wird, denn er macht einen feinen Schnitt, und die Gefahr des Heißwerdens der Werkzeuge ist bei ihm geringer als bei dem schnelllaufenden künstlichen Stein, namentlich, wenn diesem, was öfter vorkommt, ausreichende Wasserzufuhr fehlt. Infolge geringer Härte und Umfangsgeschwindigkeit erfordert aber das Schleifen auf Sandsteinen mehr Zeit; Schnellarbeitstahl greifen sie nur schwach an. Unrund gewordene Sandsteine können mit einer über die Auflage gehaltenen Stahlspitze abgedreht werden; doch gibt es hierfür auch Apparate, bei denen ein mit dem Stein umlaufender Trichter aus hartem Stahlblech oder ein gezahntes Werkzeug das Abtrennen der Unebenheiten besorgt. Künstliche Schleifsteine greifen jeden Stahl an und gestatten durch ihre höhere Umfangsgeschwindigkeit und Härte ein rasches Schärfen der Werkzeuge. Eine volle Ausnützung dieses Vorzuges ist aber nur bei sehr reichlicher Kühlung möglich. Das Abdrehen künstlicher Steine geschieht mit einem Abdrehapparat, dessen Werkzeug, ein seitlich gezacktes Hartgußrädchen, mit dem Stein umläuft und seine Unebenheiten sozusagen abmeißelt. Schleifsteine mit künstlichen Schleifrädern führen die technische Bezeichnung „Naßschleifmaschinen".

Die Schleifauflage der Schleifsteine ist immer so nahe wie möglich anzustellen. Abstehende Auflagen führen zu Unfällen verschiedenster Art.

Naßschleifmaschinen mit Winkelanstellung (Gisholtschleifmaschinen). Diese mit einer größeren konischen Topfscheibe besetzten Maschinen dienen zum Schärfen von Supportstählen nach bestimmten Winkelgraden. Die Stähle werden in einem Werkzeughalter befestigt, der auf die jeweils geeigneten Winkelgrade eingestellt und zwangläufig an der Stirnfläche der Schleifscheibe entlang geschwenkt wird.

Schleifmaschinen.

Ein beträchtlicher Teil aller im Maschinen- und Werkzeugbau vorkommenden Arbeiten wird auf Schleifmaschinen ausgeführt. Im besonderen ist aber erst durch ihre Einführung die Herstellung gehärteter Maschinenteile und moderner Präzisionswerkzeuge möglich geworden. Bei diesen Maschinen tritt an die Stelle stählerner Schneidwerkzeuge das Schleifrad oder die Schleifscheibe, die sich gewöhnlich mit ungefähr 4000 Umdrehungen in der Minute dreht. Ihre Bauformen zeigen manche Ähnlichkeit mit den Fräsmaschinen. Der Vorschub ist pendelnd, damit der Abschliff des Steines gleichmäßig auf die Arbeitsfläche verteilt wird. Federnde Anschläge bewirken ein schnappendes Umstellen der Wendegetriebe, damit das Schleifrad an den Hubenden nicht auf der Stelle läuft. Bei Schleifmaschinen, die mit auswechselbaren Schleifdornen arbeiten, ist die Arbeitsspindel mit einem Innengewinde versehen, dessen Steigung der Drehrichtung entgegengesetzt verläuft, damit kein Selbstlösen der Dorne eintreten kann.

Die Schleifräder. Das Schleifmaterial besteht aus Schmirgel, Korund oder Karborundum. Der Schmirgel ist ein Naturprodukt, seine beste Sorte der Naxosschmirgel; Korund ist teils auf natürlichem, teils auf künstlichem Wege gewonnen; Karborundum, auch Siliziumkarbid genannt, wird nur künstlich hergestellt. Die Bindung des Schleifmaterials erfolgt teils durch Verharzung (vegetabilisch), teils durch Verglasung durch Brennen (keramisch). Am besten bewähren sich im Maschinenbau die gebrannten Schleifräder. Die Körnung: Zu freihändigem Schleifen und für harte Materialien eignet sich vorzugsweise grobe, zum Präzisionsschleifen und für weiche Materialien mittelfeine bis feinste Körnung. Härtegrade: Zu freihändigem Schleifen und für weiche Materialien eignen sich harte, zum Präzisionsschleifen und für harte Materialien mittelharte bis weiche Schleifräder. Befestigung der Schleifräder: Schleifräder müssen leicht auf den Zapfen gehen. Vollräder werden mit glatten, Schleifringe mit Ansatzklemmscheiben befestigt. Die Klemmscheiben sollen nur an ihrem Rande aufliegen; sie erhalten eine federnde Unterlage aus starkem Papier, dünner Pappe, Filz oder Gummi. Um zu verhindern, daß Schleifräder sich selbst lösen, sind die zur Befestigung dienenden Muttern und Schrauben gleich den Schleifdornen bei Rechtsdrehung mit rechtem, bei Linksdrehung mit linkem Gewinde versehen. Die Umdrehungzahl: Ist eine Reglung möglich, so läßt man härtere Schleifräder langsamer, weichere dagegen schneller laufen. Ist ein Schleifrad durch Abnutzung kleiner geworden, so soll seine Umlaufzahl entsprechend erhöht werden. Wird die höchstzulässige Umlaufzahl, die an jedem neuen Schleifrad angegeben ist, überschritten, so zerspringt das Schleifrad infolge der Fliehkraft. Schutzhauben: Zur Vermeidung von Unfällen sind die Schleifräder mit Schutzhauben umgeben, die beim Zerspringen eines Rades die abgesprengten Teile auffangen; nur die Angriffstelle ist freigelassen. Das Andrücken: Schleifrad nur schwach angreifen lassen, viele leichte Späne nehmen zeitigt die besten Ergebnisse. Die Spantiefe darf höchstens $^1/_{10}$ mm betragen. Bei zu starkem Andrücken setzen sich die abgeschliffenen Späne in den Poren des Schleifrades fest, das Rad schmiert. Schneidwerkzeuge werden bei zu starkem Andrücken rissig oder weich geschliffen.

Das Schmieren: Schmiert ein Schleifrad bei richtigem Gebrauch, so ist es für seine Umfangsgeschwindigkeit zu hart. Abnutzen: Nutzt sich ein Schleifrad auffallend schnell ab, so ist es für seine Umfangsgeschwindigkeit zu weich. Das Abdrehen: Verschmierte oder unrund laufende Schleifräder müssen ohne Verzug abgedreht werden. Dies geschieht bei größeren, bzw. stärkeren Rädern mit dem bereits bei den Schleifsteinen erwähnten Abdrehwerkzeug, bei kleineren, bzw. schwächeren Rädern mit dem Diamanthalter, der in eine Vorrichtung der Maschine gespannt oder frei gehalten wird, oder auch mit einem Stück Karborundum. Der Diamanthalter soll nur bei verlangsamtem Gang der Maschine angewendet werden. Neue Schleifscheiben sind vor ihrer Verwendung auf ihre Haltbarkeit zu untersuchen und durch leichte Schläge auf ihren Klang zu prüfen; zersprungene Scheiben geben einen Mißton und dürfen nicht verwendet werden. Schleifräderformen: Vollschleifräder, Schleifringe, Diskusscheiben, Sektorenscheiben, Topfscheiben, Stirnschleifräder, Schleifwalzen, Schleifzylinder, Tellerscheiben, abgeschrägte und profilierte Schleifscheiben.

Schleifmaschinenarten.

Grobschleifmaschinen arbeiten mit Schleifring, Diskus- oder Sektorenscheibe und dienen zum Vorschleifen und Abgraten von Schmiedestücken und Gußteilen. Wagerecht- und Senkrechtflächenschleifmaschinen sind im Bau den Langhobelmaschinen ähnlich; erstere arbeiten mit Vollschleifrad oder Schleifring, letztere mit der Topfscheibe.

Flächenschleifmaschinen dienen zum Vorschleifen, Verputzen und ähnlichen Arbeiten aus freier Hand. Der Schleifkörper besteht hier aus einer Stahlscheibe, auf die entweder Schmirgelpapier oder ein flacher Schleifring aufgeklebt und festgepreßt wird.

Planschleifmaschinen besitzen, je nach Bauart, einen pendelnden oder umlaufenden Tisch, wagerechte oder senkrechte Spindellagerung.

Rundschleifmaschinen arbeiten mit Vollschleifrad oder Schleifring; sie sind den Drehbänken ähnlich gebaut und dienen zur Fertigbearbeitung vorgedrehter weicher und gehärteter Stücke zwischen Spitzen und im Futter. Das Arbeitstück dreht sich der Angriffsrichtung des Schleifrades entgegen; je langsamer es sich dreht, desto feiner wird der Schliff.

Hohlschleifmaschinen dienen zum Ausschleifen der Bohrungen gehärteter Maschinenteile und Werkzeuge; bei diesen Maschinen führt eine in der Arbeitspindel gelagerte besondere Schleifspindel (Planetenspindel) eine kreisende Bewegung aus, deren Halbmesser auf den jeweils anzusetzenden Span eingestellt wird. Für kleine Bohrungen finden sogenannte Schleifwalzen Anwendung; es sind dies sehr kleine, rollenförmige Schleifräder, denen man bis zu 60000 minutliche Umdrehungen gibt.

Hängende Schleifmaschinen. Maschinen für die Bearbeitung unhandlicher und sperriger Körper und zum Blankschleifen von Gestängen,

Blechen u. dgl. Der hängende Spindelrahmen ist nach jeder Richtung beweglich und drehbar, die Schleifscheibe wird freihändig angedrückt. Zum genauen Schleifen ebener Flächen wird ein Gleitschuh verwendet.

Spiralbohrerschleifmaschinen für Handgebrauch. Die Bohrer werden in eine konische Auflage gelegt und beschreiben mit dieser, von Hand oder zwangläufig geführt, eine schwingende Bewegung, die die Bohrerlippen in einer dem erprobten Hinterschleifwinkel angepaßten Kurve an der Schleifscheibe vorbeiführt. Zum sicheren Anstellen des Bohrers an die Schleifscheibe dient ein Gegenhalter mit Mikrometerschraube. Eine drehbare Stütze der Auflage gestattet das Schleifen an beliebiger Stelle der Scheibe, wodurch diese eben erhalten werden kann. Die Schleifspindel ist doppelseitig; ein Ende trägt das Hauptschleifrad, das andere eine doppelt abgeschrägte Scheibe zum Anspitzen der Bohrer.

Selbsttätige Spiralbohrerschleifmaschinen. Während einer halben Umdrehung erhält der fliegend eingespannte Bohrer eine für die Erzielung der richtigen Schnittform geeignete Vorwärtsbewegung, worauf er mit kurzem Ruck zurückgezogen wird. Dieser Vorgang wiederholt sich von Lippe zu Lippe selbsttätig fortschreitend, solange sich die Maschine im Gange befindet. Auf einem besonderen Apparat der Maschine wird mit einer doppelt abgeschrägten Scheibe in ähnlicher Weise das Anspitzen ausgeführt.

Kreissägenschärfmaschinen dienen zum selbsttätigen Schärfen der Zähne an Kreissägeblättern. Auf einer in einem pendelnden Bügel gelagerten Spindel sitzt eine doppelt abgeschrägte Schleifscheibe, die bei der Abwärtsbewegung den Brustschliff, bei der Aufwärtsbewegung den Rückenschliff der Zähne ausführt; eine in die Sägezähne greifende Sperrklinke dreht während der Aufwärtsbewegung das Blatt um einen Zahn.

Die Universalwerkzeugschleifmaschine. Gleichzeitig Rund- und Flächenschleifmaschine für die Herstellung und Instandhaltung von Werkzeugen. Der Arbeitsspindelstock, hier auch Schleifbock genannt, ist vollständig drehbar und in der Regel mit Gradeinteilung versehen, die Schleifspindel doppelseitig. Der Arbeitstisch kann auf die Steigungen der allgemein verwendeten Konen und Spiralen eingestellt werden und hat meist auch Gradeinteilung. Der Spitzenapparat besteht aus dem Rundschleifspindelstock, dem Spitzenstock und dem Reitstock. Bei gut ausgerüsteten Maschinen befindet sich außerdem ein Teil- und Spiralkopf. Spitzenstock und Reitstock tragen tote Spitzen (siehe Drehen), beide werden durch ein Exzenter auf den Tisch geklemmt. Die Pinole wird durch einen Handhebel zurückgezogen und durch Federdruck angespannt, damit sie bei eintretender Erwärmung und der damit verbundenen Ausdehnung des Arbeitstückes nachgeben kann.

Der Teil- und Spiralkopf dient zum Schärfen genuteter Präzisionswerkzeuge. Verschiedenartig geformte, nach allen Richtungen verstellbare Zahnstützen dienen zum Schärfen genuteter Werkzeuge ohne zwangläufige Nutenführung und unregelmäßig genuteter Werkzeuge.

Sie werden beim Schärfen geradlinig genuteter Werkzeuge auf dem Arbeitstisch, beim Schärfen spiralgenuteter Werkzeuge am Spindelstock befestigt und stets an dem zu schleifenden Zahn angestellt.

Der elektromagnetische Aufspanntisch. Da manche Werkstücke, wie z. B. aufgeschnittene Kolbenringe, dünne Scheiben, Platten u. dgl. mit gewöhnlichen Spannwerkzeugen nur sehr umständlich, mitunter auch gar nicht so aufgespannt werden können, daß die ganze Arbeitsfläche freiliegt, sind einzelne Schleifmaschinen mit einem elektromagnetischen Tisch ausgestattet. Durch Einschalten des elektrischen Stromes werden bei dieser Einrichtung, die sich übrigens auch zum Massenschliff kleiner Teile eignet, die Werkstücke so fest auf den Tisch gezogen, wie es für ihre Bearbeitung notwendig ist.

Vorschub und Schleifrichtung. Das Arbeitstück muß dem Schleifrad so entgegengeführt werden, daß es nicht in dieses hineingezogen werden kann (siehe auch Fräsen).

Naß- und Trockenschliff. Maschinenteile, Werkzeuge aus Schnelldrehstahl und Gußstahlwerkzeuge mit breiten Schnittflächen werden naß geschliffen. Setzt man dem Schleifwasser etwas Soda zu, so begünstigt dies die Schleifwirkung und wirkt der Rostbildung entgegen. Gewöhnliche Fräser, Reibahlen, Gewindebohrer u. dgl. aus Gußstahl schleift man besser trocken. Der Schleifstaub wird durch einen Exhaustor abgesogen. Ist eine Schleifmaschine nicht für Naßschliff eingerichtet, so müssen Schneidwerkzeuge aus Schnelldrehstahl vor dem Schleifen auf Dampfwärme erhitzt werden, damit sie nicht reißen.

Das Schleifen (Schärfen) genuteter Werkzeuge.

Die Tischstellung beim Schleifen von Mantelzähnen. 1. Zylindrische Werkzeuge, geradlinig genutet, spitzgezahnt oder hinterdreht: parallel zum Werkstück. 2. Spiralgenutet, a) spitzgezahnt: dasselbe; b) hinterdreht: parallel der Spiralsteigung. 3. Konische Werkzeuge bei seitlichem Schleifen: Winkelstellung, dem Kegel entsprechend; werden konische Werkzeuge oben geschliffen, so gibt man entweder dem Tisch eine entsprechende Neigung oder man stellt die dem stärkeren Teile zugekehrte Spitze entsprechend tiefer.

Winkelstellung beim Schleifen von Stirnfräsern, Winkelfräsern und Messerköpfen. Für spitzgezahnte Fräser und Messerköpfe: parallel dem Hinterschleifwinkel; für hinterdrehte Fräser: parallel dem Zahngrund.

Wahl der Schleifscheiben und Hinterschliff. Spitzgezahnte Werkzeuge werden mit der Topfscheibe oder auch mit schräg angestellter zylindrischer Scheibe am Zahnrücken geschärft. Die Topfscheibe ist stets vorzuziehen, da sie ebene Schnittflächen und freischneidende, kräftige Schneidkanten erzeugt. Sie soll jedoch 1—2° außer dem rechten Winkel angestellt werden, damit nur eine Seite, und zwar die gegen die Schneidkante gerichtete, angreift. Zylindrische Scheiben erzeugen hohlgeschliffene Schneiden. Spitzgezahnte Fräser erhalten für Gußeisen einen Hinterschliff von 4—5°, für Schmiedeisen und Stahl einen solchen von 4—7°. Die Lage und Stellung der zu schleifenden Werkzeuge ist, ob nun seitlich oder oben geschliffen wird, so zu wählen, daß die Zähne durch ihre Stellung zur Schleifscheibe den jeweils erforderlichen Hinterschliff erhalten. Man erreicht dies bei Mantelzähnen, wenn seitlich mit der Topfscheibe oder oben mit der zylindrischen Scheibe gearbeitet wird, durch Hebung der Fräserachse über die Zahnauflage (Fig. 60), bei seitlicher Anwendung zylindrischer Scheiben dagegen durch Hebung der Schleifscheibenachse über die Fräserachse (Fig. 61) und beim Schärfen von Stirnzähnen durch entsprechende Neigung der Fräserachse. Aus dem Maße dieser Stellungen ergibt sich der Grad des Hinterschliffes.

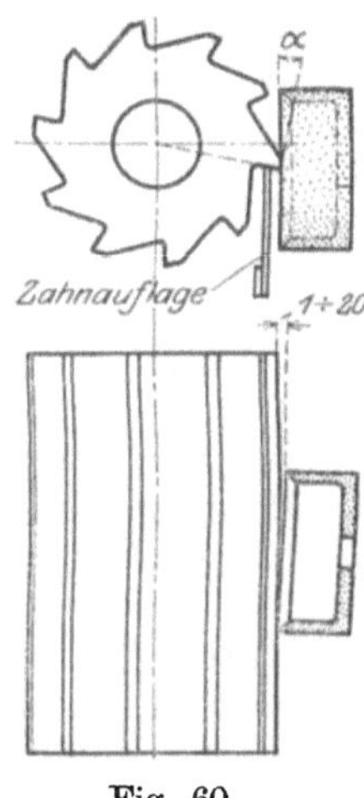

Fig. 60.

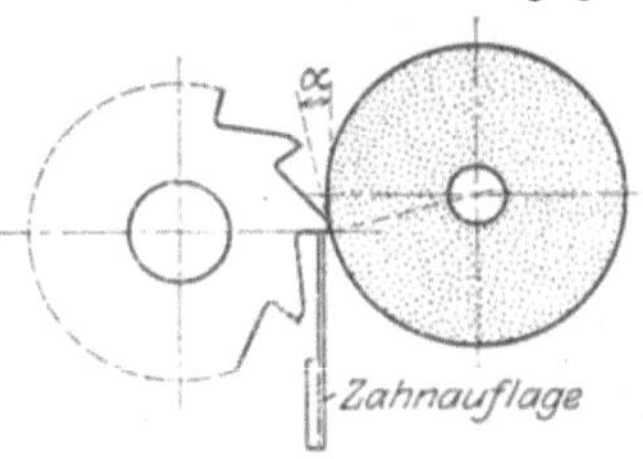

Fig. 61.

Hinterdrehte Werkzeuge werden mit abgeschrägter Schleifscheibe und stets an der Zahnbrust geschärft, wobei in jedem Falle die abgeschrägte Seite (Kegelfläche) der Scheibe zu benutzen ist, deren Wölbung sich bei spiralgenuteten Werkzeugen in die Windung einfügt. Die Schleifrichtung ist radial, d. h. die Schleiffläche (Zahnbrust) muß mit dem Mittelpunkt des Werkzeuges in einer Ebene liegen.

Das Andrücken der Zähne an die Zahnstütze geschieht bei kurzen Werkzeugen freihändig, bei längeren mit einer um den Schleifdorn gewickelten Schnur, die mit Gewichten belastet ist. Schwierige spiralgenutete Werkzeuge, welchen mit der Zahnstütze nicht oder nur schwer beizukommen ist, können mit Hilfe einer auf den Schleifdorn gesteckten Führungsbüchse geschärft werden, die mit gleicher Spiralsteigung genutet ist. Die höchste erreichbare Genauigkeit wird bei Anwendung des Teil- und Spiralkopfes erzielt. Die Schnittprofile spiralgenuteter, hinterdrehter Werkzeuge bleiben nur so lange erhalten, wie die ursprüngliche Spirale keine Veränderung erfährt.

Der Abschliff. Um den Abschliff der Schleifscheibe gleichmäßig auf alle Zähne eines Werkzeuges zu verteilen, ist es unbedingt notwendig, sämtliche Zähne mehrmals an der Schleifscheibe vorbeizuführen.

Das Polieren auf der Schleifmaschine.

Sollen Armaturteile u. dgl. Stücke fein poliert werden, so steckt man, falls nicht eine besondere Poliermaschine vorhanden ist, eine belederte Holzscheibe oder Schwabbelscheibe auf die Spindel einer Schleifmaschine. Schwabbelscheiben werden entweder aus Hartfilz hergestellt oder aus Tuch- und Flanellscheiben zusammengesetzt. Geeignete

Poliermittel sind Wiener Kalk und Stearinöl. Bohrungen in Eisen und Stahl werden mit Bleikolben, Staubschmirgel und Öl poliert.

Die Drehbank.

Das Drehen ist ein selbständiges Handwerk; es reicht in seinen Anfängen wohl so weit zurück wie die Schlosserei. Eine unendliche Reihe von Vervollkommnungen mußte besonders dieser Zweig der Metallbearbeitung durchlaufen, bis die jetzt gebräuchlichen, neuzeitlichen Drehbänke ihre heutige Gestalt und Leistungsfähigkeit erreicht hatten. Deutschland war hierin verhältnismäßig lange vom Ausland abhängig, und noch um die Jahrhundertwende wurde die Leitspindeldrehbank allgemein als englische Bank, die nur mit Handsupport ausgerüstete dagegen als deutsche Bank bezeichnet. Dieser Zustand hat sich indessen geändert; man spricht nicht mehr von englischen, sondern von Leitspindel- und Zugspindeldrehbänken; einfache Supportdrehbänke kommen nur noch für untergeordnete oder Sonderzwecke in Betracht. Obwohl nun das Drehen ein selbständiger Berufzweig ist und grundsätzlich auch bleiben wird, muß doch jedem Lehrling des Maschinenbaues dringend angeraten werden, sich besonders mit diesem Zweige gründlich vertraut zu machen.

Unter dem Ausdruck „Drehen" versteht man die Herstellung rund zu bearbeitender Gegenstände durch feststehende Schneidwerkzeuge. Während z. B. beim Hobeln das Abtrennen der Späne in geradliniger Richtung vor sich geht, dreht sich hier das Arbeitstück um seine Achse; in besonderen Fällen umläuft wohl auch der Stahl das feststehende Arbeitstück. Das Drehen erfordert in ganz besonderem Maße Vorausdenken und Überlegen während der Arbeit, da andernfalls Stockungen unvermeidlich sind, weil die einzelnen Handlungen hier verhältnismäßig rascher aufeinanderfolgen, als es bei den meisten andern Zweigen des Maschinenbaues der Fall ist. Die Ausführung der Dreharbeiten selbst erfolgt durch Supportstähle und Handdrehstähle; die Arbeitstücke werden je nach Art und Form entweder in den Spitzen gelagert, oder im Futter, der Zange oder an der Planscheibe befestigt.

Bauarten. Supportdrehbänke, Bolzendrehbänke für allgemeine Zwecke, Wellendrehbänke, Leitspindeldrehbänke, Zug- und Leitspindeldrehbänke, Hinterdrehbänke, Bolzendrehbänke für Sonderzwecke, Revolverdrehbänke, Automaten, Plandrehbänke, Senkrecht-Bohr- und Drehwerke, Karusselldrehbänke, Schiffswellendrehbänke, Achsendrehbänke, Räderdrehbänke, Kurbeldreh- und -ausbohrbänke, Schnelldrehbänke, Ovalwerke und Drückbänke.

Die einfache Supportdrehbank besteht aus Wange mit Fuß, Spindelstock, Reitstock und Handsupport.

Bolzendrehbänke mit feststehender (toter) Spindel und Spindelspitze. Die Spindel steht fest, die Stufenscheibe sitzt außerhalb des Spindelstockes und dreht sich lose auf der Spindel; sie dient zugleich als Mitnehmerscheibe. Tote Spitzen haben den Vorzug, daß die zwischen ihnen gedrehten Stücke unbedingt rund laufen. Selbsttätiger Vorschub des Schlittens durch Gewindespindel und Sperrklinke.

Wellendrehbänke. Zugspindeldrehbänke für die Herstellung von Transmissionswellen. Sie haben bei geringer Spitzenhöhe eine nutzbare Spitzenentfernung von rd. 7 m, sind mit Doppelsupport ausgerüstet und arbeiten mit mehreren Stählen.

Leitspindeldrehbänke. Einfachere Bänke ohne Zugspindel, bei denen die Leitspindel sowohl zum Gewindeschneiden als auch für den Vorschub benutzt wird.

Zug- und Leitspindeldrehbänke. Diese allgemein eingeführten und wichtigsten Drehbänke haben selbsttätigen Lang- und Planzug und eine Leitspindel zum Gewindeschneiden. Ihre Einzelteile und Ausrüstungstücke sind folgende: Der Ständer mit Bett, der Spindelstock, die Arbeitspindel, der Reitstock, der Schlitten mit Quersupportführung, die Räderplatte mit Mutterschloß, der Handsupport, das Leitlineal, die Zahnstange mit Trieb, die Zugspindel, die Leitspindel, die Herzumsteuerung, das Räderstelleisen, die Wechselräder bzw. der Nortonräderkasten, der Gewindeauffänger, die Mitnehmerscheibe, die Planscheibe, das Achtschraubenfutter, Rundfutter und Reitstockbohrfutter, die Lünetten und die Drehbankspitzen.

Der Ständer ist für den Durchgang größerer Stücke häufig gekröpft; die Füße sind kastenförmig oder gespreizt.

Das Bett ist bei einfachen und älteren Bänken schwalbenschwanzförmig gestaltet, bessere Bänke haben Prismen- oder Flachbahnführung. Bei gekröpften Bänken ist das Bett in der Regel durch einen abnehmbaren Einsatz verlängert.

Der Spindelstock ist zumeist mit Stufenscheibenantrieb und einfachem oder doppeltem Rädervorgelege ausgerüstet; neuere Bänke haben Einscheiben- und Räderkastenantrieb. Die Spindellagerung ist teils zylindrisch, teils konisch, in beiden Fällen nachstellbar.

Zylindrische Lager sind geschlitzt, sie tragen Außenkonen und werden mittels zweier auf den Lagerenden sitzender Ringmuttern nachgezogen und eingestellt.

Konuslager. Beide Lager sind entgegengesetzt konisch; die vordere Lagerstelle der Spindel läuft unmittelbar im Lager, während für die hintere Lagerung eine außen konische Laufbüchse über das Spindelende geschoben ist, die durch Doppelringmuttern festgehalten und eingestellt wird.

Die Arbeitspindel (Drehspindel) ist entweder voll oder hohl; ihre Lagerstellen sind bei besseren Bänken gehärtet und geschliffen. Der Spindelkopf ist mit Gewindezapfen, Bund und konischem Spitzenloch versehen. Der Reitstockdruck wird bei Hohlspindeln durch nachstellbare Druckringe oder Achsialkugellager, bei Vollspindeln von einem Spurzapfen aufgenommen. Diese Druckfänger müssen so eingestellt sein, daß die Spindel sich auch bei fest zugespanntem Reitstock leicht dreht. Ist der Gegendruck zu lose angestellt, so setzt sich die Spindel im vorderen Lager fest.

Der Reitstock besteht aus Ober- und Unterteil, Pinole und Handrad. Das Unterteil ist bei älteren Bänken zwischen den Wangen, bei neueren Bänken in Prismen geführt und wird durch eine oder zwei Schrauben auf der Wange festgezogen. Das Oberteil ist zum Zwecke des Konischdrehens in Aussparungen oder Prismen des Unterteils verschiebbar. Die Pinole ist an ihrem gewindefreien Teile genutet und durch eine am Grunde der Bohrung eingelegte Nase am Drehen verhindert. Ihre konische Bohrung dient zur Aufnahme der Reitstockspitze und verschiedener Sonderwerkzeuge. Die Pinole muß sehr satt gehen und wird mit einer Klemmschraube festgestellt. Schwere Reitstöcke werden mittels Zahntrieb verschoben.

Der Schlitten ist bei Prismenführungen nur gegen Kippen gesichert, bei schwalbenschwanzförmigen und flachen Wangen dagegen in nachstellbaren Arbeitsleisten geführt. Die meist abnehmbare Räderplatte dient zur Aufnahme der Vorschubübertragung und des Mutterschlosses für die Leitspindel. Dieses ist zweiteilig und wird durch einen mit Handgriff versehenen Doppelexzenter bedient. An älteren Bänken findet man noch die früher allgemein gebräuchliche geschlossene Mutterhülse mit Kegelradübersetzung zum Kurbeln, die beim Einschalten des Plantransportes auf die Leitspindel geklemmt wird. Der Hand- oder Obersupport ist auf dem mit kreisförmiger Nuteversehenen Querschieber befestigt; das Drehteil hat bei besseren Bänken Gradeinteilung. Der Oberschieber ist entweder mit feststehender Supportschraube und Spannklaue, mit Stichelhaus oder Vierkantrevolverkopf ausgerüstet. Die Spannklaue wird durch eine Regulierschraube wagerecht gestellt; die linsenförmige Unterlagscheibe der Spannmutter gestattet geringe Abweichungen von dieser Lage. Das Stichelhaus. Der Stahl wird auf einer wiegenartigen Brücke festgespannt, die zum Zwecke der Höhenänderung nur ein wenig verschoben zu werden braucht, so daß innerhalb gewisser Grenzen keine Blechunterlagen nötig sind. Das Stichelhaus ist drehbar; die Spannschraube muß gewölbte Druckfläche haben. Der Vierkantrevolverkopf gestattet das gleichzeitige Einspannen von vier Stählen, die nach der Arbeitsfolge einzustellen sind. Er wird mit einer Zentralschraube festgezogen; eine federnde Zahnfalle stellt den Kopf bei jeder Drehung auf genaue Lage ein. Das Leitlineal, auch Konuslineal und Kopierschieber genannt, ist wohl an den meisten Revolverbänken, seltener aber an Leitspindeldrehbänken angebracht; es ist an der Rückseite des Bettes auf einem verschiebbaren Konsol befestigt, auf die gängigen Winkelgrade einstellbar und dient vorwiegend zum selbsttätigen Konischdrehen. Der Leitschieber ist entweder mit einem besonderen Leitsupport oder mit der Supportspindelmutter zwangläufig verbunden, so daß der Drehstahl während des Vorschubes der Stellung des Leitlineales folgt. Die Leitvorrichtung kann auch zum Kopierdrehen nach Schablonen benutzt werden. Die Zugspindel, auch Schaftwelle genannt, hat kein Gewinde, ist aber in ganzer Länge genutet; sie wird durch Wechselräder oder Gelenkketten angetrieben und ihre Bewegung durch

Schneckenradübersetzung auf Zahnstange und Planzug übertragen; sie dient zum selbsttätigen Lang- und Plandrehen.

Die Leitspindel trägt ein Trapezgewinde, welches entweder nach dem Zollsystem oder dem metrischen System geschnitten ist. Soll eine Leitspindel längere Zeit gut erhalten bleiben, so darf man sie nur zum Gewindeschneiden verwenden. Zugspindel und Leitspindel dürfen nie zugleich eingerückt werden, denn dies hätte einen Räderbruch zur Folge, wenn nicht rein zufällig beide Vorschubgeschwindigkeiten miteinander übereinstimmen. Bei neueren Bänken ist das gleichzeitige Einrücken durch eine Sicherung unmöglich gemacht. Die Herzumsteuerung, auch Wendeherz genannt ist ein am hinteren Ende des Spindelstockes befindliches Wendegetriebe, das aus drei durch Handhebel umstellbaren Stirnrädern besteht, von denen die beiden oberen je nach der Einstellung wechselweise in das Rad an der Spindel eingreifen. Das Stelleisen, gewöhnlich Schere genannt, dient zur Aufnahme der Wechselräder zum Gewindeschneiden. Der Nortonräderkasten. Bei dieser Einrichtung sind sämtliche Wechselräder in einen Kasten eingebaut, so daß sich das Berechnen und Zusammenstellen der Radsätze erübrigt. Die Einstellung auf die jeweils gewünschte Gewindesteigung geschieht mittels Handgriffes nach angebrachten Aufschriften. Der Gewindeauffänger, auch Gewindeuhr genannt, ist eine Sondereinrichtung zum Zurückkurbeln des Schlittens beim Schneiden ungerader Gangzahlen und besteht aus einem in die Leitspindel greifenden Schneckenrade und einer Teilscheibe oder einem verstellbaren Zeiger. Das Schneckenrad dreht sich mit der Leitspindel, wenn das Mutterschloß geöffnet ist, und beim Kurbeln. Schließt man die Mutter, so steht es still. In manchen Fällen erspart dieser Apparat auch das umständliche Verstellen der Wechselräder beim Schneiden mehrgängiger Gewinde. Die Mitnehmerscheibe überträgt die Spindelbewegung bei Spitzenarbeiten auf das Arbeitstück. Es gibt auch verstellbare zweiteilige Mitnehmerscheiben zum Schneiden mehrgängiger Gewinde. Die Planscheibe hat vier selbständige, in Schlitzen bewegliche Spannkloben (Klauen) und zahlreiche Schraubenschlitze zum Aufspannen der Arbeitstücke. Die Kloben können umgekehrt werden, sie sollen sattgehend eingestellt sein. Das Achtschraubenfutter. Spannkopf mit acht Druckschrauben, von denen die vier vorderen zum Zentrieren und die hinteren zum Geradestellen der Arbeitstücke dienen.

Das Rundfutter Man unterscheidet Zwei-, Drei- und Vierbackenfutter. Das Zweibackenfutter (Klemmfutter) enthält in einfachster Ausführung zwei in Prismenführungen lose bewegliche Backen mit zentrisch gearbeiteten Dreieckeinschnitten, die durch Druckschrauben angespannt werden. Bei besserer Ausführung werden die Backen durch eine rechts- und linksgängige Gewindespindel bewegt und spannen ohne weiteres zentrisch. Drei- und Vierbackenfutter. Die in Doppelteenuten gleitenden Backen werden bei Cußmannfuttern durch eine Plangewindescheibe, bei Taylorfuttern durch einen Hohlgewindekegel bewegt. Sie sind mit zwei Backensätzen (Dreh- und Bohrbacken) ausgerüstet, da die Backen nicht umgekehrt werden können. Beim Auswechseln der Backen ist die Reihenfolge der Markierung einzuhalten. Das Reitstockbohrfutter wird auf die Pinole geklemmt und dient zum Einspannen von Bohrwerkzeugen. Die Lünette oder Setzstock dient zur Zwischenlagerung längerer oder schwacher und zur Lagerung fliegend aufgefangener Stücke, die in verstellbaren Holz- und Metallbacken oder zwischen Rollen geführt werden. Man unterscheidet die Stehlünette, auch feststehender Setzstock, und die Lauflünette, auch mitgehender Setzstock genannt; erstere wird auf das Bett, letztere auf den Schlitten gespannt. Die Drehbankspitzen bestehen aus Konus (Befestigungskegel), Gewindeteil, Schaft und Spitzenkegel. Sie sind sehr sorgfältig in die Spitzenlöcher eingepaßt; der Spitzenkegel hat je nach Art der auszuführenden Arbeiten einen Winkel von 60 oder 90°. Das Gewinde dient zum Ausziehen der Spitzen aus dem Spitzenloch; in Ermangelung eines Gewindes werden Drehbankspitzen mit einem Drehherz gelöst. Spindelspitzen. Man unterscheidet bewegliche und tote Spitzen. Die beweglichen Spitzen sind nur auf Druck beansprucht, da sie sich. mit der Spindel drehen. Sie bedürfen keiner Schmierung und werden nur schwach gehärtet (violett). Reitstockspitzen und tote Spindelspitzen sind neben dem Arbeitsdruck auch auf Reibung beansprucht, müssen daher bedeutende Härte haben (gelb) und stets geschmiert werden. Reitstockspitzen mit Fläche. Zum Ebendrehen von Stirnflächen ist meist eine besondere Reitstockspitze vorgesehen, von deren Schaft und Spitzenkegel etwa $^1/_3$ des Durchmessers abgenommen ist, damit auch mit einem kräftigen Stahl bis zum Körner gedreht werden kann. Außerdem erleichtern solche Spitzen das Schneiden schwacher Gewinde. Hohlspitzen befinden sich nur bei kleinen Drehbänken zur Führung körnerartiger Gegenstände und zum Bohren. Für Sonderzwecke Spitzen mit verstärktem Kegel (dicke Spitzen) und solche mit verlängertem Schaft (lange Spitzen). Einspannzangen, auch Spannpatronen genannt, sind mit einfachem oder Doppelkonus versehen und dementsprechend federnd geschlitzt. Die Zangen werden mit einer durch die Spindel geschobenen Schlüsselröhre festgezogen. Für jede Stärke und jedes Profil ist eine besondere Zange erforderlich.

Hinterdrehbänke dienen zum Hinterdrehen und Hinterschneiden genuteter Werkzeuge. a) Ältere Bauart: Der Hinterdrehsupport wird beim Vorbeigehen der einzelnen Zähne durch eine Kurvenscheibe vorgeschoben und schnappt jeweils beim Vorbeigehen der Nuten in die alte Lage zurück. b) Neuere Bauart: Der Support steht fest, während sich die in einer exzentrischen schwingenden Hülse gelagerte Drehspindel dem Drehstahl nähert und von ihm entfernt. Eine achsiale Verschiebung der Spindel zum Hinterdrehen stirngezahnter Werkzeuge wird ebenfalls durch Kurvenscheiben bewirkt. Diese Bauart ist nur für kurze Werkzeuge anwendbar, welche fliegend eingespannt werden können. Zum Hinterdrehen profilierter Werkzeuge ist ein Formstahl oder Schablonensupport, mitunter auch beides erforderlich.

Die Hinterdrehrichtung muß in allen Fällen senkrecht zur Schneide stehen.

Bolzendrehbänke für die Herstellung von Feuerbuchsstehbolzen (Ankerbolzen) sind kleine Leitspindeldrehbänke mit Reibscheibenantrieb und Leitlineal zum Drehen und Schneiden der Feuerbuchsstehbolzen ohne Mitnehmerscheibe. Die Spindelspitze ist als Dreikantspitze ausgebildet; sie dient zugleich als Mitnehmer. Die Reitstockspitze hat einen gewöhnlichen Spitzenkegel; sie dreht sich mit dem Bolzen und ist, da der Reitstock kräftig angespannt werden muß, in einen auf der Pinole befestigten Kugellagerkopf eingebaut. In die von beiden Seiten angebohrten Bolzen wird im Preßluftzentrierstock ein Dreikantkörner eingehämmert.

Revolverbänke (Halbautomaten). Kurze gedrungene Bänke ohne besonderen Reitstock für die Massenherstellung gleicher Stücke, die in größeren Betrieben wie Abstechmaschinen aufgestellt werden. Hauptteile: Ständer mit Sammelbecken, Prismenbett, Spindelstock mit Hohlspindel, Rädervorgelege, Patronensupport, Materialvorschubeinrichtung, Supportschlitten mit Dreh- und Abstechsupport, Revolverschlitten mit Revolverkopf, Leitspindel, Leitlineal und Stangenführungsbock. Das Rädervorgelege ist während des Ganges durch Reibscheiben ein- und ausrückbar. Der Patronensupport ist eine Einrichtung zum Kopieren von Gewinden; auf einer in den Spindelstock eingebauten verschiebbaren Welle ist einerseits ein Gewindesegment, andererseits der Stahlhalter befestigt. Die Patrone wird gewöhnlich auf die Drehspindel gesteckt, sie muß in diesem Falle die Gewindesteigung haben, die geschnitten werden soll. Das Gewindesegment wird an der Patrone entlang geführt und überträgt ihre Steigung auf das Arbeitstück. Revolverbänke arbeiten in der Regel von der Stange, die in die Hohlspindel eingeführt wird; ein Anschlag im Revolverkopf bestimmt ihre genaue Lage, doch können auf diesen Bänken auch Schmiede- und Gußstücke verschiedener Art bearbeitet werden. Die Supporte sind rechtsseitig, der Revolverkopf ist linksseitig des betreffenden Schlittens angeordnet, so daß die beiderseitigen Werkzeuge, die sich gegenseitig ergänzen, ganz nahe zusammengeführt werden können. Der Revolverkopf kann auch als Reitstock verwendet werden. Sämtliche Werkzeuge werden in Verbindung mit Anschlägen auf genaues Maß eingestellt; selbsttätiger Vorschub wird durch verstellbare Anschläge rechtzeitig ausgelöst. Die Verteilung der Werkzeuge ist dem Arbeitsgange angepaßt und mustergültig durchgeführt. Gleichzeitig mit dem Zurückziehen des Revolverschlittens dreht sich der Revolverkopf selbsttätig, so daß sich das im Arbeitsgang folgende Werkzeug ohne weiteres in die richtige Lage einstellt. Gewindeschneidzeuge für Revolverbänke müssen so gebaut und eingestellt sein, daß ihr Auflaufen an Bunden und Ansätzen unbedingt vermieden wird. Bei Anwendung geschlossener Schneideisen wird der Schlitten nur bis zu einem bestimmten Punkte mitgeführt, worauf das Schneideisen am Zapfen weitergleitet. Hat es den Keil verlassen, so dreht es sich mit der Schraube. Bei Selbstöffnenden Schneidköpfen wird durch Anschlag eine Feder ausgelöst, welche die Backen aus dem Gewinde herauszieht. Schneideisen werden zurückgeschraubt, Schneidköpfe ohne Rücklauf über das Gewinde hinweggezogen.

Automaten. Diese Bänke weichen in ihren Bauformen von der üblichen Drehbankform erheblich ab; sie sind ein- und mehrspindlig und führen, einmal eingestellt, sämtliche Arbeiten an Schrauben, Muttern Büchsen und Formstücken aller Art mit großer Genauigkeit vollständig selbsttätig aus.

Revolverbänke und Automaten werden von angelernten Arbeitern bedient. Das Einstellen der Werkzeuge geschieht in der Regel durch eigens hierauf eingeübte gelernte Arbeiter, die man Einsteller oder Einrichter nennt. Die Werkzeuge müssen reichlich gekühlt d. h. so übersprudelt werden, daß die Späne kalt abspringen. Zu weicheren Metallen verwendet man Seifenwasser oder Bohröl, zu zähen oder spröden dagegen nur Öl. Die einzelnen Stücke werden nur so lange genau und glatt, wie sämtliche verwendeten Werkzeuge scharf sind. Es ist daher ihre regelmäßige Prüfung nötig. Das Stangenmaterial für Revolverbänke und Automaten soll sauber gerade sein, da andernfalls die Bänke notleiden.

Plandrehbänke, auch Scheiben- oder Kopfbänke genannt, sind Drehbänke für die Bearbeitung großer oder schwerer Körper. Ihre einzelnen Teile stehen bei kleineren Bänken auf gemeinschaftlicher, bei großen Bänken auf geteilter Sohle. Der massige Spindelstock hat ein mehrfaches Rädervorgelege; die Planscheibe, die bei großen Bänken einen Durchmesser von rd. 6 m erreicht und Drehdurchmesser von rd. 10 m gestattet, trägt auf ihrer Rückseite einen oder mehrere Zahnkränze. auf welche die Rädervorgelege geschaltet werden können. Zwischen Spindelstock und Support befindet sich die Durchgangsgrube für die Planscheibe und für große Werkstücke. Der selbsttätige Vorschub des Supports wird entweder durch Ratschen oder durch sogenannte Faulenzer [1]) bewerkstelligt. Bei großen Bänken mehrere Supporte, selten Reitstock, mitunter besonderer Bohrspindelstock mit eigenem Antrieb.

Senkrecht-Bohr- und -Drehwerke, auch Senkrechtrevolverbänke genannt, haben Senkrechtständer mit Quersupport, Senkrechtschlitten und Seitensupport. Die Spindel steht hier senkrecht, die Planscheibe gleich einem Arbeitstische wagerecht, wodurch das Auf- und Abspannen, Zentrieren u. dgl. sehr erleichtert wird; sie hat unmittelbaren Antrieb durch Zahnkranz und bewegt sich in ringförmiger Gleitbahn über Ölrollen. Der Senkrechtschlitten kann auch zum Konischdrehen benutzt werden und trägt einen Revolverkopf.

Karuselldrehbänke. Wagerechte Drehbänke, auch Chukkingmaschinen genannt. Ähnliche Bauformen wie bei den Senkrecht-Dreh- und -Bohrwerken; an Stelle des Senkrechtschlittens zwei Stahlhalterstangen, bei großen Maschinen Seitensupporte. Die Planscheibe erreicht die riesige Abmessung von über 10 m, der Drehdurchgang gegen 12 m.

---

[1]) An Stelle der Handkurbel wird ein Stern auf die Spindel gesteckt der durch Mitnehmer gedreht wird.

Kurbel- und Schiffswellendrehbänke sind Zug- und Leitspindeldrehbänke stärkster Bauart mit zwei oder mehr Supporten und bedeutender
Spitzenhöhe.

Achsendrehbänke haben als Spezialbänke für Eisenbahnachsen zwei
Reitstöcke. Der zwischen den Reitstöcken sitzende Spindelstock ist
eigentlich nur ein Mitnehmer; er wird von unten angetrieben. Die Bank
hat zwei Supporte; beim Ein- und Ausheben der Achsen wird ein Reitstock abgehoben oder umgeklappt. Die feststehenden Spitzen (siehe
tote Spitzen) bieten große Gewähr dafür, daß die fertig gedrehten Stücke
an jeder Stelle rundlaufen.

Räderdrehbänke. Schwere Doppelbänke zum Drehen von Eisenbahnradsätzen. Zwei sich gegenüberliegende sehr starke Spindelstöcke
tragen durchbohrte, am Kopfende äußerst kräftig gehaltene Arbeitspindeln mit Zahnkranzplanscheiben, die von einer gemeinsamen Welle
angetrieben werden. Die Bänke arbeiten mit vier oder sechs Supporten,
deren vordere (Kurvensupporte) mit Unterschnitt und deren hintere
(geneigte Supporte) mit Oberschnitt arbeiten, da die Bänke rückwärts
laufen. Für Radsätze mit Gegenkurbeln (Exzentern) besondere Spitzenböcke und Mitnehmerböcke. Es werden beide Räder gleichzeitig abgedreht; ein besonderer leichter Ständersupport bzw. Schleifapparat
dient zum Glätten (Egalisieren) der Achslagerstellen (Achsschenkel).

Kurbel-Dreh- und Ausbohrbänke. Maschinen zum Ausbohren der
Kurbelzapfenlöcher und zum Glätten der Kurbelachsen an Radgestellen.
An zwei sich gegenüberliegenden Reitstöcken befinden sich seitlich
angeordnet der Ausbohrspindelstock und das Gegenlager für die Bohrstange. Die Reitstockspitzen dienen nur zur genauen Achs- und Winkeleinstellung, während die Last von einem großen Doppelsetzstock
aufgenommen und festgehalten wird. Für das Glätten von Kurbellagerstellen ist ein zweiteiliger Abdrehapparat vorgesehen, dessen innerer
Kranz mit dem Messer die Achse umläuft.

Schnell- und Hochleistungsbänke unterscheiden sich von andern
neuzeitlichen Bänken nur durch die bei „Maschinen für Schnellbetrieb"
aufgeführten Merkmale.

Ovalwerke sind Drehbänke zum Drehen und Drücken ovaler Arbeitstücke, oder Apparate dieser Art, welche an der gewöhnlichen Drehbank
angebracht werden können. Der mit der Drehspindel umlaufende
besondere Spindelkopf nähert sich in genau zu bestimmenden Abständen
(Kurven) dem Arbeitstahle oder entfernt sich von ihm je zweimal
während einer Umdrehung. Die Stähle werden mit Hilfe eines Parallelreißers auf Spitzenhöhe eingestellt; jede Höhenänderung der Stähle
hat eine Änderung des Ovales zur Folge.

Drückbänke. Einfache Drehbänke mit Handauflage für die Herstellung runder Blechformen u. dgl. durch Drücken mit Drückstählen,
das sind polierte Werkzeuge ohne Schneiden. Die Drückform wird auf
die Spindel geschraubt, das Material, gewöhnlich eine runde Blechscheibe, mittels der Vorlage und des Reitstockes angepreßt und festgehalten. Die Bänke laufen mit hoher Geschwindigkeit, der Drückstahl

findet an einem Anschlag der Auflage den nötigen Halt und Widerstand. Das Drücken besteht im Umlegen von Rändern, Bördeln, Ausbuchten, Einziehen u. dgl. und beruht auf der Dehn- und Schrumpfwirkung. Das Drückmaterial muß bei starker Beanspruchung öfter geglüht werden.

Die Behandlung und Instandhaltung der Drehfutter und Spitzen. Vor dem Aufstecken eines Futters, der Plan- oder Mitnehmerscheibe ist stets sorgfältig zu prüfen, ob die Gewinde beider Teile, die Stirnfläche des Futters und der Bundansatz der Spindel sauber sind. Das Aufrennenlassen bei der in Bewegung befindlichen Spindel hat zu unterbleiben, da es dem Gewinde schadet und ein hart aufgelaufenes Futter nur schwer wieder zu lösen ist. Am besten nimmt man immer das Futter in den rechten Arm, hält es schön gerade und treibt mit der linken Hand den Riemen, wobei besonders darauf zu achten ist, daß der Gewindeanfang nicht zerstoßen wird. Ist das Futter eingeschraubt, so stellt man durch Einrücken des Rädervorgeleges die Spindel fest und läßt das Futter von Hand leicht, aber doch so satt auflaufen, daß es sich nicht selbst lösen kann. Hart aufgelaufene oder durch sehr starke Beanspruchung festgesessene Futter löst man, indem man die Drehbank mit eingerücktem Rädervorgelege bei langsamstem Gang rückwärts laufen und einen der Kloben, Backen oder sonstigen vorspringenden Teile auf ein auf die Wange gestelltes Holz aufstoßen läßt. In besonders hartnäckigen Fällen ist die Nabe anzuwärmen. Rundspannfutter müssen in regelmäßigen Zeitabschnitten auseinandergenommen, von Spänen und Schmutz gereinigt und geschmiert werden; es ist wichtig, daß alle Gleit- und Reibflächen Öl erhalten, da sie andernfalls leicht fressen. Soll ein solches Futter längere Zeit genau zentrisch spannend erhalten bleiben, so dürfen auf ihm keine rohen oder unrunden Stücke eingespannt, darf der Spannschlüssel niemals verlängert werden. Bei verzogenen Futtern unterlegt man die abstehenden Backen mit Blechstückchen.

Das Einstecken der Spitzen. Die Erzielung einer sauberen Spitzenarbeit hängt bei Bänken mit beweglicher Spindelspitze in erster Linie davon ab, daß die Spindelspitze genau rundläuft. Schlägt diese Spitze, so wird die Dreharbeit exzentrisch, sie wird versetzt und ist nicht zu gebrauchen. Es müssen deshalb vor jeder Einführung beide Teile sorgfältig abgewischt werden, auch ist zu untersuchen, ob nichts an den Konen festhaftet. Dies kann beim Spitzenloch nur durch das Gefühl, d. h. durch Auswischen mit dem Finger festgestellt werden, was indessen bei kleinen Bohrungen wegen möglicher Verdrehung des Fingers nicht ganz ungefährlich ist; man wirft daher am besten den Riemen ab und treibt die Spindel an der Mitnehmerscheibe. Zeigt es sich, daß die Spitze schlägt, obwohl beide Teile abgewischt wurden, so ist es möglich, daß sich doch im Loch irgendwo ein feines Spänchen festgesetzt hat, das dem Gefühl entgangen ist. Um dies festzustellen, dreht man die satt ins Loch gedrückte Spitze einige Male hin und her. Sitzt sie gut, so trägt der Konus durchaus, befindet sich aber ein Fremdkörper in der Bohrung,

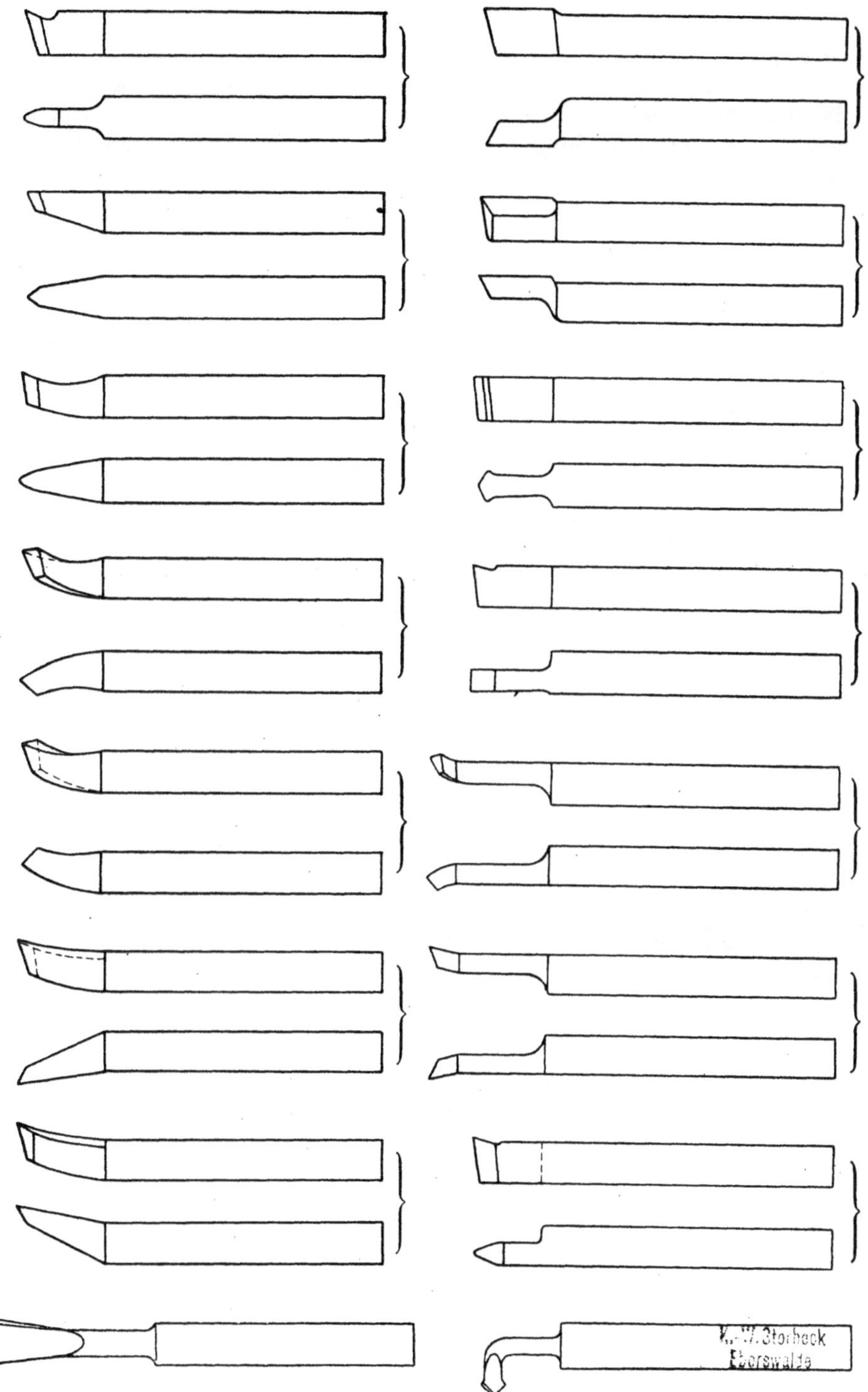

Fig. 62. Supportstähle, deutsche Form.

7*

so zeigt sich ein Reibring, durch dessen Abmessen die betreffende Stelle im Loch leicht gefunden werden kann. Liegt das Übel nicht am Konus, so ist die Spitze verzogen und muß ausgeglichen werden. Dies geschieht am besten mit dem Supportschleifmotor, der wie ein Drehstahl eingespannt wird.

Drehwerkzeuge. Supportstähle und· Handdrehstähle für Hart- und Weichmetalle, Handstahlauflage, verschiedene Bohrer, Drehdorne, Drehherze, Mitnehmer, Kordelapparate, Körner, Taster, Stahlhalter mit Messern und Abziehstein.

Supportstähle (Fig. 62). Rechter, linker und gerader Schruppstahl, rechter und linker Eckdrehstahl und Messerstahl, Abstech-, Ausdreh- und Gewindestähle verschiedener Form und Stärke. Federstahl für Abrundungen (Fig. 63). Der rechte Schruppstahl dient zum Überdrehen von rechts nach links, der linke Schrupp-

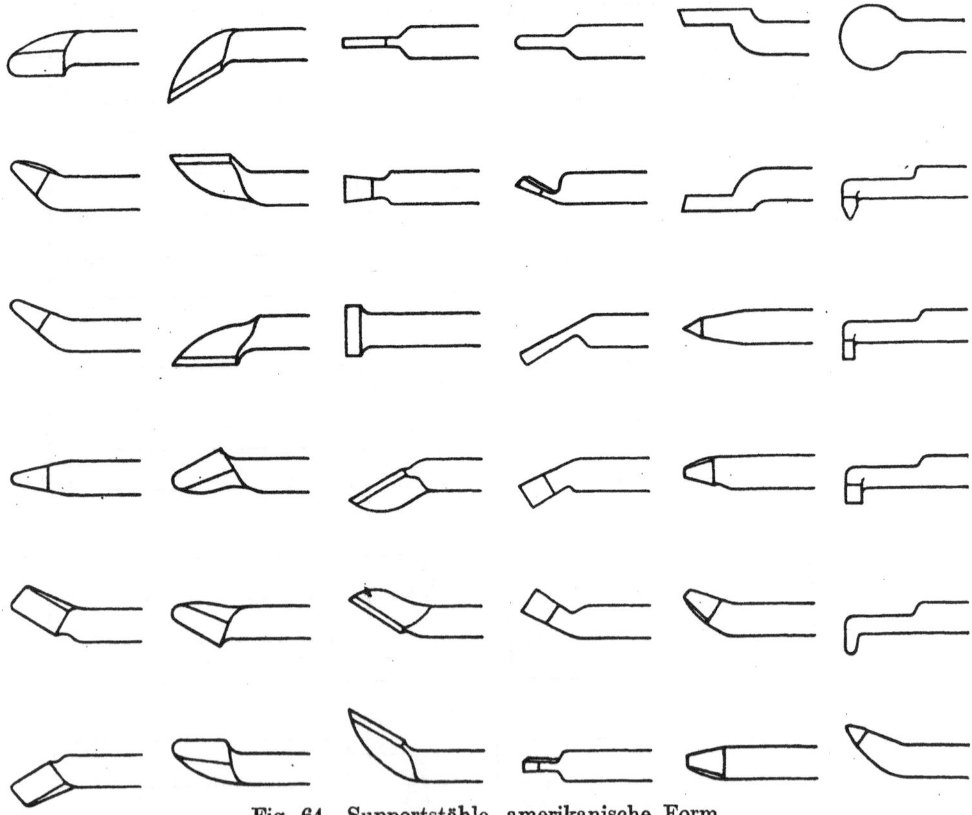

Fig. 63. Federstahl.

Fig. 64. Supportstähle, amerikanische Form.

stahl zu derselben Arbeit von links nach rechts; der gerade Schruppstahl zum Überdrehen von links und rechts und zum Ausdrehen
schmaler Stellen und Hohlkehlen. Eckdrehstähle braucht man zum
Ausschruppen rechts- und linksseitiger Ansätze, Messerstähle zum Andrehen von Stirnflächen und scharfen Ecken, den Abstechstahl zum
Eindrehen kantiger Nuten und zum Abstechen. Ausdrehstähle verwendet man beim Ausdrehen bereits vorhandener Löcher, Gewindestähle beim Schnei-
den von Außen-
und Innengewin-
den. Drehstähle für

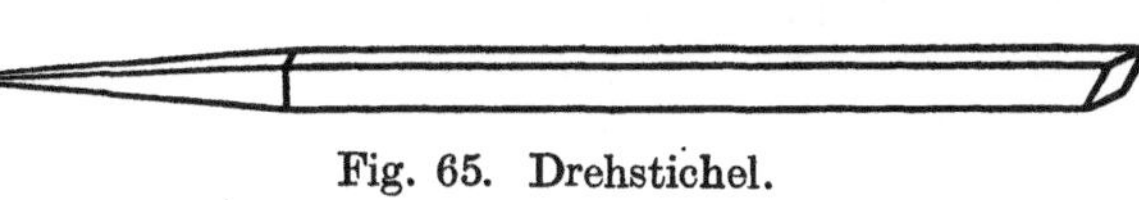

Fig. 65. Drehstichel.

Eisen und Stahl
sind mit wenig Ausnahmen
gekröpft (deutsche Form) oder
in einem Winkel angestellt,
welcher der Kröpfung gleich-
kommt (amerikanische Form).
Zum Drehen von Messing,

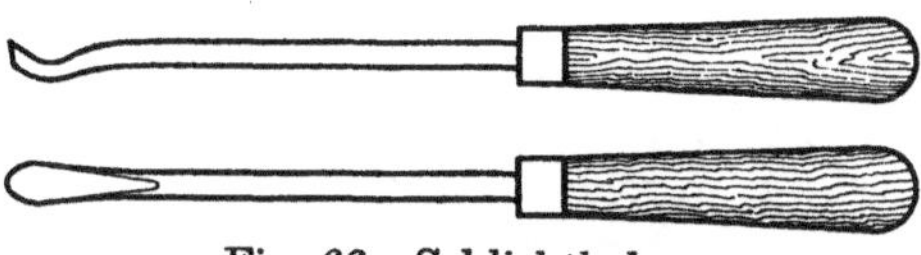

Fig. 66. Schlichthaken.

Rotguß und Bronze eignen sich am besten ungekröpfte Stähle, da
gekröpfte Stähle bei diesen Metallen leicht einhaken. Handdrehstähle. a) Mit kurzem Heft: Drehstichel (Fig. 65), Flach-, Rund-
und Abstechhandstähle und Dreikantschaber; b) mit langem Heft
(Schlichthaken) (Fig. 66) für Weichmetalle ungeeignet: Flach-, Spitz-
und Rundhaken. Handstähle müssen fest
im Heft sitzen, andernfalls haken sie ein.
Handstahlauflagen werden mit Leder
besetzt, um das Abrutschen zu verhüten.
Bohrer. a) Supportbohrer aus Rund- oder
Vierkantstahl; entweder gerade ausgestreckte
oder im rechten Winkel umgebogene Spitzbohrer, diese werden auch Zentrierbohrer
genannt; b) Kanonenbohrer sind Löffel-
bohrer mit halbkreisförmigem Querschnitt,
deren Stirnfläche (Brust) zur Erzielung einer
Schnittkante nach unten auf 80° und seitlich auf 85° hinterschliffen ist. Drehdorne
dienen zum Abdrehen ausgebohrter Stücke;
gewöhnliche Stahldorne sind nur wenig konisch und sind daher nur für eine
Bohrung verwendbar (Fig. 67). Die Steigung

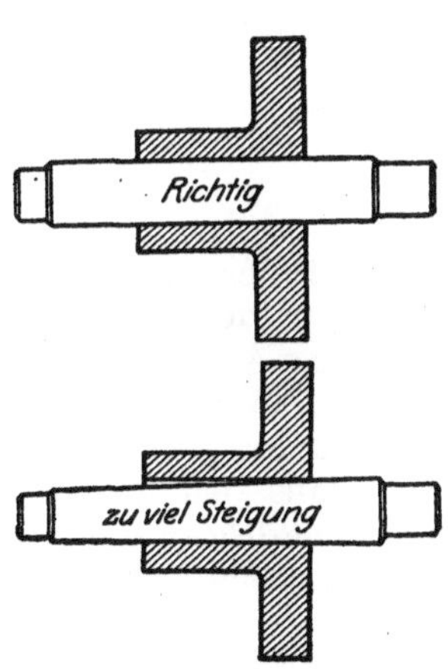

Fig. 67. Drehdorn.

gewöhnlicher Drehdorne soll nur einige hun-
dertstel Millimeter betragen, da andernfalls zylindrisch ausgebohrte
Werkstücke nur einseitig, d. h. am Lochrand erfaßt werden, sich meist
schon beim Eintreiben des Dornes schief stellen und bei der Bearbeitung nachgeben. Expansionsdorne (Spreizdorne) mit geschlitzten
federnden Gußbuchsen oder Stahlbuchsen können für mehrere Bohrungen benutzt werden; der Dorn hat starke Steigung und wird durch eine

Spannmutter in die konisch ausgebohrte, außen zylindrische Buchse gezogen, die er in der Bohrung des Werkstückes festspannt. Drehdorne dürfen nicht mit dem Körner ein- und ausgetrieben werden. Bei Verwendung gewöhnlicher Hämmer ist Hartholz aufzusetzen. **Keildrehdorne** haben an Stelle der Buchse nachstellbare Einlagekeile. **Drehherze.** a) Geschlossene, herzförmige mit Spannschraube und geradem oder umgebogenem Mitnehmerauslauf; b) zweiteilige, nach Art der Rohrschellen. Bearbeitete Stücke sind durch einen Überzug zu schützen; die Herzschraube ist besonders zu unterlegen. **Mitnehmer.** Man unterscheidet einfache Stiftmitnehmer, solche mit Mikrometerschraube zum Gewindeschneiden (Fig. 68) und Gabelmitnehmer. **Der Kordelapparat**, auch Randel oder Rändel genannt. Einfache Apparate

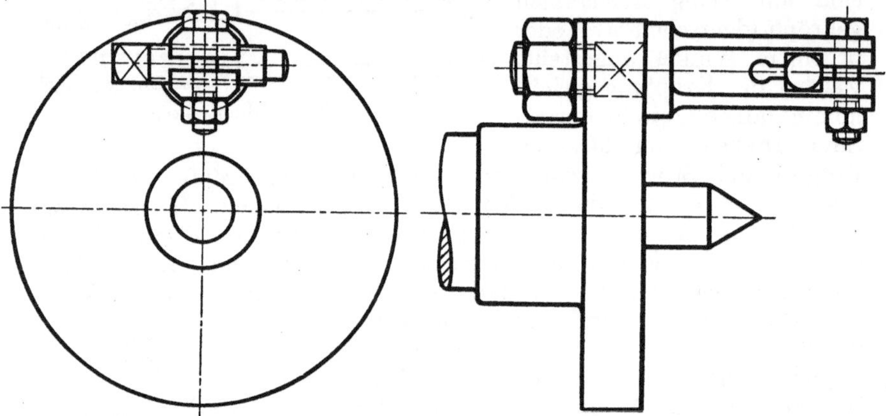

Fig. 68. Mitnehmer mit Stellschraube.

werden freihändig angestellt, bessere sind mit zwei Rollen besetzt und werden in den Support gespannt. Die lose gelagerten Rollen werden gegen das Arbeitstück gepreßt und drehen sich mit ihm, wobei sich die Zahnung in die Oberfläche des Arbeitstückes einprägt. Die Teilung der Zahnung soll dem Umfang des Arbeitstückes angepaßt sein, da andernfalls bei jeder Umdrehung die zuvor entstandenen Zähne wieder zerdrückt werden. Randelierrollen sind verschieden gemustert, flach, gewölbt oder hohl gezahnt. Mit einem geeigneten Vorschub lassen sich auch längere Flächen randeln.

Der Körner. Der bei einer Drehbank befindliche Körner soll den gleichen Spitzenkegel haben wie die Drehbankspitzen und muß rund sein; am Schleifstein bzw. freihändig geschliffene Körner sind niemals rund und gleichmäßig.

Das Drehen.

Zentrieren der Spitzenarbeiten von Hand (Fig. 69). Die Stirnflächen müssen rechtwinklig und eben sein, andernfalls verläuft der Drehkörner (das Zentrum) während der Bearbeitung, da die abfallende Seite einer schiefen Fläche dem Spitzendruck und dem Stahldruck (Arbeitsdruck) weniger Widerstand entgegensetzt als die ansteigende Seite. Arbeitsgang: Beide Flächen nach Augenmaß oder Vorriß leicht ankörnen, ohne Herz in die Spitzen nehmen und mit einer Hand wälzend hin und her drehen, während die andere, auf die Handauflage, den Support oder umgekehrten Drehstahl gestützt, an den Enden des Stückes ein Stück Kreide streifen läßt. Das Stück mit gegen sich gerichtetem Kreidestrich in den Schraubstock nehmen, den Körner nach dieser Richtung vergrößern und dies so oft wiederholen, bis das Stück an den Enden rundläuft. Hierauf den in-

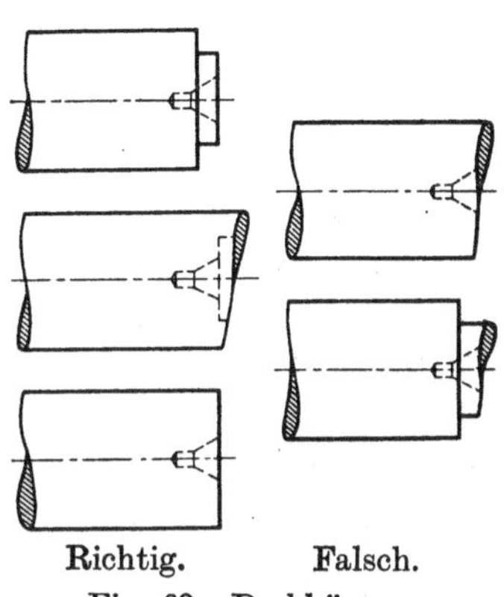

Fig. 69. Drehkörner.

neren Teil untersuchen; zeigen sich auch hier schlagende Stellen, so ist das Stück krumm und muß gerichtet werden. Das darf aber keinesfalls zwischen den Spitzen vorgenommen werden, da diese dabei leiden würden; kleinere Stücke richtet man mit dem Hammer über einer hohlen Unterlage, größere auf der Richtpresse. Dieser ist stets der Vorzug zu geben, da beim Pressen keine nennenswerten Oberflächenspannungen entstehen. Die Länge. Es ist wichtig, daß fertig gedrehte Spitzenarbeiten tadellos erhaltene, angebohrte Körner haben und rundlaufen, damit man sie im Falle vorkommender Nacharbeiten, Reparaturen u. dgl. ohne weiteres in die Spitzen nehmen kann. Zu lange Stücke werden daher vor dem Anbohren in die richtige Länge gebracht, indem man eine Stirnfläche nachdreht, den Butzen abnimmt und den Drehkörner erneuert.

Das Anbohren.

Die Drehbankspitzen dürfen nicht am Grunde der Drehkörner aufsitzen, diese werden daher immer angebohrt, sofern dies die Art eines Stückes erlaubt. Angebohrte Drehkörner müssen nachgekörnt oder versenkt werden. Nichtangebohrte Drehkörner geben eine schlechte Führung, sie fressen bei toten Spitzen. Angebohrte Körner geben eine gute Führung; das Bohrloch dient zugleich zur Aufnahme einer Ölreserve. Die Wahl der Bohrer und die Lochtiefe richten sich nach der Art und Stärke der Arbeitstücke; für kleinere Sachen wählt man 2—3 mm. Das Anbohren kann mit Handbohrwerkzeugen, auf der Bohrmaschine oder auf der Drehbank ausgeführt werden. Handbohrwerkzeuge sind parallel zum Arbeitstück anzustellen. Bei Benutzung der Bohrmaschine macht es einige Schwierigkeiten, das Stück in freier Hand zu halten, da es leicht ausweicht, der Bohrer sich dabei biegt und schließlich bricht. Es können daher nur kurze Stücke mit größerer und ebener Stirnfläche, auf Metallunterlage gestellt, mit einem kurz gespannten Bohrer freihändig angebohrt werden; in allen andern Fällen ist der Maschinenschraubstock zu benutzen (Prismeneinlage).

Anbohren auf der Drehbank. Der Bohrer wird so kurz wie möglich ins Futter gespannt, dem Arbeitstück der Reitstock vorgesetzt.

Schnittgeschwindigkeiten.

Umlaufzahlen für Drehbänke.

Durchmesser in Millimetern	Für gewöhnliche Drehstähle Umdrehungen in der Minute	Für Schnelldrehstähle Umdrehungen in der Minute
Schmiedeisen und Maschinenstähle.		
20	85	200
30	55	140
40	45	110
50	35	90
60	30	75
70	28	70
80	25	65
Gußeisen.		
200	$6^1/_2$	15
300	$4^1/_2$	12
400	4	$9^1/_2$
500	3	7
1000	$1^1/_2$	$3^1/_2$
2000	1	2
4000	$^1/_2$	1

Schneidwinkel, Höhenlage und das Einspannen der Supportstähle (Fig. 70).

Für das Drehen von	Meißel- oder Zuschärfungswinkel a	Sicht- oder Ansatzwinkel i	Schnittwinkel $a + i$
Stahl- und Schmiedeisen	51°	3°	54°
Gußeisen	51°	4°	55°
Bronze.	66° u. mehr	3°	69° u. mehr
Messing	88° u. mehr	4°	84° u. mehr

Zum Drehen weicher Materialien wie Holz, Fiber, Hartgummi, Aluminium und Kupfer ist ein sehr steiler (spitzer) Schneidwinkel er-

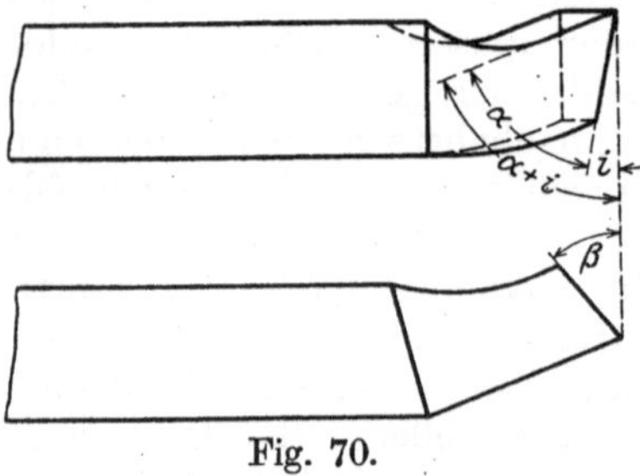

Fig. 70.

forderlich. Supportstähle sollen bei normalen Verhältnissen stets über Spitzenhöhe stehen, die Überhöhung beträgt bis zu Durchmessern von 15 mm = 1—2 Zehntel, für jeden weiteren Millimeter Drehdurchmesser 1 Zehntel mehr oder rund 5% des Drehdurchmessers; doch ist für die Stahlhöhe auch seine Schnittform von Einfluß. Je spitzer der Zuschärfungswinkel, desto höher, je stumpfer der Zuschärfungswinkel, desto tiefer der Stahl. Supportstähle sind so kurz wie möglich einzuspannen; werden Unterlagen benötigt, so sind diese so weit vorzuschieben, daß sie mit dem Support bündig sind. In allen Fällen überzeuge man sich, ob ein Stahl so, wie er soll, an der vorderen Supportkante aufliegt. Ist dies nicht der Fall, so gibt er nach, rupft und hakt ein; er ist in diesem Falle vorn und hinten gesondert zu unterlegen.

Beispiele. I. **Drehen eines einfachen Bolzens mit Schlittenvorschub.** Der mit Drehherz und Öl versehene Bolzen wird so zwischen die Spitzen gespannt, daß er satt sitzt, aber ohne Zwang gedreht (bewegt) werden kann. Damit sich nun gleich zu Beginn beide Drehkörner gleichmäßig einlaufen, dreht man von beiden Enden her je einen Span ab, sieht nach, ob die Arbeit zylindrisch wird und regelt nötigenfalls den Reitstock. Wird der Bolzen gegen den Spindelstock stärker, so ist der Reitstock nach hinten, im umgekehrten Falle nach vorn zu rücken. Die Bank muß zylindrisch drehen, ehe der letzte Span zum Ansatz kommt, der mit einem frisch geschliffenen Stahl auszuführen ist. Nun werden Support und Wange mit Tüchern bedeckt, worauf man die Bank auf den schnellsten Gang bringt, den Bolzen mit Doppelschlichtfeile glättet und dann abschmirgelt. Zu vieles Feilen gibt mangelhafte Arbeit; es sollen nur die Drehstriche abgefeilt werden.

II. **Drehen einer Unterlagscheibe.** Die Scheibe wird so auf einen Dorn gepreßt, daß sie nach allen Seiten gerade steht und zuerst auf Fertigdurchmesser überdreht. Es folgt das Andrehen der Stirnflächen mit dem rechten und linken Messerstahl, doch darf der Dorn nicht angestochen werden; die Flächen sollen gut eben und niemals gewölbt (bucklig) sein. Der Umfang ist zu schlichten, die rechtseitige Kante auf 45° abzuschrägen, der linken Kante die Schärfe zu nehmen. Die um das Loch stehen gebliebenen Grate werden mit dem Dreikantschaber entfernt.

III. **Kugelknebel.** Maße für Kugeln abteilen, das Stück mit einem geraden Schruppstahl ausschruppen, Kugeln und Arme vordrehen. Reitstock oder Handsupport konisch stellen, Arme fertig drehen, Kugeln mit Schlichthaken oder Formstahl schlichten, die Arme überfeilen oder schlichten, das Ganze schmirgeln.

IV. **Paßbolzen auf $\pm$ 0,02 mm Genauigkeit.** Im wesentlichen wie bei I. Doppelschlichtfeile sehr sorgfältig reinigen, um hohe Glätte zu erzielen. Grenzlehre anwenden; + muß über den Bolzen gehen, — darf es nicht. Temperatur beobachten, nötigenfalls kühlen.

Das Bohren auf der Drehbank. a) Mit dem Spiralbohrer. Soll ein Loch mit einem im Futter befestigten Bohrer ganz durchgebohrt werden, so ist bei kleinen Löchern die Hohlspitze, bei größeren ein Einsatz anderer Art in die Pinole einzusetzen, der den Bohrer durchläßt. In den meisten Fällen handelt es sich jedoch darum, die im Futter, der Planscheibe usw. eingespannten Arbeitstücke zu bohren. Um hier rundlaufende Löcher zu erhalten, empfiehlt es sich, entweder vorher mit dem Supportbohrer, Drehstichel oder Dreikantschaber ein Zentrum anzustechen oder eine Bohrerführung in den Support einzuspannen. Die zu benutzenden Spiralbohrer werden am besten und sichersten im Reitstockbohrfutter befestigt; wo dieses nicht vorhanden ist, muß auf dem zylindrischen Teil des Bohrers ein Drehherz befestigt und die Reitstockspitze vorgesetzt werden. Ist Kühlung nötig, spanne man den Bohrer so ein, daß eine seiner Nuten gegen das Lochinnere abfällt, damit durch diese die Kühlflüssigkeit ins Innere gelangt; diese Nutenstellung ist mit dem Eindringen des Bohrers zeitweilig zu erneuern, indem man ihn löst und ein wenig von links nach rechts dreht. b) Mit dem Kanonenbohrer. Das mit einem kleineren Supportbohrer oder Spiralbohrer rd. 10 mm tief vorgebohrte Loch wird mit dem Supportbohrer oder einem Ausdrehstahl so ausgedreht, daß der Kanonenbohrer passend hineingeht. Dieser wird ins Reitstockbohrfutter oder in die Spitze genommen und langsam eingetrieben. Besondere Sorgfalt ist auf die Kühlung zu verwenden; läuft der Bohrer auch nur kurze Zeit trocken, so gibt es rauhe Stellen. Der vollständig eingedrungene Löffel ist so oft auszuleeren, daß die Späne sich nicht festspannen können. Bei Benutzung der Reitstockspitze ist vor jedem Zurückfahren die Drehbank abzustellen, damit der Bohrer sich nicht verfängt; sie darf erst wieder in Gang gesetzt werden, wenn der Bohrer vollständig eingeführt ist. Schwachwandige Stücke dürfen erst nach dem Bohren abgedreht werden, da sie andernfalls aufreißen. Kanonenbohrer erzeugen flachkegeligen Grund; hinsichtlich ihrer Abnutzung gilt das bei den „abgenutzten Spiralbohrern“ Gesagte. Eintreiben von Gewindebohrern auf der Drehbank. Um geradelaufende Gewinde zu erhalten, setzt man den Reitstock vor und läßt die Pinole der Gewindesteigung folgen. Fliegenddrehen, Ausdrehen und Plandrehen. Fliegend abgedrehte und ausgedrehte Gegenstände sind nur dann genau rund, wenn die Spindel satt in den Lagern läuft und ihr rechtzeitiges Nachstellen nicht versäumt wurde. Plangedrehte Stücke sind nur dann eben, wenn die Spindel zu der Quersupportführung im rechten Winkel steht, satt läuft und kein axiales Spiel zeigt. Dem axialen Spiel kann bei ringförmigen Stücken durch Einspannen eines Dornes begegnet werden. Plandrehen an Spitzenarbeiten. Die Reitstockspitze muß zylindrisch eingestellt sein; auch darf sie nicht höher oder tiefer stehen als die Spindelspitze. Die Umlaufgeschwindigkeit ist beim Plandrehen zu steigern, wenn der Stahl sich dem Mittelpunkt nähert; sie ist zu verlangsamen, wenn er sich von ihm entfernt, siehe auch „Abstechmaschinen“. Um ein Abweichen des Schlittens zu verhüten, empfiehlt es sich, beim Plandrehen den Schlitten festzuklemmen oder die Leitspindelmutter zu schließen. Zylindrisch drehen. Eine in Ordnung gehaltene gute Bank wird bei Anwendung eines selbsttätigen Vorschubes in der Regel zylindrisch drehen, aber es ist doch besser, wenn man sich darauf nicht blind verläßt und besonders nach Reparaturen die ersten Stücke daraufhin beizeiten prüft. Zeigen sich Abweichungen, so wird der Spindelstock gelöst und mittels der unter seinem hinteren Ende befindlichen Einstellschraube nach Erfordernis gedreht; bei Anwendung des Handsupportes ist stets dieser einzustellen. Einspannen eines Ausdrehstahles. Der Stahl ist so einzuspannen und auszurichten, daß er sowohl bei angesetztem Span als auch beim Zurückfahren nirgends anläuft. Ausdrehstähle sind immer so kräftig wie möglich zu wählen. **Ausdrehen von Löchern.** Das Ansetzen eines Spanes hat unter gleichzeitigem Nachprüfen mit dem zuvor gestellten Taster zu geschehen. Die Spanstärke ist so zu wählen, daß beispielsweise bei drei Spänen der erste am stärksten, der letzte am schwächsten ist. Um ein Loch zu schlichten, muß der Stahl hinter der Angriffschneide nachschaben.

V. Ausdrehen und Abdrehen eines Stirnrades. Das Rad wird möglichst an der längeren Nabe in den Kloben der Planscheibe so aufgefangen, daß Umfang und Seitenflächen rundlaufen. Arbeitsfolge: Überdrehen des Rades auf Fertigdurchmesser, Vordrehen beider Seitenflächen mit dem linken und rechten Eckdrehstahl, Schlichten derselben mit gleichen Messerstählen und nötigenfalls Einziehen eines Grundkreises; Drehen und Schlichten der freien Nabe und Ausdrehen der Bohrung. Die eingespannt gewesene Nabe kann auf einem Dorn oder im Rundfutter gedreht werden.

VI. Rotgußlagerschale, zweiteilig. Die durch Weichlot zusammengehaltene Schale wird in die Planscheibe gespannt und mit dem auf Spitzenhöhe eingestellten Parallelreißer so ausgerichtet, daß die gegenseitigen Berührungsflächen beider Schalenhälften genau im Mittel liegen, damit beide Teile gleich tief werden. Ausdrehen mit einem kräftigen Ausdrehstahl bei schwachem Vorschub; nur schwächere Späne nehmen. Das ausgedrehte Lager wird entweder auf dem gewöhnlichen Drehdorn oder auf einem fliegenden Holzdorn fertiggedreht. Der Drehdorn ist mit einem einfachen Papierstreifen zu umwickeln, damit das nur leicht aufzupressende Lager hält; der Holzdorn ist gespalten und wird mit einem kleinen Keil in der Lagerschale verspannt.

VII. Ausdrehen eines unten geschlossenen Loches (Sackloch). Vorsicht beim Einführen eines Probierzapfens! Wird ein passender Zapfen ohne besondere Vorbereitung in ein solches Loch eingeführt, so kann er unter Umständen nur mit großer Gewalt wieder aus ihm herausgebracht werden, weil unter den Zapfen keine Luft treten kann. Manchmal gelingt es durch sehr schnelles Erwärmen des betreffenden Körpers; befindet sich aber Öl oder sonst eine Flüssigkeit in dem Loch, so ist wegen der Dampfentwicklung vor dem Erwärmen zu warnen. Alle diese Umstände werden vermieden, wenn man am Grunde des Loches ein kleines Luftloch bohrt bzw. die Lochwand oder den Bolzen mit einem kleinen Einschnitt versieht oder eine Grenzlochlehre verwendet.

Auffangen dünnwandiger Büchsen und Ringe. Dünnwandige Gegenstände befestigt man mittels Brille oder gewöhnlicher Spanneisen. Spannt man solche Stücke in ein Futter, so erhalten sie Eindrücke.

Drehen am Aufspannwinkel. Soll ein Winkel auf die Planscheibe gespannt werden, so tut man gut, zuerst beide Teile auf unebene Stellen zu untersuchen. Solche können durch Verstoßen eines Randes, Zerdrücken der Schlitzkanten durch Spannschrauben und ähnliches entstanden sein. Sie sind mit einer Doppelschlichtfeile sorgfältig zu ebnen. Der aufgespannte Winkel muß genau im rechten Winkel zur Planscheibe stehen. Dies wird nun bei einem guten Winkel immer der Fall sein; zeigt sich jedoch eine Abweichung, so darf der Winkel erst benutzt werden, wenn sie beseitigt ist. Nach erfolgtem Aufspannen eines Arbeitstückes auf den Winkel muß die Gewichtmasse ausgewuchtet werden; man spannt zu diesem Zwecke ein Gegengewicht an die Planscheibe und regelt es so, daß die Spindel bei abgeworfenem Riemen in jeder Stellung stehen bleibt. Das Ausrichten des Winkels geschieht mit dem Bleihammer oder dem gewöhnlichen Hammer und Hartholzunterlage; mit einem blanken Bankhammer darf nicht auf den Winkel geschlagen werden. Endgültiges Festziehen von Winkel und Gegengewicht bei eingerücktem Rädervorgelege.

VIII. **Das Drehen mit der Lünette.** 1. Stehlünette. In die Stirnfläche einer Spindel soll ein Loch eingearbeitet werden: Man spannt die Welle in das Rundfutter, setzt den Reitstock vor und stellt die Lünette an. Hat die Lünette Holzlager, so werden zuerst diese und erst dann die seitlichen Verbindungschrauben festgezogen, worauf man das

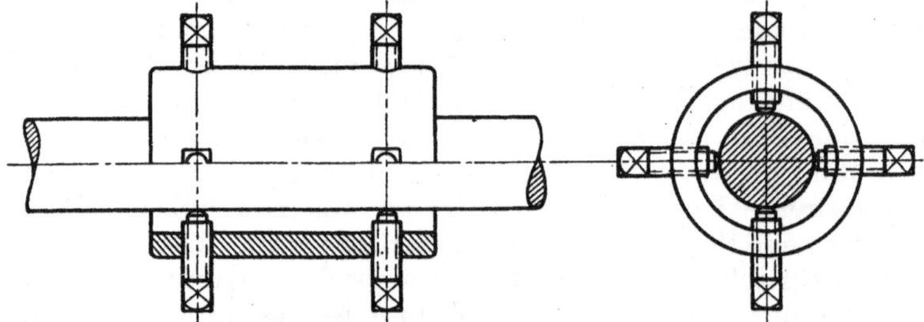

Fig. 71. Setzstockfutter.

Lager wieder ein wenig löst; Metallbacken werden gleich richtig eingestellt. In allen Fällen ist vor dem Abrücken des Reitstockes nachzuprüfen, ob Körner und Spitze noch zwanglos aufeinander stimmen. Die Lagerstellen werden bei Holzlagerung zweckmäßig mit Papier, bei Metallbacken mit dünnem Messingblech umwickelt. 2. Lauflünette. Drehen einer Welle zwischen den Spitzen: Die Lünette ist zunächst lose und in der Weise anzustellen, daß ihre Führungsbacken an das vordere Wellenende kommen; man erreicht dies durch entsprechende Anstellung des Schlittens. Der anzusetzende Span wird mit dem Handsupport etwa 5 cm weit vorgetrieben, worauf man die Drehbank abstellt; an der Stahlstellung wird nichts geändert. Nachdem die Lünettenbacken an die gedrehte Stelle angelegt und festgezogen sind, schaltet man den selbsttätigen Vorschub ein, trägt Kühlwasser auf und läßt die Bank wieder laufen. Will man gegen den Reitstock schalten lassen, so ist ein etwas längerer Zapfen anzudrehen, das Arbeitstück umzukehren und die Lünette hinten anzustellen. Infolge der durch die Erwärmung des Arbeitstückes eintretenden Längenausdehnung (Streckung) muß der Reitstock zeitweilig nachgelassen werden; dies kann mit der nötigen Vorsicht während des Ganges geschehen.

Das Setzstockfutter (Fig. 71). Um längere oder schwache Wellen in rohem Zustande in der Stehlünette zu lagern, bedient man sich eines runden Achtschraubenfutters, das auf die Welle gespannt und genau rundlaufend zentriert wird (Fig. 72).

Abstechen einzelner Teile von Stangen und Röhren. Ist die Drehbankspindel durchbohrt, so spannt man die Stangen usw. tunlichst kurz ein; zu gezogenen Materialien kann man die Lauflünette verwenden, die jeweils mit dem Schlitten verschoben wird.

Zentrieren längerer gedrehter Wellen und Spindeln. Man faßt das Stück im Futter, stellt eine Lünette an und setzt den Zentrierbohrer vor.

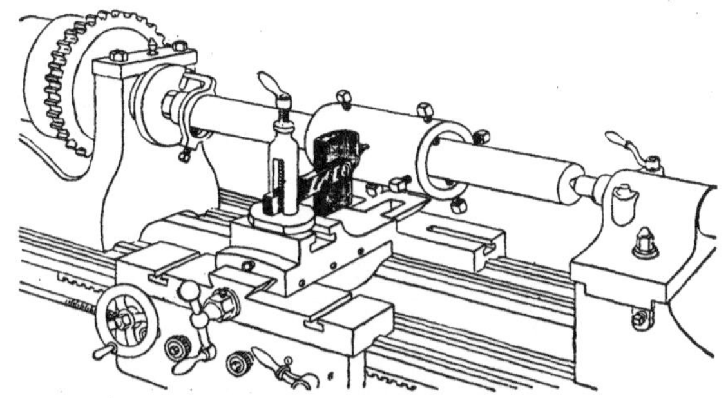

Fig. 72. Ausrichten mit dem Prüfwerkzeug.

Das Richten gedrehter Wellen und Spindeln. Durch die Spanabnahme entstehen während des Drehens Spannungen. Längere gedrehte Stücke sind deshalb nicht ohne weiteres gerade. Ihr Richten geschieht am besten auf der Richtpresse. Wo solche nicht vorhanden ist, drückt man die Welle bei satt angespanntem Reitstock mit einem Hebeeisen leicht in die Höhe und hämmert die hohle Seite der Wellenoberfläche, welche hierbei durch geglühtes Kupferblech zu schützen ist. Bei Flach- und Trapezgewindespindeln ist ein halbrund ausgeschnittenes Werkzeug aufzusetzen, das leicht zwischen die Gänge geht.

Das Polieren gedrehter Messing-, Bronze- und Rotgußteile geschieht durch Eindrücken der Drehstriche mittels Polierstahles.

Das Konischdrehen.

a) Spitzenarbeiten. Starke Steigungen werden entweder mit dem Leitlineal oder mit dem Handsupport gedreht. Das Konischverstellen des Reitstockes empfiehlt sich nur für schwache Steigungen, da durch die Achsenverschiebung der vordere Drehkörner flach ausgerieben, der hintere ausgewalzt wird. Läßt sich die Reitstockverstellung nicht umgehen, so verwende man ballig gedrehte Spitzen und ebensolche Ankörnwerkzeuge. b) Futterarbeiten. Bei der Bearbeitung gewöhnlicher Kegel stellt man in der Regel den Handsupport auf die betreffende Steigung ein; konische Gewinde können an fliegend aufgefangenen Stücken nur mit Anwendung des Leitlineals geschnitten werden.

Das Einstellen der Konen.

1. **Handsupport mit Gradeinteilung.** Ist die Steigung in Graden angegeben, so stellt man die Drehscheibe auf diese Grade ein. Ist sie in Prozenten angegeben, so können die entsprechenden Grade mit Hilfe eines Gradmessers auf zeichnerischem Wege ermittelt, oder an Hand einer Tabelle für Prozentsteigungen festgestellt werden.
2. **Handsupport ohne Gradeinteilung.** Man trägt ein Mehrfaches der angegebenen Steigung, z. B. 5 : 100 = 20 : 400, an einer Kante der Wange ab und stellt mit einem Winkel den Support auf die festgelegten Punkte ein.

3. **Reitstockverstellung.** Bei Anwendung des Reitstockes muß das Verhältnis der Steigung zu der Konus- und Werkstücklänge berechnet werden. Dies geschieht nach Formel:

$$\frac{\text{Wellenlänge} \cdot \text{Steigung}}{\text{Konuslänge} \cdot 2} = \frac{\text{Wl} \cdot \text{St}}{\text{Kl} \cdot 2}.$$

Beispiel: Wl = 1200 mm, St = 6 mm, Kl = 200 mm.

$$\frac{\text{Wl} \cdot \text{St}}{\text{Kl} \cdot 2} = \frac{1200 \cdot 6}{200 \cdot 2} = 18 \text{ mm.}$$

Die sichersten Ergebnisse wird man immer erzielen, wenn man ein gutes Muster einspannt und das Prüfwerkzeug anwendet.

Prozentsteigungen und zugehörige Winkelgrade.

%	Grad	Minuten	%	Grad	Minuten
1	0	35	26	14	35
2	1	10	27	15	5
3	1	45	28	15	40
4	2	20	29	16	10
5	2	50	30	16	40
6	3	25	31	17	15
7	4	5	32	17	45
8	4	35	33	18	15
9	5	10	34	18	50
10	5	45	35	19	15
11	6	20	36	19	50
12	6	50	37	20	20
13	7	25	38	20	50
14	7	60	39	21	20
15	8	30	40	21	50
16	9	15	41	22	15
17	9	40	42	22	50
18	10	10	43	23	15
19	10	45	44	23	45
20	11	20	45	24	15
21	11	50	46	24	40
22	12	25	47	25	10
23	12	60	48	25	40
24	13	30	49	26	5
25	14	0	50	26	30

Schrumpfmaße.

Material	Schrumpfmaß auf 1 m Durchmesser	Schrumpftemperatur Grad Cels.
Gußeisen	0,5 mm	120
Stahlguß	1,0 mm	200
Maschinenstahl .	1,5 mm	250

Das Gewindeschneiden auf der Drehbank.

Besondere Werkzeuge: Gewindedrehstähle, Strehler, Gewindeschablonen und Gewindelehren.

Gewindedrehstähle siehe Werkzeugmacherei.

Gewindestrehler (Profilstähle). a) Handstrehler, in einem Heft gefaßtes Werkzeug mit eingeschnittenen Gewindezähnen. b) Einsatzgewindestahl, stabförmiges, in einem Zahnhalter befestigtes Werkzeug mit eingefrästen Gewindezähnen, das an der Oberfläche geschliffen wird. c) Gewindeschneidscheibe, runde, an einem Werkzeughalter befestigte Scheibe, auf deren Umfang ein Gewinde geschnitten ist, das, wie bei den beiden vorgenannten Werkzeugen, der Form und Steigung des zu schneidenden Gewindes entspricht. Durch einen segmentartigen Ausschnitt erhält die Scheibe die zum Arbeiten erforderliche Schnittkante, an der sie so oft nachgeschliffen werden kann, bis nahezu der ganze Umfang aufgebraucht ist. Sowohl bei Flachstrehlern als auch bei Schneidscheiben schneiden die ersten Zähne den Gewindegang vor, die letzten schneiden ihn fertig. Flachgewinde werden nur mit Supportstählen geschnitten.

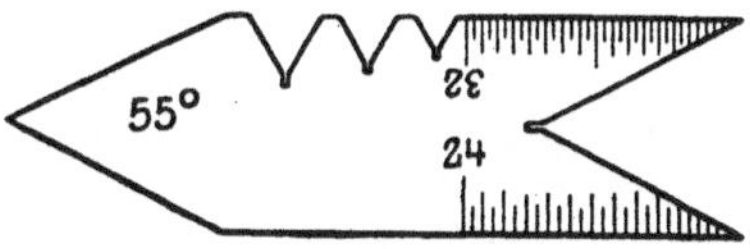

Gewindeschablonen dienen zur Feststellung der Gewindesteigung.

Gewindelehren (Fig. 73) zum Schleifen und Einstellen der Gewindestähle. Gängige Lehren für metrisches Gewinde 60°, Whitworthgewinde 55°, Löwenherzgewinde 53° 8′ und für Trapezgewinde.

Fig. 73.

Das Zurückführen des Schlittens beim Schneiden längerer Gewinde. I. Drehbänke mit Mutterschloß und Zahnstange. a) Gerade Gangzahlen. Schlitten zurückkurbeln, die Mutter an beliebiger Stelle schließen; b) ungerade Gangzahlen. 1. Ohne Gewindeauffänger. Am Gewindeanfang die Stellung der Drehspindel, der Leitspindel und des Schlittens anzeichnen. Der Schlitten wird nach jedem Span bis zum Strich zurückgekurbelt und die Mutter geschlossen, wenn sich die Zeichen der Drehspindel und der Leitspindel auf die festgelegten Punkte eingestellt haben. 2. Mit Gewindeauffänger. Der Schlitten kann bei jeder Steigung zurückgekurbelt werden. Der Gewindeauffänger wird vor Beginn des Schneidens eingestellt, die Mutter jeweils geschlossen, wenn sich einer der vorgesehenen Teilstriche bzw. der Zeiger am Nullstrich einstellt. Beispiel: Leitspindel 2 Gänge, Schraube 9 Gänge auf 1″, Schneckenrad 16 Zähne, Teilung der Teilscheibe $^1/_8$ der Umfangslinie.

Wurde die Mutter erstmals beim Eintreffen eines dieser Teile am Nullstrich geschlossen, so kann dies in der Folge auch bei jedem andern der 8 Teilstriche geschehen [1]). II. Drehbänke mit geschlossener Mutterhülse. Man läßt die Drehbank in allen Fällen am besten zurücklaufen. Kurbeln ist unsicher und bestenfalls nur bei groben Spitzgewinden anwendbar. Um bei solcher Bank zurückzukurbeln, zeichnet man vor Beginn des Schneidens Leitspindel und Mutterhülse zusammen und stellt die Hülse fest. Die Zeichen müssen beim Einrücken genau aufeinanderstimmen; Unterschiede von einigen Zehnteln lassen sich hier nur schwer vermeiden.

Außengewinde.

Der Gewindeanfang. Ein auf den Kerndurchmesser an das Werkstück angedrehter kurzer Zapfen erleichtert das Ansetzen der Späne.

Der Gewindeauslauf. Im allgemeinen läßt man beim Gewindeschneiden den letzten Gang allmählich auslaufen. Muß ein Gewinde bis zu einem bestimmten Punkte voll ausgeschnitten werden, so erhält diese Stelle in der Regel eine Eindrehung, welche gleich der Gewindetiefe ist. Läßt die Art des Stückes eine Eindrehung nicht zu, so bohrt man ein einzelnes Loch in Gewindetiefe und stellt bei Beginn des Schneidens nach Übertreiben des toten Spieles den Stahl auf dieses Loch ein.

Einspannen der Gewindestähle. Spitzgewindestähle werden nach der Gewindelehre eingespannt; die in den Schneidzahn gehaltene Lehre muß parallel zum Werkstück stehen, andernfalls wird das Gewinde schief. Bei Flachgewindestählen muß die ganze Schnittfläche das Werkstück berühren, andernfalls erhält man schiefen Grund.

IX. Schneiden eines einfachen Spitzgewindebolzens. Gewindedurchmesser 40 mm, Gewindelänge 300 mm, Steigung 9 Gänge auf 1 Zoll. Arbeitsfolge: Wechselräder einsetzen, Bett und Leitspindel schmieren, Drehherz und Mitnehmer gut festziehen, Gewindestahl einspannen und unter Umständen den Gewindeauffänger einstellen. Zur sicheren Einstellung der Spantiefe befindet sich an der Quersupportspindel meist eine Teilung oder eine verstellbare Zwinge; fehlt beides, so genügt auch ein Kreidestrich. Die Späne werden anfangs tunlichst tief angesetzt; am Gewindeauslauf muß in allen Fällen, wo keine Eindrehung, Loch oder dgl. vorgesehen ist, zuerst der Stahl zurückgezogen werden, ehe man die Bank abstellt oder die Leitspindelmutter öffnet. Vor jedem neuen Span ist entweder der Handsupport oder die Mitnehmerstellschraube ein wenig nachzurücken, so daß der Stahl nur auf einer Seite (links) schneidet, damit das Rupfen vermieden wird. Dasselbe wird erreicht, wenn man den Handsupport auf den Flankenwinkel des Gewindes einstellt und diesen zum Ansetzen der Späne benutzt. Vor dem Ansetzen der letzten Späne geht man mit dem Stahl auf Gangmitte, so daß der jetzt nur noch schabende Stahl auf beiden Seiten schneidet.

---

[1]) Bei I, 1 und 2 wird nicht abgestellt.

Innengewinde. Die Bohrung ist auf Kerndurchmesser $+ 0{,}2$ mm auszudrehen. Innengewindestahl einspannen wie Ausdrehstahl, doch ist hier weitestgehende Aufmerksamkeit angezeigt. Der Stahl darf bei angesetztem Span nicht hinter der Schnittkante, und wenn er aus dem Gewinde gezogen ist, nicht am Rücken anlaufen.

Der Gewindeauslauf. Nicht durchgehende Innengewinde werden hinterstochen.

X. **Schneiden einer Flachgewindemutter.** Gewindedurchmesser 50 mm, Gewindelänge 50 mm, Steigung 6 Gänge auf 1 Zoll. Das Zurückkurbeln lohnt sich bei der geringen Gewindelänge nicht, also läßt man rückwärts laufen. Man führt bei abgestellter Drehbank den Stahl in die Bohrung ein, stellt ihn so an, daß seine Schneide die Lochwand berührt und merkt sich die Spindelstellung. Nun rückt man den Stahl von der Lochwand so weit ab, bis die Schneide gut frei ist, jedoch die Rückseite des Stahles nirgends anläuft, und merkt sich in dieser Lage die Kurbelstellung. Diese ist bei jedesmaligem Zurückfahren einzuhalten, solange an der Stellung des Stahles nichts geändert wird. Muß während des Schneidens der Stahl geschliffen, also neu eingespannt werden, so ist nach Übertreiben des toten Spieles mit Hilfe des Handsupports der Gang zu suchen; Zeichen und Kurbelstellung sind von neuem festzulegen. Die Gewindetiefe soll bei Flachgewinden gleich der halben Ganghöhe sein.

Spitzgewinde. Das Gewinde wird mit dem Stahl voll ausgeschnitten, worauf man die Gewindespitzen mit einem Innenstrehler abrundet, bzw. abflacht, oder einen Gewindebohrer durchtreibt.

Das Ausgleichen eingelaufener Gewindespindeln (Flach- und Trapezgewinde). Die Spindel wird nach der schwächsten Stelle des Außendurchmessers zylindrisch überdreht. Der Gewindestahl ist nach den weitesten Gewindegängen anzufertigen. Man stellt nach Übertreiben des toten Spieles den Stahl an der weitesten Ganglücke ein und schneidet das Gewinde nach, bis die schwächste Stelle des Kerndurchmessers erreicht ist. Die Mutter ist zu erneuern. Spindeln und Muttern aus Gußeisen, Stahlguß, Bronze oder Weißmetall dürfen nicht eingeschliffen werden, da die Schleifmittel in den Gußporen sitzenbleiben.

Die Berechnung der Wechselräder. Um auf einer Drehbank ein Gewinde zu schneiden, ist aus den an der Bank vorhandenen Wechselrädern ein Satz zusammenzustellen, der im Verhältnisverfahren berechnet wird. Die Grundlage für diese Berechnung bildet die jeweilige Steigung der Leitspindel. Man unterscheidet treibende und getriebene Räder. Bei Zollspindeln muß die Zähnezahl der treibenden Räder zu derjenigen der getriebenen in demselben Verhältnis stehen wie die Steigung der Leitspindel zu der Steigung des zu schneidenden Gewindes, d. h. die Leitspindelsteigung ergibt das treibende, die Steigung des zu schneidenden Gewindes das getriebene Rad. Bei metrischen Leitspindeln ist es umgekehrt. Das zu schneidende Gewinde wird der Kürze halber als Schraube bezeichnet. Die Steigung der Gewinde und die Zähnezahl der Räder werden in Brüchen ausgedrückt, die über dem Bruchstrich stehenden Zahlen (die Zähler) sind immer die treibenden, die unter demselben stehenden (die Nenner) immer die getriebenen Räder. Bei der Zusammenstellung der Radsätze unterscheidet man einfache, doppelte und dreifache Übersetzung. Mit einfacher Übersetzung lassen sich nur solche Gewinde schneiden, deren Verhältnis zur Leitspindelsteigung in zwei der vorhandenen Räder enthalten ist; in allen andern Fällen kommt doppelte oder dreifache Übersetzung zur Anwendung.

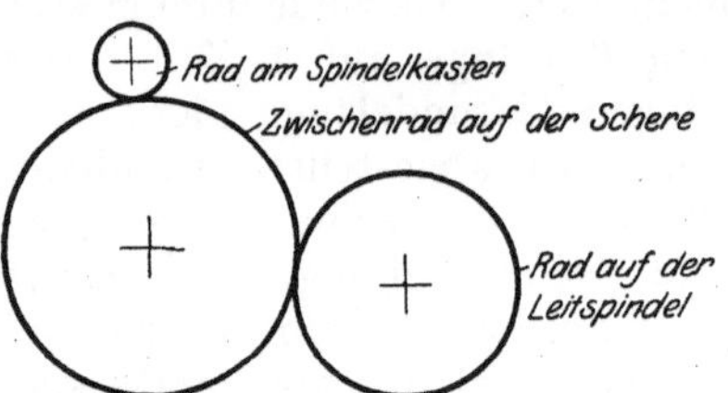

Fig. 74. Einfache Übersetzung.

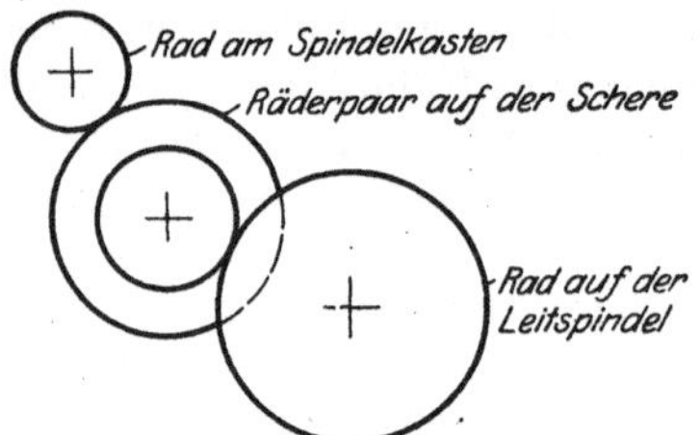

Fig. 75. Doppelte Übersetzung.

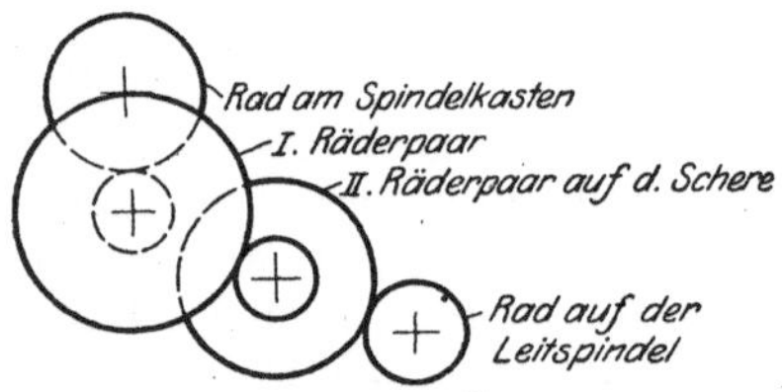

Fig. 76. Dreifache Übersetzung.

Einfache Übersetzung (Fig. 74) (drei Räder). Ein treibendes und ein getriebenes Rad mit Zwischenrad von beliebiger Größe. Das treibende Rad, auch Rad an der Spindel genannt, kommt nicht immer auf die Spindel selbst, sondern meist auf den ersten Wechselbolzen am Spindelstock, dessen Laufbüchse dieselben Umdrehungen macht wie die Spindel selbst. Das getriebene Rad kommt auf die Leitspindel, das Zwischenrad auf einen Wechselbolzen des Stelleisens und dient lediglich zur Bewegungsübertragung, weshalb es nicht berechnet wird.

Doppelte Übersetzung (Fig. 75) (vier Räder). Erstes treibendes Rad = Rad an der Spindel; das erste getriebene und das zweite treibende Rad kommen auf den Wechselbolzen des Stelleisens, das zweite getriebene Rad kommt auf die Leitspindel.

Dreifache Übersetzung (Fig. 76) (sechs Räder). Die zwei weiteren Räder, je ein treibendes und ein getriebenes kommen auf einen zweiten Wechselbolzen des Stelleisens.

Zolleitspindel und Zollschraube. Das Verhältnis der treibenden zu den getriebenen Rädern ist gleich dem Verhältnis der Anzahl Gänge der Leitspindel auf 1″ zu der Anzahl Gänge der Schraube auf 1″ oder dem Verhältnis der Steigung (Ganghöhe) der Leitspindel auf 1 Umgang zu derjenigen der Schraube auf 1 Umgang.

Einfache Übersetzung. Bezeichnet man mit

h die Anzahl Gänge der Leitspindel auf 1″

x die Anzahl Gänge der Schraube auf 1″

a das treibende Rad

b das getriebene Rad

z das Zwischenrad, so ist, da a und b gesucht werden,

$$\frac{a}{b} = \frac{h}{x} = \frac{\text{treibendes Rad}}{\text{getriebenes Rad}}.$$ An Stelle dieser Buchstaben werden nun in der Rechnung die entsprechenden Zahlen eingesetzt.

Beispiel I. Es soll mit einer Leitspindel von zwei Umgängen auf 1 Zoll ein Gewinde mit 8 Umgängen auf 1 Zoll geschnitten werden. a und b sind zu suchen. $\frac{a}{b} = \frac{h}{x} = \frac{2}{8} = \frac{20}{80} = \frac{\text{treibendes Rad}}{\text{getriebenes Rad}}.$ Da das Verhältnis $\frac{1}{4}$ ist, so können ebensogut $\frac{25}{100}$ oder $\frac{30}{120}$ genommen werden. Zwischenrad z wird beliebig gewählt.

Beispiel II. Leitspindel 3 Gänge auf 1 Zoll $= \frac{1''}{3}$ Steigung auf 1 Umg.

Schraube 9 Gänge auf 1 Zoll $= \frac{1''}{9}$ Steigung auf 1 Umg.

$$\frac{a}{b} = \frac{h}{x} = \frac{3}{9} = \frac{30}{90} \ \text{oder} \ \frac{20}{60} \ \text{oder} \ \frac{40}{120} = \frac{\text{treibendes Rad}}{\text{getriebenes Rad}}; \ z \ \text{beliebig}.$$

Die Anwendung sowohl der einfachen als auch der doppelten Übersetzung ist, wie schon erwähnt, durch die vorhandenen Räder begrenzt. Soll z. B. ein 14gängiges Gewinde mit einer 2gängigen Leitspindel geschnitten werden, so kommt man mit 3 Rädern nicht mehr aus, denn es befindet sich wohl bei allen Bänken ein Rad mit 20, aber fast nie eins mit 140 Zähnen; auch ist das Verhältnis 1 : 7 nicht auf andere Weise mit 3 Rädern zu erreichen. Dies führt zur Anwendung der doppelten Übersetzung. Man kann nun das 20er Rad beibehalten und an Stelle des 140er Rades ein halb so großes, also mit 70 Zähnen wählen; würden nun diese beiden durch ein Zwischenrad z verbunden, so erhielte man, da die Leitspindel sich doppelt so schnell drehen würde wie mit einem 140er Rade, nicht 14, sondern nur 7 Gänge auf 1 Zoll. Man setzt deshalb an Stelle von z je ein weiteres treibendes und ein getriebenes Rad, welche sich gegenseitig verhalten wie 1 : 2, 2 : 4, 3 : 6 usw.; es können somit $\frac{20}{40}$, $\frac{30}{60}$ oder $\frac{40}{80}$ Verwendung finden. Diese beiden Räder gleichen die Teilung des 140er Rades wieder aus. Somit Radsatz $= \frac{20 \cdot 40}{70 \cdot 80} = \frac{\text{treibende Räder}}{\text{getriebene Räder}}.$ Die treibenden Räder können unter sich ausgetauscht werden, ebenso die getriebenen; niemals aber treibende und getriebene Räder. Man wählt in der Regel das kleinste treibende Rad als Rad an der Spindel, das größte getriebene für die Leitspindel.

Berechnung des doppelten Radsatzes. Bezeichnet man mit

a das erste treibende Rad
a_1 das zweite treibende Rad
b das erste getriebene Rad
b_1 das zweite getriebene Rad
h die Anzahl Gänge der Leitspindel auf 1 Zoll
x die Anzahl Gänge der Schraube auf 1 Zoll

so ist, wenn $\dfrac{a_1}{b_1}$ gesucht werden $\dfrac{b \cdot h}{a \cdot x}$. Für a und b werden willkürlich zwei Räder ausgewählt, die sich restlos ineinander teilen lassen, also $\dfrac{20}{40}$, $\dfrac{30}{90}$, $\dfrac{40}{120}$ usw.

Beispiel III. Leitspindel 2 Gänge, Schraube 18 Gänge auf 1 Zoll.

$$\frac{a_1}{b_1} = \frac{b \cdot h}{a \cdot x} = \frac{120 \cdot 2}{20 \cdot 18} = \frac{2}{3} = \frac{60}{90} \text{ Radsatz} = \frac{20 \cdot 60}{90 \cdot 120} = \frac{\text{treibende Räder}}{\text{getriebene Räder}}.$$

Beispiel IV. Leitspindel 3 Gänge, Schraube 24 Gänge auf 1 Zoll.

$$\frac{a_1}{b_1} = \frac{b \cdot h}{a \cdot x} = \frac{120 \cdot 3}{30 \cdot 24} = \frac{1}{2} \text{ Radsatz} = \frac{20 \cdot 30}{40 \cdot 120} = \frac{\text{treibende Räder}}{\text{getriebene Räder}}.$$

Gegenprobe. $\qquad \dfrac{b \cdot b_1 \cdot h}{a \cdot a_1} = \dfrac{40 \cdot 120 \cdot 3}{20 \cdot 30} = 24$ Gänge.

Berechnung des doppelten Radsatzes nach anderer Methode. Bezeichnet man mit

a und a_1 die treibenden Räder
b und b_1 die getriebenen Räder
h die Anzahl Gänge der Leitspindel auf 1 Zoll
x die Anzahl Gänge der Schraube   auf 1 Zoll

so ist $\dfrac{h}{x} = \dfrac{a \cdot a_1}{b \cdot b_1} = \dfrac{\text{treibende Räder}}{\text{getriebene Räder}}$.

Beispiel V. Leitspindel 2 Gänge, Schraube 12 Gänge auf 1 Zoll.

$$\frac{h}{x} = \frac{a \cdot a_1}{b \cdot b_1} = \frac{2}{12} = \frac{1 \cdot 2}{2 \cdot 6} = \frac{30 \cdot 40}{60 \cdot 120} \text{ oder } \frac{20 \cdot 30}{40 \cdot 90} = \frac{\text{treibende Räder}}{\text{getriebene Räder}}.$$

Beispiel VI. Leitspindel 4 Gänge, Schraube 16 Gänge auf 1 Zoll.

$$\frac{h}{x} = \frac{a \cdot a_1}{b \cdot b_1} = \frac{4}{16} = \frac{2 \cdot 2}{4 \cdot 4} = \frac{20 \cdot 30}{40 \cdot 60} \text{ oder } \frac{24 \cdot 60}{48 \cdot 120} = \frac{\text{treibende Räder}}{\text{getriebene Räder}}.$$

Die dreifache Übersetzung. Je ein weiteres getriebenes und ein weiteres treibendes Rad für den zweiten Wechselbolzen.

Beispiel VII. Leitspindel 2 Gänge, Schraube 30 Gänge auf 1 Zoll.

$$\frac{h}{x} = \frac{a \cdot a_1 \cdot a_2}{b \cdot b_1 \cdot b_2} = \frac{2}{30} = \frac{40}{600} = \frac{2 \cdot 4 \cdot 5}{5 \cdot 12 \cdot 10} = \frac{20 \cdot 40 \cdot 30}{50 \cdot 120 \cdot 60}$$

$$\text{oder } \frac{24 \cdot 30 \cdot 40}{60 \cdot 90 \cdot 80} = \frac{\text{treibende Räder}}{\text{getriebene Räder}}.$$

Beispiel VIII. Leitspindel 3 Gänge, Schraube 40 Gänge auf 1 Zoll.

$$\frac{h}{x} = \frac{a \cdot a_1 \cdot a_2}{b \cdot b_1 \cdot b_2} = \frac{3}{40} = \frac{60}{800} = \frac{3 \cdot 4 \cdot 5}{5 \cdot 8 \cdot 20} = \frac{30 \cdot 40 \cdot 30}{50 \cdot 80 \cdot 120}$$

$$\text{oder } \frac{24 \cdot 30 \cdot 20}{40 \cdot 60 \cdot 80} = \frac{\text{treibende Räder}}{\text{getriebene Räder}}.$$

Gegenprobe. $\qquad \dfrac{b \cdot b_1 \cdot b_2 \cdot h}{a \cdot a_1 \cdot a_2} = \dfrac{40 \cdot 60 \cdot 80 \cdot 3}{24 \cdot 30 \cdot 20} = 40$ Gänge.

II. Metrische Leitspindel und metrische Schraube. Das Verhältnis der treibenden zu den getriebenen Rädern ist gleich dem Verhältnis der Steigung der Schraube pro 1 Umgang zu der Steigung der Leitspindel pro 1 Umgang.

Einfache Übersetzung. Bezeichnet man mit

a das treibende Rad

b das getriebene Rad

h die Steigung der Leitspindel in Millimetern

x die Steigung der Schraube in Millimetern

so ist $\dfrac{x}{h} = \dfrac{a}{b}$.

Beispiel IX. Schraube 4 mm, Leitspindel 12 mm Steigung auf 1 Umgang. $\dfrac{x}{h} = \dfrac{4}{12} = \dfrac{40}{120}$ oder $\dfrac{20}{60}$ oder $\dfrac{30}{90} = \dfrac{\text{treibendes Rad}}{\text{getriebenes Rad}}$

Beispiel X. Schraube 2 mm, Leitspindel 10 mm Steigung auf 1 Umgang.

$$\frac{x}{h} = \frac{2}{10} = \frac{20}{100} \text{ oder } \frac{24}{120} = \frac{\text{treibendes Rad}}{\text{getriebenes Rad}}$$

Doppelte Übersetzung.

a und a_1 treibende Räder

b und b_1 getriebene Räder

h Steigung der Leitspindel in Millimetern auf 1 Umgang

x Steigung der Schraube in Millimetern auf 1 Umgang

$$\frac{x}{h} = \frac{a \cdot a_1}{b \cdot b_1} \,.$$

Beispiel XI. Steigung der Leitspindel 12 mm
Steigung der Schraube 20 mm

$$\frac{x}{h} = \frac{20}{12} = \frac{4 \cdot 5}{2 \cdot 6} = \frac{40 \cdot 50}{20 \cdot 60} = \frac{60 \cdot 40}{30 \cdot 48} = \frac{\text{treibende Räder}}{\text{getriebene Räder}} \,.$$

III. Zollspindel und metrische Schraube und umgekehrt. Man wählt einen Maßabschnitt, in dem Schrauben- und Leitspindelsteigung ohne Bruch enthalten sind, z. B. $5'' = 127\,\text{mm}$, $6^1/_2'' = 165\,\text{mm}$, $10'' = 254\,\text{mm}$.

Beispiel XII. Leitspindel 2 Gänge auf 1 Zoll, Schraube 2 mm Steigung bei 10 Zoll und einfacher Übersetzung.

$$\frac{10 \cdot 25{,}4}{12{,}7} = 20 \qquad \frac{10 \cdot 25{,}4}{2} = 127 = \frac{20}{127} = \frac{\text{treibendes Rad}}{\text{getriebenes Rad}}$$

Doppelte Übersetzung.

$$\frac{x}{h} = \frac{a \cdot a_1}{b \cdot b_1} \,.$$

Beispiel XIII. Leitspindel 2 Gänge, Schraube 8 mm.

$$\frac{x}{h} = \frac{8}{12{,}7} = \frac{80}{127} = \frac{4 \cdot 20}{10 \cdot 12{,}7} = \frac{40 \cdot 60}{30 \cdot 127} = \frac{\text{treibende Räder}}{\text{getriebene Räder}}$$

Beispiel XIV. Leitspindel 15 mm Steigung, Schraube 16 Gänge auf 1 Zoll. $(6^1/_2'' = 165$ mm.) In $6^1/_2''$ sind bei der Leitspindel $\frac{165}{15} = 11$ Gänge, bei der Schraube $6^1/_2 \cdot 16 = 108$ Gänge enthalten.

$$\text{Verhältnis } 11 : 108 = \frac{11 \cdot 100}{108 \cdot 100} = \frac{1100}{10\,800} = \frac{20 \cdot 55}{90 \cdot 120} = \frac{\text{treibende Räder}}{\text{getriebene Räder}} \, .$$

Linke Gewinde. Um linke Gewinde zu schneiden wird ein weiteres Zwischenrad eingesetzt, so daß die Leitspindel sich in umgekehrter Richtung dreht; in den meisten Fällen genügt die Herzumsteuerung. Der Schlitten bewegt sich beim Schneiden gegen den Reitstock.

Mehrfache Gewinde. Soll ein doppeltes, drei-, vier- oder mehrgängiges Gewinde geschnitten werden, und ist eine entsprechende Sondereinrichtung nicht vorhanden, so ist als erstes treibendes Rad ein Rad zu berechnen, dessen Zähnezahl sich durch die Zahl der zu schneidenden Gewindegänge restlos teilen läßt. Jeder Gang wird für sich fertig geschnitten. Ist der erste Gang fertig, so zieht man über einen im Eingriff stehenden Zahn des treibenden Rades a und die zugehörige Zahnlücke des von a getriebenen Rades b einen Kreidestrich, teilt a von diesem Strich aus ein und versieht die Teile mit den Ziffern 1, 2, 3 usw. Nun rückt man das Stelleisen vorsichtig ab und dreht an der Spindel, bis Teil 2 an der gezeichneten Zahnlücke zum Eingriff kommt, zieht das Stelleisen fest und schneidet jetzt den zweiten Gang. Dieser Vorgang wiederholt sich, bis alle Gänge geschnitten sind. Mit Hilfe des Gewindeauffängers können manche Mehrfachgewinde auch wechselweise, bei Anwendung eines strehlartigen Werkzeuges gleichzeitig ausgeschnitten werden.

Konische Gewinde. Die Gänge konischer Gewinde müssen senkrecht zu der Oberfläche stehen.

Schneiden langer Gewindebohrer. Beim Schneiden langer Gewindebohrer muß dem Schwinden der Bohrer bei der nachfolgenden Härtung Rechnung getragen werden. Normale Stahlsorten werden beim Härten auf 100 mm Länge um rd. 0,2 mm kürzer. Die Schlittenverschiebung muß daher eine entsprechende Beschleunigung erfahren, die durch einen Korrektionsapparat bewirkt wird.

Spiralfedern aufrollen. (Schraubenfedern.) Der Draht wird in ein Drehherz oder eine besondere Vorrichtung eingeklemmt und in rechtsgängigen Windungen auf einen Dorn gewickelt. Geglühter Draht legt sich an den Dorn an, federharter springt nach dem Winden auf, verlangt daher einen schwächeren Dorn. Sollen die Abstände der Windungen schon beim Aufrollen entstehen, so setzt man Wechselräder ein, deren Verhältnis der gewünschten Spiralsteigung entspricht, und läßt den Draht durch Holz- oder Bleibacken laufen, die auf dem Support befestigt werden. Anliegende Gänge werden geöffnet, indem man einen Haken durch die Gänge treibt. Beim Aufwinden (Öffnen) einer Feder vergrößert sich ihr Durchmesser.

C. Die Baustoffe.

Metalle.

Das Eisen. Chemisch reines Eisen findet im Maschinenbau keine Verwendung. Die Güteunterschiede des Eisens beruhen im wesentlichen auf seinem Kohlenstoffgehalte. Der Kohlenstoff kann chemisch oder mechanisch mit dem Eisen verbunden sein; die meisten Eisensorten bestehen aus einer Legierung von Kohlenstoff. Silizium, Mangan, Schwefel und Phosphor.

Das Kupfer. Sehr zähes und dehnbares Metall mit hellroter, feinfaseriger Bruchfläche, das sich vorzüglich zur Vermischung mit andern Metallen eignet. Kupfer wird beim Hämmern, Walzen und Pressen hart und spröde, es muß deshalb für verschiedene Bearbeitungsarten öfters geglüht werden. Dies geschieht, indem man das Kupfer auf schwache Rotglut erwärmt und in Wasser abschreckt.

Das Zinn. Bruch silberweiß, matt, feinkörnig, wie geflossen, gibt beim Biegen ein kreischendes Geräusch von sich, das man Zinngeschrei nennt.

Das Zink. Bruch kristallinisch, glänzend; entwickelt beim Verbrennen eine grünliche Flamme. Das Schmelzen kleiner Mengen ist schwierig und nur möglich, wenn man das Metall mit Borax, gepulvertem Salmiak, gestoßenem Glas oder Kohlenstaub bedeckt. Zink muß wegen Brüchigkeit für eine Reihe von Bearbeitungsarten auf etwa 100° C vorgewärmt werden.

Das Blei. Bruch bläulichgrau, uneben, feinkörnig, ist sehr weich, zäh und schwer, wird von. Säuren nicht angegriffen.

Das Antimon. Bruch blätterig, glänzend, ist äußerst spröde, wird zu Lagermetalllegierungen verwendet, welchen es große Härte verleiht.

Das Aluminium. Bruch silberweiß, feinkörnig, sehr uneben, ist auffallend leicht, sehr zäh und dehnbar, mit Aluminiumlot und chemischen Präparaten lötbar und wie andere Metalle autogen und elektrisch schweißbar. Die äußere Schicht, das Aluminiumoxyd, hat einen bedeutend höheren Schmelzpunkt als der Kern, weshalb ein drahtförmiges Stück röhrenartig ausgeschmolzen werden kann. Die Bearbeitung mit Schneidwerkzeugen erfolgt unter hoher Umlaufgeschwindigkeit bei geringem Vorschub.

Das Quecksilber. Das einzige bei gewöhnlicher Temperatur flüssige Metall; es ist silberweiß, hat starken Glanz und ist giftig; auch seine Dämpfe sind giftig.

Legierungen (Mischmetalle).

Unter einer Legierung versteht man die Verschmelzung zweier oder mehrerer Metalle.

Rotguß. Kupfer-Zinn-Legierung, Bruch rötlichgelb, grob, nur wenig dehnbar.

Maschinenbronze. Kupfer-Zinn-Zink-Legierung, härter als Rotguß.

Phosphorbronze. Dasselbe, mit Zusatz von Blei und Phosphor.

Manganbronze. Dasselbe mit Mangan.

Deltametall. Messingfarbene, sehr dichte, schmiedbare Legierung aus Kupfer, Zinn, Zink und Eisen.

Messing. Kupfer-Zink-Legierung, Bruch gewöhnlich mattgelb, feinkörnig, weich, sehr dehnbar. Es wird gegossen und gewalzt oder im warmen Zustande gepreßt und zu Stangen gespritzt (Spritzmessing). Messing wird bei verschiedenen Bearbeitungsarten gleich dem Kupfer hart und spröde, darf beim Glühen nur schwach dunkelrot erwärmt werden und soll langsam erkalten. Bei zu starker Erwärmung wird das Messing infolge der Zinkverdampfung porig; schreckt man es ab, so wird es spröde.

Aluminiumbronze. Kupfer - Aluminium - Legierung, goldähnliche Farbe, in den Eigenschaften dem Messing ähnlich.

Weißmetall (Komposition). Legierung aus Zink, Zinn, Kupfer und Antimon.

Glyko. Dasselbe ohne Kupfer.

Lötmetalle. a) Hartlot. Das sogenannte Schlaglot besteht aus einer Legierung von Kupfer, Zink und Zinn und kommt in Körnerform in den Handel. Der Kupfergehalt bestimmt die Haltbarkeit des Lotes. b) Weichlot. Das Zinn wird beim Verzinnen und Löten nicht im reinen Zustande verwendet, sondern mit Blei legiert. Ein gutes Lötzinn erhält man aus 60 Teilen Zinn und 40 Teilen Blei, welche zusammengeschmolzen in ein Winkeleisen gegossen werden.

2. Pflanzliche und tierische Produkte, Mineralien, Chemikalien.

Vulkanfiber. Kupferfarbenes, horn- und gummiartiges, sehr zähes Produkt, welches zu Lagerdruckscheiben und Isolationszwecken verwendet wird.

Kautschuk. Aus pflanzlichen Säften gewonnenes Produkt, welches hauptsächlich zu Dichtungzwecken benutzt wird. Kautschuk wird von Benzin und ölhaltigen Substanzen zerstört, er soll an kühlen, nicht zu trockenen Orten aufbewahrt werden.

Hartgummi. Aus Kautschuk hergestelltes, sprödes, politurfähiges Produkt, aus dem kleine Maschinenteile, Behälter und Isolationsteile hergestellt werden. Es ist säurebeständig, muß aber gegen Erwärmung geschützt werden. Bei der Bearbeitung mit Schneidwerkzeugen ist Sodawasser anzuwenden.

Rohhaut wird vorzugsweise zu der Herstellung kleiner, schnelllaufender Zahnräder verwendet. Um die Haltbarkeit zu erhöhen, armiert man Rohhauträder mit Metallscheiben. Rohhauträder arbeiten im Eingriff mit Metallzahnrädern nahezu geräuschlos, sie sind elastisch, müssen aber gegen Nässe geschützt werden. Schmale Rohhautstreifen verwendet man zur Verbindung der Drahtspiralen an Treibriemen, auch Hämmer werden aus Rohhaut hergestellt..

Asbest ist ein bewährtes Dichtungsmittel für Dampfanlagen, er wird aus Steinflachs gewonnen, zu Tafeln verarbeitet oder in Schnüre geflochten; er ist nicht brennbar und auch für Isolationen geeignet.

Salmiak. Ammoniumchlorid oder salzsaures Ammonium für Lötzwecke.

Säuren.

Alle Säuren sind starke Gifte, die gefährlichste ist die Schwefelsäure. Säuren sollen daher möglichst in Glasbehältern oder Tongefäßen aufbewahrt werden, die mit eingeätzten Aufschriften und geschliffenen Verschlüssen versehen sind. Werden Säuren in gewöhnlichen Gefäßen untergebracht, so können durch Verwechslung Unglücksfälle entstehen. Korken werden von Säuren zerstört.

Die Salzsäure erkennt man an ihrem stechenden Geruch, sie raucht an der Luft und verdunstet stark.

Die Schwefelsäure, auch Vitriol genannt, ist geruchlos und raucht nicht. An der Luft nimmt sie rasch Feuchtigkeit auf und verdünnt sich selbst; ein nahezu gefüllt gewesenes Gefäß läuft allmählich über. Soll Schwefelsäure verdünnt werden, so ist die Säure in das Wasser zu gießen.

Salpetersäure läßt sich beliebig verdünnen und verdunstet rasch.

Öle und Fette (Schmiermittel).

Für feinere Maschinen und Apparate verwendet man Knochenöl und Vaseline, für allgemeine Zwecke Rüböl, Mineralöl oder konsistentes Fett. Dieses erhält man durch Verseifung des Öles mit gewissen Zusätzen.

Die gebräuchlichsten Hölzer und ihre Eigenschaften.

a) **Weichhölzer.** Tanne, Kiefer, Pappel, Erle, Linde, Forche.

b) **Harthölzer.** Esche, Buche, Apfel-, Birn- und Nußbaum, Ahorn, Eiche. Hickory- und Pockholz.

Pappelholz ist sehr leicht und weich; Erle, Forche und Birnbaum sind für Modelle geeignet, Apfelbaum für Kammräder, Weißbuche verwendet man zu Holzhämmern und Hammerstielen, Rotbuche für Windenschäfte, Forche und Eiche sind witterungsbeständig. Bei Eichenholz ist auf Splint zu achten; es sind dies hellere, brüchige Stellen, die in den äußeren Lagen auftreten. Solche Stellen müssen vorkommendenfalles bis aufs gesunde Holz ausgeschnitten werden. Hickory- und Pockholz sind sehr harte Hölzer, die aus Amerika eingeführt und zu Hammerstielen, Lagern, Rollen und Walzen verwendet werden. Geschnittene Hölzer haben eine sogenannte rechte und eine linke Seite, die an den Jahresringen erkennbar sind. Die rechte, die Herzseite, ist die dem Mittelpunkt des Stammes zugekehrt gewesene Seite und ist die härtere. Man erkennt sie auch daran, daß bei ihr die Außenränder der Maserung übergreifen, während auf der linken Seite die Innenränder derselben hervortreten. Am sichersten erkennt man rechts oder links an der Hirnseite des Holzes; die dem Mittelpunkt der Jahresringe zugekehrte Seite ist stets rechts. Die rechte Seite eines Brettes wirft sich, die linke wird hohl, was in den Härteunterschieden seinen Grund hat. Die beiden Seiten eines Brettes müssen in entgegengesetzter Richtung behobelt werden. Rechts wird mit den Jahren gehobelt, links dagegen, andernfalls reißt die Maserung auf, der Hobel hakt ein. Der Witterung ausgesetzte Hölzer werden mit Ölfarbe oder Karbolineum gestrichen oder imprägniert, leichtes Ankohlen über offenem Feuer schützt gegen Fäulnis in der Erde.

Eisen und Stahl.

Das Eisen wird aus Erzen hergestellt, die in Bergwerken gewonnen werden. Sie kommen mit Zuschlägen, meist Kalksteinen, in den Hochofen und werden dort geschmolzen. Im Hochofen nimmt das Eisen Kohlenstoff auf; die Zuschläge führen die unbrauchbaren Beimischungen der Erze als Schlacke ab. Chemisch reines Eisen ist für technische Zwecke nicht verwendbar; erst das Vorhandensein des Kohlenstoffes ermöglicht seine technische Verarbeitung, der Gehalt an Kohlenstoff bestimmt überhaupt die Eisenart. Das Erzeugnis des Hochofens ist das Roheisen; es wird in ungefähr zehnstündigem Wechsel am Grunde des Ofens abgestochen und in Gruben oder Sandformen geleitet, wo es zu Blöcken erstarrt. Roheisen enthält neben der Kohle noch Phosphor, Silizium und Mangan; seine Schmelztemperatur liegt zwischen 1100 und 1200° C; es läßt sich weder schmieden noch schweißen. Man unterscheidet:

Graues Roheisen mit einem Kohlenstoffgehalt von $3 \div 4\%$. Es entsteht durch langsames Abkühlen in Sandformen; in ihm überwiegt ads Silizium mit $2 \div 3\%$; es wird größtenteils als Gießereiroheisen verwendet.

Weißes Roheisen mit einem Kohlenstoffgehalt von $3 \div 4\%$, entsteht durch schnelles Abkühlen in eisernen Formen; in ihm überwiegt das Mangan mit $2 \div 6\%$; sein Phosphorgehalt schwankt bis zu 3%; es dient zur Erzeugung des schmiedbaren Eisens.

Halbiertes Roheisen mit $2,5\%$ Kohlenstoffgehalt wird selten erzeugt und für bestimmte Gußsorten verwendet.

Von den Beimengungen macht das Silizium das Eisen faulbrüchig; Phosphor macht es dünnflüssig und vermindert die Festigkeit; das Eisen ist kaltbrüchig. Mangan erzeugt Härte und Schwinden. Schwefel, der in geringen Mengen — $0,02 \div 0,12\%$ — im Roheisen vorhanden ist, macht das Eisen dickflüssig und erzeugt Sprödigkeit; das Eisen ist rotbrüchig oder warmbrüchig.

Der weitaus größte Teil des Roheisens wird weiter verarbeitet. Schmilzt man graues Roheisen in Kupol-, Flamm- oder Tiegelöfen um und gießt es in Sand-, Masse- oder Lehmformen, so erhält man Gußeisen; benützt man gußeiserne Formen — Kokillen —, so erhält man den sogenannten **Hartguß**, der zu Walzen, Eisenbahnrädern u. dgl. verwendet wird; er läßt sich nur mit den härtesten Schneidwerkzeugen oder durch Schleifen bearbeiten.

Temperguß ist ein schmiedbarer Guß, der durch Glühfrischen im Temperofen als entkohltes Gußeisen gewonnen wird. Man umgibt die aus siliziumarmem Roheisen hergestellten Gußstücke mit sauerstoffreichen Stoffen — Roteisenstein, Hammerschlag oder dgl. — und läßt sie ungefähr acht Tage bei $850° \div 1600°$ C glühen. Dabei wird der Kohlenstoffgehalt bis auf etwa 1% herabgedrückt.

Durch Umschmelzen von weißem Roheisen in Flammöfen und Konvertern erhält man das s c h m i e d b a r e E i s e n, dessen Schmelzpunkt zwischen 1300 und 1500° C liegt. Man unterscheidet je nach dem Kohlenstoffgehalt und der Festigkeit w e i c h e s S c h m i e d e i s e n, das wenig härtbar, und S t a h l, der gut härtbar ist. Verarbeitet man das Roheisen in Flammöfen, so erhält man S c h w e i ß e i s e n und S c h w e i ß s t a h l; jedoch handelt es sich hier um verhältnismäßig geringe Mengen unserer gesamten Eisen- und Stahlerzeugung[1]). Der überwiegende Teil des schmiedbaren Eisens wird in Konvertern (Birnen) hergestellt und ist der gebräuchlichste Maschinenbaustoff. Phosphorarmes weißes Roheisen gelangt in die Bessemerbirne, phosphorreiches in die Thomasbirne; außerdem gewinnt man schmiedbares Eisen im Siemens-Martinofen. Die Erzeugnisse heißen sämtlich F l u ß e i s e n oder F l u ß s t a h l. Unterschieden werden sie durch den Kohlenstoffgehalt, und zwar hat Flußeisen etwa $0,1 \div 0,3\%$, Flußstahl etwa $0,3 \div 0,5\%$ Kohlenstoff; besonders hohe Festigkeit erreicht der Flußstahl durch höheren Kohlenstoffgehalt — bis zu $1,2\%$.

Mitisguß, durch Einschmelzen von kohlenstoffarmen Flußeisenabfällen unter Zusatz von Aluminium im Tiegel hergestellt und in gebrannte Formen gegossen; er ist sehr weich.

Tiegelstahl, $0,35 \div 1,6\%$ Kohlenstoffgehalt, (Tiegelgußstahl, früher Gußstahl genannt) oder Werkzeugstahl wird durch Einschmelzen unter Luftabschluß von Schweiß- (Zement-, Raffinier-) Stahl oder Flußstahl in kleinen Tiegeln aus kohlenstoffreicher, feuerbeständiger Masse gewonnen; den erforderlichen Kohlenstoff gibt die Tiegelwandung an den Stahl ab. Der flüssige Tiegelstahl wird in Gruben geschüttet, wo er langsam erkaltet und zu Blöcken erstarrt. Nach dem Ausgraben und Entfernen von Falten und rissigen Stellen werden die Blöcke erwärmt und unter Hämmern und Walzen gestreckt. F e d e r s t a h l ist kalt oder warm gezogener bzw. gewalzter Tiegelgußstahl.

---

[1]) S c h w e i ß e i s e n mit $0,05 \div 0,5\%$ Kohlenstoff, das nur noch wenig für Ketten und Nieten verwendet wird; S c h w e i ß s t a h l mit $0,5 \div 0,8\%$ Kohlenstoff, selten zum Verstählen von Werkzeugen gebraucht, und Z e m e n t s t a h l, der aus Schweißeisen oder Schweißstahl durch Einsetzen in Holzkohlenpulver und langsames Glühen — etwa 6 Tage — unter Luftabschluß gewonnen wird. Verwendet wird der Zementstahl zu Schneidwerkzeugen, namentlich Messerklingen. R a f f i n i e r - s t a h l ist weiter verarbeiteter Zementstahl.

Elektrostahl wird durch Einschmelzen von Thomasstahl oder von Roheisen und Schrott unter Zusatz von Manganeisen, Siliziumeisen und Kohle im elektrischen Ofen gewonnen, der je nach Bauart ein Lichtbogen- oder Widerstandofen ist.

Besondere Stahlsorten. Um ihn für bestimmte Zwecke besonders geeignet zu machen, gibt man dem Stahl Zusätze. Ni-Stähle enthalten $1 \div 8\%$ Nickel; doch geht der Nickelgehalt unter Umständen bis zu 40 und mehr Prozent. Chromstähle enthalten bis 10 und mehr Prozent Chrom. Chromnickelstähle enthalten bis $0,5\%$ Chrom und bis $2^3/_4\%$ Nickel.

Chemische Zusammensetzung von Gußstahl, naturhartem Stahl und Schnelldrehstahl in Prozenten[1]).

	Kohlenstoff	Wolfram	Molybdän	Chrom	Vanadium
Gußstahl	0,68—1,24	0　—0,07	—	—	—
Naturharter Stahl .	1,1　—2,4	4,5　—11,6	0—4,58	0,07—3,9	—
Schnelldrehstahl　.	0,32—1,28	9,25—25,45	0—7,6	2,23—7,02	0—0,32

	Mangan	Silizium	Phosphor	Schwefel
Gußstahl	0,15—0,19	0,20—0,23	0,01—0,02	0,00—0,01
Naturharter Stahl .	0,18—3,5	0,16—1,04	0,01—0,08	0,00—0,05
Schnelldrehstahl　.	0,03—0,3	0,03—1,3	0　—0,02	0　—0,01

Die Kennzeichen verschiedener Eisen- und Stahlsorten.

Um die Sortenart von Eisen- und Stahlteilen festzustellen, deren Äußeres keine Schlüsse auf ihre Beschaffenheit zuläßt, oder deren Herkunft zweifelhaft ist, bedient man sich im allgemeinen der Klang-, Feil-, Schnitt-, Bruch-, Härte- und Schleifprobe.

Die Klangprobe. Material schwebend aufgehängt oder auf Schneiden gelegt: 1. Schmiedeisen und Maschinenstähle: gewöhnlicher Metallklang. 2. Tiegelgußstahl: glockenreiner, langanhaltender Ton.

Die Feilprobe. 1. Grauguß: Späne schwarzgrau, sandartig, glanzlos. 2. Schmiedbarer Guß: Späne schwarzgrau, leicht gerollt, teilweise mattglänzend. 3. Schmiedeisen und Stahl: Späne hellgrau, gerollt, Außenflächen glänzend.

Die Schnitt- oder Drehprobe. 1. Grauguß weich: Späne fallen gleichmäßig ab. 2. Grauguß hart: Späne heben sich krachend ab und spritzen. 3. Schmiedeisen und Maschinenstahl: Späne rollen sich zu Locken auf. 4. Tiegelgußstahl: schwache Späne rollen sich, starke springen nach kurzer Drehung ab. 5. Schnelldrehstahl: Späne werden bei gewöhnlicher Umlaufgeschwindigkeit blau.

Die Bruchprobe. 1. Grauguß: Bruch grau, glanzlos, teils grob-, teils feinkörniges Gefüge. 2. Hartguß: ebene weiße Bruchfläche mit kleinen Spiegeln. 3. Temperguß: silbergrau, gegen den Rand faserig.

---

[1]) Nach Schüttetaschenbuch 1917.

4. Schmiedeisen: grau, faserig, sehnig. 5. Flußeisen: silbergrau, körnig. 6. Maschinenstahl (Flußstahl): dasselbe, mittelfeines Korn. 7. Im Einsatz gehärtetes Flußeisen und Flußstahl: der Kohlenstoff ist etwa 1 mm tief in die Oberfläche eingedrungen, man erkennt dies an der feineren Körnung der Randschicht. 8. Tiegelgußstahl: mattglänzend, sammetartig, feines Korn. 9. Schnelldrehstahl: glatt, etwas angedunkelt, Korn mit bloßem Auge nur noch schwach wahrnehmbar.

Die Härteprobe. Rotwarm abgeschreckt: Eisen und Maschinenstähle bleiben weich, Tiegelgußstahl wird glashart.

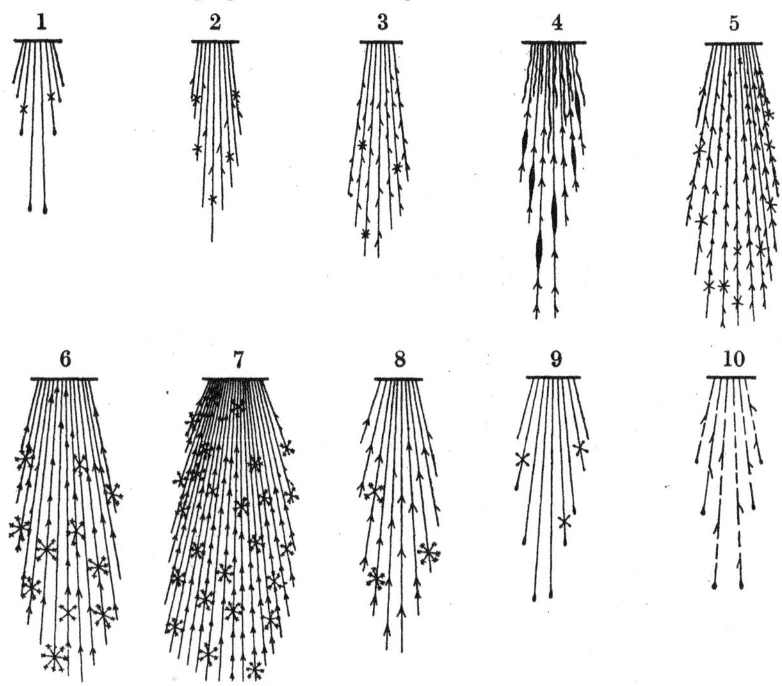

Fig. 77. Funkenbilder.

Die Schleif- oder Funkenprobe (Fig. 77). Hält man im mäßig erhellten Raum das zu untersuchende Materialstück an eine Schleifscheibe und beobachtet die durch den Abschliff entstehenden Feuerstrahlen, so kann man aus der Art und Farbe der Strahlen gewisse Materialsorten feststellen.

1. Grauguß: spärliche rote Strahlen mit kugeligen Enden und vereinzelten Sternchen. 2. Hartguß: rote Strahlen mit Spritzern und kleinen Sternchen; voller und heller als bei Grauguß. 3. Temperguß: gelbe, stachelige Strahlen mit vereinzelten Sternchen. 4. Schmiedeisen: gelbe, stachelige Strahlen; die kurzen Strahlen beschreiben Flammenlinien, die längeren schwellen auf ihrem Wege plötzlich an und leuchten auf. 5. Maschinenstähle: reich gestachelte Strahlen mit viel Spritzern

und zarten Sternchen. 6. Tiegelgußstahl, gewöhnlich: hellgelbe, geradlinige Strahlen mit viel Spritzern und Sternchen. 7. Derselbe, mit hohem Kohlenstoffgehalt: weiße, leuchtende, gestachelte Strahlen mit sehr vielen Spritzern und Sternchen; volle Strahlenbüschel. 8. Manganstahl: weiße, geradlinige Strahlen mit leuchtenden Spritzern und verästelten Sternchen. 9. Wolframstahl: rötliche Strahlen, schwache Sternchen mit kugeligen Ausläufen, kugelige Strahlenenden. 10. Schnelldrehstahl: schwache, rote, geradlinig verlaufende Strahlen mit sehr spärlichen kurzen Verästelungen und tropfenförmigen Enden.

Prüfung der Baustoffe.

Die Eigenschaften, die zur Beurteilung der Baustoffe erforderlich sind, gliedern sich in 1. Festigkeit und Formänderung; 2. Zähigkeit und Sprödigkeit; 3. die Härte; 4. die Gefügebeschaffenheit und 5. die chemische Zusammensetzung. Die Güteprüfungen erfolgen nach bestimmten Vorschriften.

Ausgedehnteste Anwendung findet der Zerreißversuch; bei ihm werden die nach Vorschrift hergestellten Probestäbe in eine Zerreißmaschine gespannt und bei stetig steigender Belastung zerrissen. Die Verlängerungen, die der Stab bei diesem Vorgang erleidet, werden je nach Anforderung mit mehr oder weniger genauen Meßinstrumenten gemessen; im allgemeinen genügt die Feststellung der Länge des Stabes nach dem Bruch, die man durch Aneinanderlegen der beiden Teile ermittelt. Der Versuch ergibt die Zugfestigkeit und die Dehnung des geprüften Baustoffes.

Zur Prüfung der Härte bedient man sich besonderer Verfahren; bei dem Eindruckverfahren preßt man eine Stahlkugel oder einen Stahlkegel von bestimmten Abmessungen in den zu prüfenden Baustoff und bestimmt aus der Eindrucktiefe die Güte des Baustoffes. Das Ritzverfahren ist das älteste; es ist von Moß angegeben und sieht 10 Härtegrade vor. Je nachdem sich ein Baustoff von einem der zehn Mineralien ritzen läßt, wird er der betreffenden Gruppe zugeteilt. Die zehn Stufen der Moßschen Härteskala sind Talg, Steinsalz oder Gips, Kalkspat, Flußspat, Apatit, Feldspat, Quarz, Topas, Korund, Diamant. Bei dem Skleroskop läßt man eine Stahlkugel auf die zu prüfende Fläche fallen und mißt die Höhe, bis zu der die Stahlkugel zurückspringt.

Die Gefügebeschaffenheit untersucht die Metallographie, die chemische Zusammensetzung die sogenannte chemische Analyse. Die Grundlage der Metallographie ist die mikroskopische Beobachtung einer geschliffenen Fläche, die sich auch auf eine Feststellung des Gefüges bei verschiedenen Wärmegraden erstreckt. Aus dem zu untersuchenden Baustoff werden Probekörper von etwa 10 × 10 × 5 mm hergestellt, deren eine Fläche sauber von Hand oder mit der Maschine geschliffen wird. Auf umlaufenden Tuchscheiben wird der Schliff poliert. Das Sichtbarmachen des Gefüges geschieht nunmehr durch Anlassen —

Reliefpolieren — Ätzpolieren oder Ätzen. Bei dem wohl am häufigsten angewandten Ätzverfahren wird das Gefüge dadurch sichtbar gemacht, daß das Ätzmittel die Bestandteile des Baustoffes verschieden stark angreift. Gebräuchliche Ätzmittel sind u a. Salzsäure, Salpetersäure, Pikrinsäure und Kalilauge. Der geätzte Schliff wird mit einem mikrophotographischen Apparat aufgenommen; die Größe der Gefügebilder kann unmittelbar oder mit Hilfe eines Flächenmessers oder Planimeters gemessen werden.

Schmelz- oder Gefrierpunkte verschiedener Stoffe in Grad Celsius bei 760 mm Barometerstand.

Wasser	0	Antimon	430	Stahl, hart	1300
Benzol	5	Magnesium	450	Gußstahl	1375
Talg	33	Aluminium	657	Stahl, weich	1400
Quecksilber	−39	Kochsalz	801	Silizium	1430
Phosphor	44	Bronze	900	Flußeisen	1450
Stearin	50	Deltametall	950	Nickel	1500
Paraffin	54	Silber	960	Eisen, rein	1510
Kalium	62	Emaille		Chrom	1520
Wachs	64	(Schmelzfarben)	965	Schmiedeisen	1550
Natrium	96	Messing	900	Vanadium	1700
Schwefel	115	Gold	1060	Platina	1765
Kautschuk	125	Kupfer	1084	Iridium	2300
Weichlot	135—200	Gußeisen, weiß	1150	Molybdän	2500
Zinn	232	Glas	1200	Wolfram	3000
Wismut	269	Roheisen	1200	Aluminiumoxyd	3000
Blei	327	Gußeisen, grau	1220		
Zink	419	Mangan	1250		

Berechnung des Gewichtes der Gußstücke aus dem Modellgewicht.

Das Gewicht von Gußstücken läßt sich annähernd im voraus feststellen, indem man das Gewicht des Modells mit den Zahlen der nachstehenden Tabelle multipliziert.

Material des Modells	Material des Gußstückes	
	Gußeisen	Rotguß
Tannen	14,0	16,6
Linden	13,3	15,6
Erlen	12,6	14,8
Mahagoni	11,7	13,6
Birken (Holz)	10,6	12,3
Birnbaum	10,2	11,9
Buchen	9,7	11,4
Eichen	9,0	10,4
Zink	1,0	1,17
Gußeisen	0,97	1,13
Messing	0,84	0,99
Blei	0,64	0,74

Beispiel: Das Modell eines Schwungrades (Linde) wiegt 18 kg; dann beträgt das Gewicht des gußeisernen Rades

$$G = 18 \cdot 13,3 = \text{rd. } 240 \text{ kg.}$$

Der Rost.

Ein geradezu unheimlicher Feind des Eisens und Stahles ist der Rost. Er entsteht durch die Einwirkung des in der Luft enthaltenen Sauerstoffes bei Gegenwart von Wasserstoff. Die härtesten Stahlsorten vermögen ihm nicht zu widerstehen. Feuchtigkeit und Kälte sowie die Nähe von Salzen, Säuren und säurehaltigen Gasen begünstigen die Rostentwicklung.

Die Bekämpfung des Rostes. Es ist sehr wichtig, Eisen und Stahlteile aller Art rechtzeitig gegen Rost zu schützen; dies geschieht, indem man ihre Oberfläche von der unmittelbaren Berührung mit der Luft und mit Flüssigkeiten abschließt.

Rostschutzmittel. a) Für bearbeitete blanke Flächen. 1. Streich- und Verpackungsmittel: Mineralische Fette mit Farbzusatz in Terpentin gelöst und kalt aufgestrichen, säurefreier Talg, mit Schlemmkreide angerührt und heiß aufgetragen, sowie Kautschuköl, Zaponlack (Metallack) und säurefreies Ölpapier. 2. Brünieren (Braunfärben). Blanke Flächen werden mit einer Mischung aus etwa 90 Teilen Olivenöl, 100 Teilen reiner tierischer Fette und 80 Teilen Antimon bestrichen. Der Aufstrich ist am folgenden Tage zu wiederholen, worauf man die getrockneten Flächen mit Wachs bestreicht und mit einer weichen Bürste glänzend bürstet. 3. Schwarzbrennen. Die Teile werden auf ca. 350° erhitzt, in Öl oder Wachs getaucht und an der Flamme getrocknet; oder: mit einem Gemisch von 2—4 Teilen Schwefel, 1 Teil Graphit und Terpentin bestrichen und erhitzt. 4. Galvanischer Schutz durch Verzinnen, Verzinken, Verbleien, Vermessingen, Verkupfern usw. b) Rohe Eisenteile erhalten mehrmaligen Bleiweiß- oder Mennigeanstrich und 2—3 maligen Ölfarbenanstrich oder Zementschutz. Neuerdings kommt auch das Schoopsche Metallspritzverfahren in Anwendung. Für Erdleitungen eignen sich Teer und Asphalt. Wird ein Rostschutzmittel auf bereits angesetzten Rost gestrichen, so wuchert der Rost gewöhnlich unter dem Schutzmittel weiter.

Reinigen roher, stark angegriffener Eisenteile. Die Rostplatten werden mit dem Pickhammer abgeklopft, das gründlich abgepickte und abgekratzte Stück wird mit einer Drahtbürste abgerieben, unter Umständen noch abgeschwemmt und gut getrocknet. c) Bearbeitete verrostete Eisen- und Stahlteile. Die Teile werden in Salzsäure getaucht und abgebürstet, worauf man sie zuerst in Wasser, dann in Natron- oder Kalilauge abwäscht, um etwa noch vorhandene Säurereste unwirksam zu machen. Die gereinigten Stücke werden getrocknet und wie unter 1 angegeben weiterbehandelt.

Das Sandstrahlgebläse.

Die Entfernung von Glühspan, Rost und Schmutz wird in vollkommenster Weise mit dem Sandstrahlgebläse erreicht. Bei dieser Einrichtung wird mit Dampf oder Preßluft ein Sandstrahl gegen die zu reinigenden Stücke geblasen, der sie abschleift. Der Arbeitsvorgang findet bei neueren Anlagen in einem abgeschlossenen und abgedichteten Raume statt, der mit Schaufenstern versehen und elektrisch beleuchtet ist. Die Zuführung der zu strahlenden Stücke geschieht entweder durch geeignete Vorrichtungen oder unmittelbar mit den Händen, die in diesem Falle durch Handschuhe geschützt werden müssen.

D. Die Schmiede.

Ebenso wie das Drehen ist auch das Schmieden ein selbständiges Handwerk des Maschinenbaues. Das dort Gesagte gilt auch hier, denn es ist für den künftigen Maschinenbauer sehr wichtig, auch die Bearbeitung der Metalle im warmen Zustande kennenzulernen und in der Handhabung der hierzu erforderlichen Werkzeuge einige Fertigkeit zu erlangen. Das Schmieden ist eines der teuersten Arbeitsverfahren und kommt deshalb im Maschinenbau grundsätzlich nur für solche Gegenstände in Frage, die sich nicht besser oder billiger auf anderem Wege herstellen lassen.

Die Schmiedeeinrichtung.

Die Einrichtung einer Schmiede besteht im wesentlichen aus der Esse mit Löschtrog, Kohlenlege, Schlackenloch und Rauchfang, dem Gebläse, dem Amboß, der Lochplatte und den allgemeinen Arbeitsgeräten.

Die Esse ist entweder als Eisenkonstruktion ausgeführt oder aufgemauert. Die Feuerstelle besteht aus einem muldenförmigen gußeisernen Einsatz, Esseisen genannt. An der tiefsten Stelle des Esseisens befinden sich zwei Klappen zur Entfernung der Kohlenrückstände und Schlackenreste und zur Windreglung.

Feuergeräte. Löschspieß, Essklinge, Kohlenschaufel und Löschwedel. Der Löschspieß wird zum Luftmachen und Schlackenauswerfen, die Essklinge zum Zusammenhalten des Feuers, die Schaufel zum Auflegen der Kohlen und der Löschwedel zum Besprengen des Feuers gebraucht. Die Handgriffe dieser Geräte sind verschiedenartig gestaltet, damit der Schmied auch bei anderweitiger Inanspruchnahme jedes derselben am Befühlen des Griffes erkennt.

Der Gebläsewind wird durch Blasebälge, Ventilatoren oder Rootssche Gebläse erzeugt und in Röhren dem Esseisen zugeführt.

Der Amboß besteht aus Schmiedeisen, seine Oberfläche ist angestählt und gehärtet. Jeder Amboß hat ein rundes und ein quadratisches Horn; das runde Horn befindet sich zur linken Hand des Schmiedes. Der Klang beider Hörner ist verschieden. In der Amboßoberfläche ist linkseitig ein quadratisches Loch für die Gesenke und sonstige Untersätze, rechtseitig ein rundes zum Lochen. Der Vorsprung am Fuße

9

des Ambosses wird Stauchamboß genannt. Der Amboß selbst steht auf dem Abschnitt eines starken Baumstammes, dem Amboßstock, der mitunter in den Boden eingelassen ist. In neuerer Zeit werden hierfür auch Gußuntersätze verwendet.

Die Lochplatte ist eine größere massige Platte aus Stahlformguß mit einer Anzahl Löcher verschiedener Größe und Form und Gesenkeinschnitten an den Kanten.

Die Schmiedegeräte. Mehrere Schmiede- und Vorschlaghämmer, das Nageleisen, Ober- und Untergesenke der gangbaren Maße, Kalt- und Warmmeißel, Abschroter, Setzhämmer, einseitig und gerade, Platthämmer, Ballhämmer und Ballstöckchen verschiedener Stärke, verschiedene Stieldurchschläge, Feuerzangen, Spannringe, Sandbehälter und das Sperrhorn. Gewicht eines Schmiedehammers etwa $1^1/_2$ kg, der Vorschlaghämmer 5—12 kg. Das Nageleisen ist mit einer Anzahl verschieden großer, teilweise versenkter und mit Naseneinschnitten versehener Löcher besetzt und dient in Ergänzung der Lochplatte zum Schmieden von Schrauben, Kopfbolzen u. dgl. Die Gesenke dienen zum Runden ausgestreckter und geschweißter Schmiedestücke; je ein Teil ihrer Profile ist in das Ober- und Unterteil eingearbeitet. Der Kaltmeißel dient zum Abhauen von der Stange; er wird stumpfwinklig geschliffen und, wie auch der Warmmeißel, am Stiel gehalten. Der Warmmeißel ist schlank ausgestreckt und spitzwinklig geschliffen, damit er tief in das Material eindringen kann. Der Abschroter oder Setzer ist ein meißelförmiger Stock mit Zapfen wie bei Gesenkunterteilen zum Einhauen schwächeren Stabeisens. Zum Abhauen einer größeren Anzahl gleicher Stücke versieht man ihn mit einem Anschlag. Der Setzhammer (gerade) dient zum Ansetzen einfacher Zapfen, Ansätze u. dgl., der einseitige Setzhammer zum Ansetzen höherer Stücke; die Prellbahn ist bei ihm von dem Schmiedestück abgerückt, damit sie von dem Vorschlaghammer voll getroffen wird. Der Platthammer, auch Schlichthammer genannt, dient zum Ebnen ausgestreckter kantiger Stücke, der Ballhammer und Ballstock zum Ansetzen von Zapfen und rundlichen Übergängen. Stieldurchschläge braucht man zum Lochen von Schmiedestücken in warmem Zustande, die Feuerzangen zum Erfassen kürzerer Schmiedestücke; gängige Zangen sind: Flach-, Hohl-, Spitz-, Greif- und Formzangen sowie das Wolfsmaul. Bei der Auswahl der Zangen sind zum Schmieden immer die stärksten zu wählen, während zum Einhalten auch schwache Zangen genügen. Die Zangenschenkel sollen mit der Hand umfaßt werden können; sperren sie sich weiter, so ist die Zange für das zu erfassende Stück zu eng. Stoßen sie aber zusammen, so ist die Zange zu weit. In diesem Falle kann mitunter durch eine Beilage Abhilfe geschaffen werden. Mit einem rotwarmen Zangenmaul darf nie geschmiedet werden. Spannringe. Bei schwer zu haltenden Schmiedestücken werden die Zangenschenkel durch kettengliedförmige Ringe zusammengehalten. Ihre Benutzung hat jedoch manchmal zur Folge, daß eine Zange sich bei starken Prellungen am Scharnier verbiegt oder bricht, da sie nicht nachgeben kann. Das Sperrhorn dient zum Biegen und Aufweiten kleiner Ösen und Ringe.

Die Gesenkhammerstiele. Die Stiele der Gesenk-, Setz-, Platt- und Ballhämmer, Meißel u. dgl. werden mit dem Schneidmesser, einem Ziehmesser mit zwei Handgriffen, so zugeschnitten, daß sie an den flachen Seiten passend, eingeschlagen werden können. Der schmalen (Hochkant-) Seite ist ein wenig Spiel zu geben, damit bei schiefem Halten oder unebener Bahn ein Nachgeben möglich ist. Sowohl deshalb als auch wegen der Rücksicht auf die öfter nötig werdenden Reparaturen erhalten diese Stiele keinen Keil. Da die Gesenkhammerstiele, auch Stempfelstiele genannt, so verwendet werden, wie sie gewachsen sind, meist sogar mit der Rinde, ist der größte Teil derselben krumm. Krumme Stiele sind so einzuschlagen, daß das gebogene Ende nach oben gerichtet ist; würde man es umgekehrt machen, so würde das Stielende am Amboß aufsitzen und unter Umständen dem Schmied die Finger einklemmen.

Das Schmiedefeuer und die Wahl der Kohlen. Das Anzünden des Feuers nennt man in der Schmiede nicht „Feuer machen", sondern „Feuer aufblasen". Man nimmt hierzu ein Büschel alter Putzwolle, Werg, Hobelspäne oder auch Papier, läßt es ohne Wind gut anbrennen und bedeckt die Glut mit Holzkohlen, feinem Koks oder angebrannt gewesenen Schmiedekohlen, worauf man erst schwach, dann kräftig blasen läßt und nach Bedarf frische Kohlen auflegt.

Erhaltung des Feuers. Holzkohlen glühen auch bei abgestelltem Wind so lange weiter, bis sie vollständig verbrannt sind. Bei Anwendung von Steinkohlen oder Koks steckt man während der Schmiedepausen ein Stück Holz oder Holzkohle ins Feuer, das langsam weiterglimmt und das Feuer längere Zeit erhält.

Wahl der Kohlen. Eisen und Maschinenstähle werden in Steinkohlen und Koks, Werkzeugstähle nur in Holzkohlen oder in fein zerkleinertem Koks erwärmt. Stehen aber nur Schmiedekohlen zur Verfügung, so dürfen diese für die Erwärmung von Werkzeugstahl niemals frisch verwendet werden, denn der in den Steinkohlen enthaltene Schwefel wird von dem warmen Stahle gierig aufgesogen und verwandelt die Oberfläche des Stahles stellenweise in schwefelhaltiges Eisen, wodurch die Härtbarkeit in Frage gestellt wird. Man läßt deshalb in solchen Fällen die Schmiedekohlen erst gehörig anbrennen und wartet mit dem Einhalten des Stahles so lange, bis die dem Stahle schädlichen Bestandteile der Kohlen ausgebrannt sind. Dieser Zustand ist eingetreten, wenn das Feuer vollständig klar ist und bei abgestelltem Wind nicht mehr raucht. Ganz verfehlt ist es, auf ein frisches Steinkohlenfeuer einfach Holzkohlen oder Koks aufzulegen, wie man es öfter sieht.

Beachtung der Gasentwicklung. Befindet sich das Gebläse in der Höhe, so dürfen niemals frische Steinkohlen aufgelegt werden, wenn das Gebläse längere Zeit stillgesetzt werden soll, da die sich entwickelnden Gase durch das Esseisen hindurch nach oben ziehen, das

Gebläse anfüllen und dieses bei Entzündung unter starker Explosionswirkung zertrümmern.

Feuer putzen. Bei Verwendung von Schmiedekohlen und Koks muß mit dem Löschspieß öfters Luft gemacht werden, indem man die ganze Kohlenschicht ein wenig anhebt. Schlacken fühlen sich eisenartig an, sie werden mit dem Löschspieß ausgehoben und ins Schlackenloch befördert, kleine Reste durch die Klappen entfernt. Man läßt dabei leicht blasen; bei vollständig abgestelltem Wind sollte nichts am Feuer gemacht werden.

Einhalten. Nicht zu tief stecken; unter dem wagerecht eingehaltenen Schmiedestück sollen sich so viele Kohlen befinden, daß es der Wind nicht unmittelbar treffen kann, sondern zuerst durch eine angemessene Glutlage hindurchgehen muß. Das Feuer selbst ist so hoch zu halten, daß das Schmiedestück reichlich mit Kohlen bedeckt ist.

Ausfahren. Beim Herausnehmen erwärmter Schmiedestücke werden die anhaftenden Kohlen abgeschüttelt oder mit der Essklinge zurückgehalten.

Die Schmiedehitze. Man unterscheidet Warmmachen und Hitze drauf machen. Unter dem Warmmachen versteht man bei Eisen Gelb- bis Weißglut, unter der Hitze die Schmelztemperatur des Eisens. Diese zeigt sich dadurch an, daß das Eisen in heller Weißglut sprüht und Sternchen ausspritzt. Maschinenstahl wird auf Gelbglut, Tiegelgußstahl auf Kirschrotglut erwärmt. Ist die Temperatur unter Rotglut zurückgegangen, so darf weder an Eisen noch an Stahl weitergeschmiedet werden, andernfalls erhält man rissige (unganze) oder verspannte Schmiedestücke. Sonnenstrahlen müssen vom Amboß ferngehalten werden; scheint die Sonne auf das Schmiedestück, so ist eine richtige Beurteilung seines Wärmezustandes nicht möglich.

Überhitzter Tiegelgußstahl. Bei Überschreitung der zulässigen Temperatur wird dem Tiegelgußstahl ein Teil seines Kohlenstoffes entzogen, das Gefüge gelockert und die Härtbarkeit teilweise aufgehoben. Dieser Zustand kann durch mehrmaliges Erwärmen, Ausschmieden und Abschrecken in heißem Wasser wieder verbessert werden.

Abgestandener Stahl. An der Oberfläche des Feuers erwärmter oder längere Zeit in losem Feuer liegender Tiegelgußstahl ist durch Kohlenstoffverlust und Sauerstoffaufnahme entwertet. Dieser Zustand, der an der starken Zunderbildung erkennbar ist, läßt sich durch Rückkohlung im Einsatz oder mehrmaliges Bestreuen mit Härtepulver und durch Ausschmieden größtenteils beseitigen.

Verbrannter Stahl. Wird Tiegelgußstahl bis zum Funkensprühen erhitzt, so bekommt er kristallinisches Gefüge und ist zu nichts mehr zu gebrauchen.

Naturharte und Schnelldrehstähle werden je nach Vorschrift des liefernden Stahlwerkes auf Gelb- bis Weißglut erwärmt.

Der Schweißsand. Zur Erzielung einer durchgreifenden Schweißhitze, wie sie zum Zusammenschweißen zweier Teile nötig ist, müssen die Oberflächen der Stücke vor dem Abbrennen geschützt werden.

Dies geschieht mit Hilfe des Sandes. Die weißwarm gewordenen Stücke werden im Feuer mit Sand bestreut, dieser schmilzt, umfließt die Schweißstelle und umgibt sie mit einem Überzug, der das Eisen vor dem Verbrennen schützt, die Oxydation verhindert und die Schlackenabsonderung begünstigt. So geschützt kann das Eisen unbedenklich so lange im Feuer gelassen werden, bis eine durchgehende Hitze erreicht ist.

Schmiedestücke dürfen vor völligem Erkalten nicht an beliebige Orte gebracht werden, es sei denn mit der Aufschrift „Warm".

Das Schmieden.

Bevor an das Erlernen des selbständigen Schmiedens gedacht werden kann, muß ein in die Schmiede eintretender junger Mann einige Zeit zur Beihilfe herangezogen werden, damit er Gelegenheit erhält, sich mit der Eigenart des Schmiedebetriebes vertraut zu machen.

Das Zuschlagen oder Draufschlagen und Laborieren. Bei der Zusammenarbeit am Amboß wird wenig gesprochen; der Zuschläger erhält die Weisung für Beginn, Schluß usw. durch Hammerzeichen wie folgt: Herbeiruf zum Zuschlagen: ein leichter Schlag hinter das rechte Amboßhorn. Beginn: einige Tupfer. Vorsicht beim Wenden: ein oder zwei Takte Laborierspiel. Aufsetzen: mehrere Tupfer auf den Amboß oder hinter denselben. Der Schmied will die Arbeit überprüfen: leichte Schläge, mehrere Takte Spiel. Schluß: der Schmied läßt beim letzten Schlag auf das Eisen den Hammer von diesem herunter auf den Amboß hüpfen, worauf der letzte Schlag des Vorschlaghammers erfolgt.

Führung des Vorschlaghammers. Man faßt den Stiel mit der rechten Hand vorn, mit der linken hinten und hält den Hammer so, daß der Stiel an die rechte Körperseite kommt und nach unten bzw. hinten gerichtet ist, damit er nicht am Amboß aufstößt. Der Hammer muß stets eben auffallen, der Stiel während des Auffallens wagerecht stehen. Nach dem Auftreffen ist der Hammer gleichzeitig mit dem Wiederaufheben zurückzuziehen, da er andernfalls von dem im Takte folgenden Hammer getroffen wird. Das kann zur Folge haben, daß dem „Nachfolgenden" sein eigener Hammer ins Gesicht fliegt. Der Vorschlaghammer muß immer da auftreffen, wo das Schmiedestück aufliegt. Bei Beginn des Schmiedens hält man in der Regel auf Amboßmitte, in der Folge auf diejenige Stelle, welche der Schmiedehammer trifft, andernfalls ist ein sicheres Halten des Schmiedestückes nicht möglich, das Eisen wird aus der Zange geschlagen, die Zange verdorben. Mit einem schlechten Zuschläger bringt auch der beste Schmied nichts zuwege; ein wenig geübter Schmied kann nur mit einem sicheren Zuschläger arbeiten. Nie ungeheißen draufschlagen!

Der Takt. Um ein sicheres Zusammenarbeiten zweier oder mehrerer Hämmer zu ermöglichen, ist es unbedingt notwendig, einen bestimmten Takt einzuhalten. Das Schmieden unter einem Vorschlaghammer geht im

$^2/_3$-Takt (auf drei zählen). Die ersten zwei Takte sind durch Vorschlag- und Schmiedehammer gegeben, den dritten Takt denkt man sich. Der Zuschläger hebt während des zweiten Taktes den Hammer, der beim dritten oben sein muß, andernfalls kommt er zum neuen Takte zu spät.

Zwei Zuschläger. Unter zwei Vorschlaghämmern wird im $^3/_4$-Takt geschmiedet (auf vier zählen), den vierten Takt sich denken usw. Der erste Zuschläger hat seinen Standort am runden Amboßhorn, der zweite gegenüber. Der erste schlägt vor, ist also Nr. 1 im Takte. Beim Abhauen, Abplatten, Lochen usw. darf nicht nachgeschlagen werden.

Selbständiges Schmieden.

Der Amboß ist stets von Hammerschlag (Zunder) rein zu halten. **Ausspitzen.** Bei kurzer Hitze zuerst die Spitze fertigmachen, dann erst den hinteren Teil. Würde dieser zuerst gemacht und erst dann die Spitze, so würde die noch vorhandene Wärme hierfür nicht mehr genügen; die Spitze würde unganz (rissig), es wäre eine zweite Hitze nötig, um sie wieder zu verschweißen. Geht es rasch genug so bleibt die Spitze unter dem Hammer weiß. Auch beim Schmieden gilt, was beim Feilen „erst viereckig, dann achteckig, dann rund". **Ausstrecken und Runden.** Kantige Stücke werden nahezu aufs Maß gestreckt

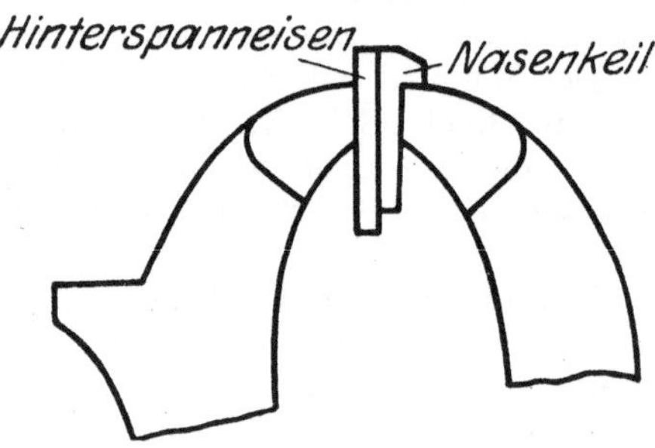

Fig. 78. Hinterspannen.

und geplattet, runde auf Acht- bis Sechzehnkant gestreckt und ins Gesenk geschlagen. **Zapfen, einseitig.** Zapfen zuerst einballen, dann von der Amboßkante wegstrecken. **Zapfen im Mittel.** Mit Ballstock und Ballhammer einsetzen, dann von der Kante wegstrecken; die Hämmer müssen mit der Amboßkante abschneiden, andernfalls wird der Ansatz beschädigt. **Ebnen der Ansätze.** In ein passendes Loch des Nageleisens oder der Lochplatte schlagen, bis die Kanten aufsitzen. **Hinterspannen.** Einseitige Ansätze kantiger Stücke werden im Schraubstock hinuntergestaucht; um zu verhindern, daß sich ein zweiter Ansatz bildet, spannt man ein kräftiges Blech oder Flacheisen mit ein, welches das Stück in ganzer Länge deckt (Fig. 78). Beispiel: **Nasenkeil.** Der Keil wird aus Rund- oder Vierkanteisen von der Amboßkante weggestreckt, hinter dem künftigen Kopfe abgehauen, nach nochmaligem Erwärmen mit Hinterspanneisen hinuntergestaucht, abgeschrägt und schließlich geplattet. **Ösen biegen.** Zuerst die ganze Länge ziemlich scharf über die Amboßkante biegen (aufsetzen lassen), dann in umgekehrter Richtung über das Horn rollen.

Flacheisen in den rechten Winkel biegen, mit scharfer Ecke. Das zuvor umgebogene Eisen von beiden Seiten her so lange vorn hereinstauchen, bis sich eine Kante gebildet hat, dann abplatten; oder: das Stück aus einem breiteren Flacheisen wegstrecken, an der Biegestelle eine Nase stehenlassen, dann biegen, die Ecke mit Hinterspanneisen im Schraubstock einebnen, die Flächen platten. Flacheisen, wie überhaupt Walzeisen jeglichen Profiles, muß stets quer zur Richtung der Walzfasern gebogen werden, andernfalls spaltet es sich.

Winkeleisen biegen, rechtwinklig. An der der künftigen Ecke gegenüberliegenden Stelle wird ein Zwickel herausgehauen und das Eisen umgebogen. ·Die offenen Enden werden übereinandergeschweißt, die Kanten hereingestaucht.

Das Abhauen. a) Kalt. Ringsum einhauen, Einhaustelle auf die Amboßkante halten, das Stück wegschlagen. b) Warm. Blechstück unterlegen oder an die Kante gehen, möglichst von allen Seiten bis zum Mittelpunkt einhauen, bei starkem Material den Meißel öfters kühlen.

Das Lochen. Zangenteile und sonstige Stücke ähnlicher Art werden nicht gebohrt, sondern gelocht und aufgetrieben. Man hält das Auge über ein passendes Loch des Ambosses, des Nageleisens oder der Lochplatte und treibt den Durchschlag zunächst nur kurz ein, um ihn dann rasch wieder abzuziehen und zu kühlen. Nun legt man ein kleines Kohlenstückchen in das angefangene Loch; dieses hält den Durchschlag kühl und schmiert ihn zugleich, so daß er vollends leicht durchdringt, Der Durchschlag ist von beiden Seiten einzutreiben.

Das Schweißen. a) Übereinanderschweißen. Beispiel: Zwei Rundeisenstäbe. Beide Teile werden zuerst unter Hitze angestaucht, damit nach der Schweißung, welche das Eisen schwächt, genügend Material vorhanden ist, und hierauf abgeschrägt (abgefinnt). Der Anfänger tut nun gut, an beiden Teilen einen Kreidestrich anzubringen, der anzeigt, was oben sein muß, denn die Eisen werden nachher öfter gedreht, und beim Herausfahren ist keine Zeit zum langen Untersuchen. Nun muß das Feuer gereinigt, die Schlacke entfernt werden. Sind frische Kohlen aufgelegt, so macht man Luft und läßt ein wenig anblasen, damit das Feuer klar wird. Es kann nun nicht schaden, vor dem erstmaligen Schweißen das Herausfahren probeweise zu versuchen. Der Gehilfe nimmt das vornliegende Stück (Kreide oben), eilt mit demselben um das Horn, schlägt das Eisen auf, damit die Sandkruste abfliegt, und hält auf Amboßmitte. Diese Handlung wird „Austragen" genannt. Der Anfänger (jetzt Schmied) nimmt das andere Stück (Kreide oben) und eilt mit diesem so rasch dem andern entgegen, daß möglichst beide Teile gleichzeitig am Amboß eintreffen, schlägt es ebenfalls zuerst auf und setzt dann die Schweißstellen (Enden) aufeinander, wobei er zur sicheren Führung den Schmiedehammer hinter der Schweißstelle aufsetzt. Soweit die Probe. Während des Hitzemachens ist mit dem Löschwedel rings um das Feuer zu besprengen, damit die ganze Wärmeentwicklung dem Eisen zugute kommt. Ist bei einem Teil die Erwärmung weiter vorgeschritten als bei dem andern, so zieht man dasselbe so lange ein wenig zurück, bis beide Teile gleich sind. Bei Beginn der Hitze ist Sand aufzustreuen. Haben beide Teile eine gleichmäßige tropfende Hitze erreicht, so werden, wie bereits beschrieben, ihre Enden aufeinandergesetzt und kräftig verhämmert. Nach den ersten Schlägen hält der Gehilfe sein Stück nur noch lose, damit der Schmied es beliebig drehen kann. Ist die Schweiße gut, so wird sie im Gesenk auf das richtige Maß gebracht. b) Stumpfschweißen. Nur für starke Stücke. Beide Enden stumpfkegelig anspitzen, hierauf bei guter Hitze im Gesenkunterteil gegeneinanderhalten und das ausgetragene Stück von vornherein aufstauchen. Der an der Schweißstelle sich bildende Wulst wird von dem Schmied und dem zweiten Zuschläger eingeebnet (abgeschweißt). c) Das Bundaufschweißen. Die Bundstelle stauchen, den vorbereiteten Bundring kalt darüber aufziehen. Die Ringenden dürfens sich nicht berühren, sie dürfen sich erst schließen, wenn die Verbindung des Ringes mit dem Schafte stattgefunden hat.

Federn ausstrecken. Hochkanten dürfen nur bearbeitet werden, solange das Material noch stark ist. Beim Ausstrecken der Flächen, das rasch vor sich gehen muß, ist die Feder in der Schwebe zu halten, so daß sie nur so lange den Amboß berührt, wie sie von dem Hammer getroffen wird, da sie andernfalls sofort erkaltet.

Werkzeuge. Werkzeugstahl soll in der Längsrichtung nicht gestaucht werden. Flachmeißel. Beim Ausstrecken vorfahren bis zur Amboßkante; hält man hier auf Amboßmitte, so treffen die vorderen Kanten der Hammerbahn den Amboß und splittern ab. Die Hochkante ist gleich zu Beginn kräftig zu nehmen, aber immer im Wechsel mit den Flächen. Einmal dünn geworden, darf die Kante keinen Schlag mehr bekommen, wenn der Meißel nachher halten soll. Schruppstahl (deutsche Form). Kurz einballen, dann am Horn ausstrecken und die Schnittfläche vorhauen. Die Schneidkante soll mit der Oberfläche des Stahles in einer Ebene liegen.

Schmiedemaschinen

für die rationelle Bearbeitung des Eisens und Stahles im warmen Zustande: Hebelhämmer, Wickel- und Friktionsfallhämmer, Blattfederhämmer (Kurbelhämmer), Luftfederhämmer und Dampfhämmer sowie Schmiedepressen, Stauchmaschinen und Walzwerke. Sonderzweige: Gesenkschmiederei und Presserei.

Öfen. Zur Erwärmung großer Stücke dienen Flammöfen.

Das autogene Schweißen und Schneiden.

Mit diesem Verfahren lassen sich sämtliche Metalle auf dem kürzesten Wege schweißen, Maschinen- und Armaturteile und sonstige Gegenstände rasch und billig ausbessern, sperrige Körper an Ort und Stelle erwärmen und zerschneiden. Mit der Stichflamme einer Azetylen-Sauerstoffmischung, die eine Temperatur von 3500°C entwickelt, lassen sich Bleche und Formeisen aller Art, ja selbst Eisenblöcke durchschneiden, deren Stärke $\frac{1}{2}$ m übersteigt. Ein sehr einfacher Apparat ermöglicht das Ausschneiden kreisrunder Löcher. Zum Schneiden ist ein Schneidbrenner, zum Schweißen ein Schweißbrenner erforderlich. Die Brennerdüsen sind auswechselbar, für ihre Auswahl ist die jeweilige Materialstärke bestimmend. Schweißbrenner sollen so groß wie möglich gewählt werden, andernfalls erhält man sehr harte Schweißnähte. Bei dem Schneidbrenner wärmt die Sauerstoff-Azetylenflamme das Eisen vor, durch weitere Sauerstoffzufuhr schmilzt es ab; verschiebt man den Brenner, so entsteht ein Schnitt. Bei dem Schweißbrenner werden beide Gase in einer Mischkammer des Brenners vereinigt, ehe sie dem Brennerkopf zugeführt werden. Der zentral geleitete Sauerstoff tritt hier durch eine sehr feine Düse in die Mischkammer ein und reißt das von außen zugeführte Azetylen mit.

Die Schweißapparate sind in der Regel fahrbar und können überall da verwendet werden, wo man sie gerade braucht. Große Betriebe haben feststehende Anlagen mit Röhrenzuleitung. An Stelle des Azetylens kann auch Leuchtgas oder Wasserstoff verwendet werden, doch entwickeln diese Stoffe nur 1800 und 2500°C. Der Sauerstoff ist wie auch der Wasserstoff in Stahlflaschen gepreßt, die auf den Apparaten mitgeführt werden.

In neu angelieferten Flaschen steht der Sauerstoff unter einem Druck von rund 150 Atm.; der Betriebsdruck wird durch ein Reduzierventil auf ungefähr 3 Atm. ermäßigt. Ist der Flascheninhalt bis zu 1 Atm. verbraucht, so muß die Flasche ersetzt werden, denn der Brenner knallt und die Flamme erlischt fortwährend, so daß keine Schweißhitze mehr erzielt werden kann. Solche Störungen treten auch auf, wenn der Brenner durch Funken verstopft wird, oder der Apparat nicht in Ordnung ist. Der Brennerkopf darf nicht zu heiß werden, ist daher öfters abzukühlen.

Azetylen wird aus Karbid im Apparat entwickelt. Die Brennstoffe werden dem Brenner in Schläuchen zugeführt, auf deren richtigen Anschluß wegen Explosionsgefahr streng gesehen werden muß. Über die Bedienung geben die den Apparaten angeschlossenen Gebrauchs-anweisungs- und Sicherheitsvorschriften die nötige Auskunft, doch bedarf es längerer Übung, um einige Sicherheit zu erlangen. So muß der Schweißer insbesondere den richtigen Augenblick des Flusses anzuwenden verstehen, der durch eine schwarze Brille an der Schweiß-stelle erkennbar ist. Gelingt ihm dies z. B. bei einem Rotgußarmaturteile nicht, so sinkt im nächsten Augenblicke die betreffende Stelle ein, und das Stück ist verloren. Ebenso wichtig ist es, den durch die örtliche Erhitzung auftretenden teilweisen Spannungen zu begegnen, die sich öfter dadurch ausgleichen lassen, daß man die betreffende Stelle oder den ganzen Körper im Schmiedefeuer oder Ofen auf Rotglut vorwärmt. Bei röhrenförmigen, dünnen Blechen läßt man die Ränder nur nach und nach zusammenspringen, andernfalls platzt das Geschweißte wieder auf. Die Druckreglung erfolgt mit Hilfe der Manometer, läßt sich aber auch am Lichtkegel und bei Eisen nach der Funkenbildung beurteilen. Springen die Funken in Kügelchen ab, so ist die Mischung richtig; zeigen sich Sternchen, so überwiegt der Sauerstoff. Bei schwächeren Blechen läßt man die Schweißenden stumpf zusammenstoßen, an stärkeren Stücken sind sie nach oben abzuschrägen, so daß sich eine Fuge, die Schweißfuge, bildet. Bei angerissenen Körpern ist die Schweißfuge so tief wie möglich, wo es geht in ganzer Materialstärke auszuschneiden. Während im erstgenannten Falle nur ein Schnitt zu schweißen ist, müssen Schweißfugen vollständig ausgefüllt werden. Der Schweißdraht besteht für Schmiedeeisen aus Eisendraht, für Grauguß aus Gußdraht, für Kupfer aus Kupferdraht usf. Der Brenner ist in kleinen Kreisen so zu führen, daß die Schweißnaht schuppenförmig wird. Benutzt man Schweißdraht, so soll der Kegel je zur Hälfte den Schweißdraht und zur Hälfte die Schweißstelle treffen.

Das elektrische Schweißen.

Was über das autogene Verfahren gesagt wurde, trifft großenteils auch für das elektrische Schweißen zu. Die Herstellung von Schweißnähten auf elektrischem Wege erfolgt teils durch das Lichtbogenverfahren, teils durch das Widerstandverfahren. Beim Lichtbogenverfahren wird die Schweißstelle ebenso wie bei dem autogenen Verfahren von außen her erhitzt, beim Widerstandverfahren wird durch beide Teile ein elektrischer Strom geleitet, der die Berührungstellen zum Schmelzen bringt.

Das Lichtbogenschweißverfahren findet vorzugsweise bei Gußfehlern, Brüchen und sonstigen Ausbesserungsarbeiten Anwendung; in neuerer Zeit wird es auch zu Nahtschweißungen und Schneidarbeiten benützt.

Man unterscheidet drei besondere Verfahren.

1. Nach Slavianoff: Von den beiden Polen einer Gleichstrommaschine wird der eine mit dem Werkstück, der andere mit einer Metallstabelektrode verbunden. Durch kurze Berührung der Schweißstelle wird ein Lichtbogen gezogen (siehe Bogenlampen), der beide Teile zum Schmelzen bringt.

2. Nach Bernados: An Stelle der Metallstabelektrode befindet sich eine Kohlenelektrode, der Schweißdraht zugeführt wird.

3. Nach Zerener: Zwei gleicherweise angeschlossene Kohlenelektroden werden in einem spitzen Winkel gegeneinandergestellt und der Schweißstelle genähert. Der zwischen beiden sich bildende Lichtbogen wird durch den positiven Pol eines in den Stromkreis geschalteten Magneten gegen die Schweißstelle geblasen. Hinsichtlich der Ausführung finden die bei der autogenen Schweißung aufgeführten Gesichtspunkte sinngemäße Anwendung.

Das Widerstandschweißverfahren wird als Stumpf- und Punktschweißverfahren auf Schweißmaschinen ausgeführt. Das Stumpfschweißverfahren eignet sich für die Verbindung von Röhren, Stangen, Stäben, Drähten u. dgl., deren Enden in dem Augenblick des Schmelzens gegeneinandergepreßt werden, das Punktschweißverfahren für Blechverbindungen. Werden die zu schweißenden Gegenstände zwischen sogenannten Rollenelektroden durchgezogen, so erhält man eine geschlossene Schweißnaht.

Zweiter Teil.

A. Chemische Behandlung metallischer Oberflächen durch Säuren.

Die Säuren werden in Holz- oder Steingutgefäßen angesetzt; Holzgefäße können auch mit Bleiblech ausgeschlagen sein.

Das Beizen von Eisen und Stahl. Verfahren zur Entfernung von Glühspan, Rost und Schmutz an rohen Materialien vor dem Ziehen, Verzinnen, Verzinken u. dgl. Die Beize besteht aus erwärmter Salzsäure. Die Dauer des Beizprozesses ist von der Stärke der Säure und der Stärke des Glühspanes abhängig. Die gebeizten Gegenstände werden in Wasser abgewaschen, dann in Sägespänen abgerieben und getrocknet.

Das Beizen von Kupfer und Kupferlegierungen. Verfahren zum Ablösen der Kruste und zur Entfernung von Öl und Schmutz. Die Beize: ein Teil 90 proz. Schwefelsäure wird mit zwei Teilen Wasser verdünnt; die Säure ist langsam in das Wasser zu gießen, nicht umgekehrt. Die zu beizenden Gegenstände werden mit einer Zange aus Holz oder Aluminium in die Beize gebracht, darauf in Wasser abgebürstet und in Sägespänen abgerieben.

Das Gelbbrennen dient zur Erzielung einer blanken gelbglänzenden Oberfläche an rohen und bearbeiteten Kupferlegierungen; teilweiser Ersatz für maschinelle (mechanische) Bearbeitung und Farbanstrich.

Die Gelbbrenne. Ansatz aus 75 Gewichtsteilen Salpetersäure, 100 Gewichtsteilen Schwefelsäure und einem Gewichtsteile Kochsalz. Der Salpetersäure wird unter stetem Umrühren mit einem Holzstabe die Schwefelsäure zugesetzt (nicht umgekehrt) und dann das Salz beigegeben. Ein kleiner Zusatz von Kienruß erhöht den Glanz der behandelten Stücke. Gelbbrenne darf nicht mit Eisen in Berührung gebracht werden; Zinnlötstellen werden in der Gelbbrenne schwarz. Die Brenngegenstände werden mit einer Holz- oder Aluminiumzange in die Brenne getaucht, darauf mehrere Male in frischem Wasser abgeflößt, dann in heißes Weinsteinwasser getaucht und zuletzt mit Sägespänen abgerieben.

Das Lötwasser. Dieses zum Verzinnen und Weichlöten am häufigsten verwendete Flußmittel besteht aus Salzsäure und Zink; ein Zusatz von Salmiak macht die Lösung schärfer; für leichte Klempnerarbeiten wird die Salzsäure mit Wasser verdünnt. Ansatz: 1 kg Zink werden 6—7 Liter Salzsäure zugesetzt. Das Zink beginnt sich sofort aufzulösen, was sich durch heftiges Aufsprudeln der Säure bemerkbar macht, die dabei regelrecht kocht. Der Behälter darf deshalb höchstens bis zu $^2/_3$ seiner Höhe gefüllt sein. Nach Beendigung des Auflösungsprozesses taucht man einen Zinkstreifen in die Lösung. Verändert er sich nicht, dann ist die Lösung gesättigt, also richtig; schmilzt er aber ab, so wurde zu wenig Zink zugegeben. Man gibt in diesem Falle noch so viel Zink zu, bis die Sättigung erreicht ist. Wurde zu viel Zink zugesetzt, so schadet das nicht, denn der Überschuß bleibt am Grunde des Behälters liegen und kann anderweitig verwendet werden.

Das Verzinnen, Löten und Ausgießen.

1. Das Verzinnen.

Soll ein Gegenstand einen Zinnüberzug erhalten, also verzinnt werden, so ist er, falls er nicht gebeizt wurde, zuerst gründlich zu reinigen und blank zu machen. Die zu verzinnende Fläche muß metallisch rein sein, denn nur dann kann mit einer haltbaren Verbindung gerechnet werden; man sagt: „es nimmt an“. Man bestreicht die betreffende Fläche mit Lötwasser und hält den Gegenstand über ein Holzkohlen-, Koks- oder Gasfeuer, bis ein daran gehaltenes Stück Lötzinn abschmilzt, worauf man die zu verzinnende Fläche mit diesem bestreicht und das abgeschmolzene Zinn mit Werg oder Putzwolle gleichmäßig verteilt. Haben hierbei einzelne Stellen nicht angenommen, so ist mit Lötwasser und Schaber nachzuhelfen. Bei Massenherstellung werden die zu verzinnenden Gegenstände entweder in ein Zinnbad getaucht oder galvanisch behandelt.

2. Das Löten.

Man unterscheidet zwei Arten: die Verbindung durch Lötzinn nach Art des Verzinnens und die Verbindung durch Kupfer und Kupferlegierungen oder durch Sonderlote. Erstere wird Weichlöten, letztere Hartlöten genannt.

Die Lötmittel und Lötgeräte. a) Für Weichlot: Lötwasser, Kolophonium oder Lötöl, Salmiak, Lötzinn, Lötkolben, Lötpistole und Lötlampe.

Lötwasser darf wegen der Nachwirkung der Säure nur für Arbeiten verwendet werden, die sich nach dem Löten abwaschen lassen; in allen andern Fällen tritt an die Stelle des Lötwassers das Kolophonium oder das säurefreie Lötöl.

Der Salmiakstein dient zum Verzinnen der Lötkolbenspitze, ist aber nicht unbedingt erforderlich. Das Lötzinn siehe unter Materialien.

Der Lötkolben besteht aus Kupfer, da dieses Metall die Wärme am besten hält und leitet. Man unterscheidet Spitz- und Hammerkolben, Benzin- und Gaslötkolben sowie elektrisch heizbare Lötkolben. Je größer bzw. stärker der zu lötende Gegenstand ist, desto schwerer muß der Lötkolben sein.

Die Erwärmung des Lötkolbens. Der Kolben wird am Kopf auf Dunkelrotglut gebracht, so daß die Spitze noch schwarz ist. Nur in Ausnahmefällen darf die Spitze dunkelrot werden.

Verbrannter Lötkolben. Wird ein Lötkolben an der Spitze auf Vollrotglut erwärmt, so verbrennt seine Verzinnung und läßt eine nahezu glasharte Kruste zurück. Diese muß gegebenenfalls bis auf das blanke Kupfer abgeschliffen oder abgefeilt und der Kolben frisch verzinnt werden.

Der Benzinlötkolben. Der Lötkolben ist mit einer Benzinblaslampe verbunden, deren Stichflamme auf den Kopf des Kolbens gerichtet ist, so daß eine ununterbrochene Erwärmung während der Arbeit stattfindet.

Der Gaslötkolben wird ebenfalls während der Arbeit erwärmt, muß aber mit Schläuchen an eine Gas- und eine Luftleitung angeschlossen werden, was seine Handlichkeit beeinträchtigt. An dem Handgriff befinden sich die Schlauchanschlüsse, Gas und Druckluft werden in einer Mischkammer vereinigt, das Gas-Luftgemisch wird durch den röhrenförmigen Stiel dem Brenner zugeführt. An den Enden eines drehbaren Scharnierstückes ist der Kupferkolben befestigt, zwischen Brenner und Kolben ist ein kleiner Heizraum freigelassen. Reglung durch Schlauchhähne.

Die Lötpistole, Lötröhre für Gas und Druckluft. Sie wird ebenfalls mit Schläuchen an die Leitungen angeschlossen, Gas und Luft werden getrennt geführt und erst kurz vor dem Austritt vereinigt. Der Brenner entwickelt eine scharfe Stichflamme, die sehr fein eingestellt werden kann.

Lötlampen werden mit Benzin, Petroleum oder Spiritus betrieben. Der erhitzte Brennstoff wird im gasförmigen Zustande durch eine feine Öffnung geblasen und in einer durchbrochenen Röhre mit Luft vermischt.

Das Verzinnen des Lötkolbens. Um mit einem Lötkolben löten zu können, muß aus den bereits erwähnten Gründen seine Spitze oder Schneide verzinnt sein. Dies geschieht durch Einbrennen einer kleinen Vertiefung in den Salmiakstein und Zinnzugabe oder kurzes Eintauchen in Lötwasser mit darauffolgendem Bestreichen mit Zinn.

b) Lötmittel für Hartlot.

Flußmittel: Gepulverter Borax, Borfix, gestoßenes Glas oder Lehmwasser. **Lötmetalle:** Kupfer und Kupferlegierungen, Silberlot, Gußeisenlötpulver (Ferrofix) und Aluminiumlot.

Die Flußmittel dienen auch beim Hartlöten dazu, die Lötstellen vor Verunreinigung und besonders vor Oxydation zu schützen und den Fluß des Lötmetalles zu fördern. Sie werden am vorteilhaftesten in flüssigem Zustande (mit Wasser) aufgetragen, da sie dann am besten haften und in Vertiefungen eindringen. Die so geschützten Gegenstände bleiben selbst bei Weißglut unter der schützenden Decke metallisch rein.

Die Löttemperatur für Hartlote. Die zu lötenden Gegenstände werden im offenen Feuer oder am Blaubrenner (Gas mit Druckluft) auf die Schmelztemperatur des Lotes erwärmt. Das Lot schmilzt auch im besten Feuer nicht eher, als bis das Werkstück die Schmelztemperatur des betreffenden Lotes angenommen hat. Für Messinglot ist Hellrotglut, für Kupferlot Gelbglut erforderlich.

Wahl des Lotes und Lötbarkeit der Metalle. In allen Fällen ist zu erwägen, wie hoch der zu lötende Gegenstand erhitzt werden darf, ohne Schaden zu nehmen; dementsprechend ist das Lot zu wählen. Schmiedeisen wird tunlichst mit Kupfer gelötet, da es anstandslos auf dessen Schmelztemperatur erwärmt werden kann und mit Kupfer die beim Löten höchst erreichbare Haltbarkeit erzielt wird. Für Gußstahl wähle man Messinglot, um ihn nicht zu überhitzen. Grauguß ist wegen seines hohen Kohlenstoffgehaltes nicht weich lötbar, kann aber mit dem Sonderlot „Ferrofix" wie anderes Eisen hart gelötet werden. Kupfer lötet man mit Messinglot, desgleichen Rotguß und Bronze. Messing kann mit Silberlot, Aluminium mit Aluminiumlot hart gelötet werden.

Löten. Über das Weichlöten ist dem, was bereits über das Verzinnen gesagt wurde, nur wenig hinzuzufügen. Leichte Gegenstände, insbesondere Blecharbeiten, werden mit gewöhnlichen Lötkolben oder kleinen Lötpistolen verbunden. Sollen an schwereren Gegenständen oder stärkerem Kupfer Lötarbeiten ausgeführt werden, so kann der Fall eintreten, daß auch der schwerste Lötkolben nicht imstande ist, das Zinn so zum Fließen zu bringen, wie es zur richtigen Verbindung der Teile nötig ist, da der betreffende Körper dem Kolben sofort die Wärme entzieht. In solchen Fällen kommen heizbare Lötkolben und größere Lötpistolen zur Anwendung. Sind größere Flächen, wie z. B. Lagerschalen, aufeinanderzulöten, so werden beide Teile verzinnt und aufeinandergepreßt, solange das Zinn an beiden Teilen flüssig ist.

Zinkblech löten. Man verwendet reine Salzsäure und schwaches Lötzinn. Der Kolben darf nur schwach erwärmt sein, andernfalls brennt das Zinkblech durch.

Weichlöten nach dem Widerstandverfahren. Durch die zu verbindenden Stücke wird ein elektrischer Strom geleitet, welcher die Lötstelle auf die Schmelztemperatur des Lötzinns erhitzt.

Das Abkühlen weich gelöteter Gegenstände ist zu unterlassen, da es der Haltbarkeit schadet.

Hartlöten. Die zu lötenden Gegenstände müssen auch in nächster Umgebung der Verbindungstellen blank sein, die Teile sind gut zusammenzupassen und haltbar miteinander zu verbinden, so daß sie auch im rotwarmen Zustande ihre Lage nicht verändern können. Hierzu verwendet man gewöhnlich schwarzen Eisendraht, der sich nach dem Löten abreißen bzw. abfeilen läßt. Vor dem Erwärmen wird zuerst das Flußmittel und dann das Lötmetall aufgetragen. Bestreuen des flüssig gewordenen Lotes mit gepulvertem Borax fördert den Fluß. Hart gelötete Stücke können sofort abgekühlt werden, damit die von dem Flußmittel herrührende glasige Kruste abspringt, doch ist bei Stahl auf die damit verbundene Härtung des Gegen- standes Bedacht zu nehmen.

Das Löten von Bruchstellen und Rissen. Sollen verunreinigte Bruch- stellen oder angerissene Teile hart gelötet werden, so ist es notwen- dig, sie zuvor mit Salzsäure zu reinigen und in reinem Wasser ab- zuspülen und zu trocknen, worauf man die Umgebung der Bruch- stellen blank macht, die Teile fest aufeinandergepreßt und auf dem sonst üblichen Wege weiterbehandelt.

Grauguß löten. Das Lötmittel Ferrofix wird mit der dazugehörigen Anrührflüssigkeit vermengt und auf die sorgfältig gereinigten Be- rührungstellen gestrichen. Hierauf werden die Teile zusammenge- zogen, die Lötfuge wird mit Ferrofix ausgestrichen, dann flüssiger Borax oder Borfix aufgetragen, das Schlaglot aufgelegt und ge- pulverter Borax oder Borfix darüber gestreut. Man erhitzt die Gegen- stände sehr langsam und läßt sie ebenso erkalten.

Hartlöten auf elektrischem Wege. Nach dem Zerenerschen Ver- fahren.

3. Das Ausgießen.

Lager, Führungen, Spindelmuttern u. dgl. werden zur Erzielung eines leichten Ganges, Schonung der darin laufenden oder gleitenden Teile, wie auch mit Rücksicht auf ihre Ausbesserung vielfach mit Weißmetall gefüttert. Dieses wird auch Komposition genannt. Bei Erneuerung ausgegossener Stücke wird das alte Metall entweder herausgestochen oder ausgeschmolzen. Vor dem Eingießen des flüs- sigen Metalles ist jede Gießform mindestens soweit anzuwärmen, daß daraufgespritztes Wasser zischt. Lehm ist zu trocknen. Wollte man in eine feuchte, kalte oder gar gefrorene Form geschmolzenes Metall einfüllen, so würden sich in dieser sofort Dämpfe entwickeln, die das Metall explosionsartig zurückschlagen, unter Umständen den betref- fenden Körper sprengen. Auch hüte man sich davor, kalte oder nasse Weißmetallstücke in flüssiges Metall zu werfen, denn auch um solche entwickeln sich blitzschnell starke Dämpfe, so daß der ganze Inhalt herausgeschleudert werden kann. Das Weißmetall wird meist in einem schmiedeeisernen Gießlöffel, bei größeren Mengen im Tiegel geschmolzen. Es soll dünnflüssig, aber niemals rotwarm sein, da es bei dieser Temperatur seiner Legierungsbestandteile teilweise ver- lustig geht. Die auszugießenden Hohlräume werden mit Ansätzen,

Schwalbenschwanznuten öder Zapfen versehen oder auch kreuz und quer verbohrt, damit das Metall, das alle zugänglichen Vertiefungen ausfüllt, einen guten Halt bekommt. . Kupferlegierungen, Eisen, Stahl, Temperguß und Stahlguß werden außerdem vor dem Ausgießen verzinnt. Diese Metalle werden zum Ausgießen auf „zinnflüssig" erwärmt, so daß sich das flüssige Weißmetall mit der ebenfalls flüssigen Verzinnung innig verbindet, sozusagen anlötet. Sollen ausgegossene Teile nachher mit Maschinen bearbeitet werden, so ist auf entsprechende Materialzugabe Rücksicht zu nehmen. Kleine Bohrungen gießt man voll, größere, geschlossene Hohlräume erhalten einen zwei- bis dreiteiligen eisernen Kern, der nach dem Erstarren leicht ausgetrieben werden kann. Geteilte (offene) Gegenstände, wie Lagerschalen u. dgl., erhalten meist Blechformkerne. Zweiteilige Lager erhalten außerdem Blechbeilagen. Ritzen und Schmierlöcher werden mit Lehm ausgestrichen.

Ausgießen auf Fertigmaß. Das Paßstück (Führungstück, Welle u. dgl.) muß glatt und zylindrisch sein; es wird eingefettet in die Bohrung gesteckt und genau in die Lage gebracht, welche es nachher einnehmen soll.

Ausgießen einer Mutter auf der Spindel. Falls die Spindel nicht genau zylindrisch oder stellenweise eingelaufen ist, sollte sie stets vor dem Ausgießen der Mutter ausgeglichen (egalisiert) werden. Ist dies aus irgendeinem Grunde nicht möglich, so stellt man die Mutter über die stärkste und vollkommenste Stelle des Gewindes. Diese ist zuvor leicht einzufetten und mit einem Hauch feinsten Holzkohlenstaubes zu umgeben. Supportmuttern werden am besten im Support ausgegossen, da es vieler Umstände bedarf, sie auf anderem Wege in die „Flucht" zu bringen. Beide Teile müssen annähernd auf die Schmelztemperatur des Weißmetalles erwärmt, das Metall muß dünnflüssig sein, andernfalls läuft es nicht durch die Gewindegänge. Es ist vorteilhaft, eingegossene Teile. zu bewegen, ehe das Metall vollständig kalt geworden ist; doch darf dies nicht geschehen, solange zu vermuten ist, daß sich das Innere noch im teigigen Zustande befindet.

B. Die Rohrinstallation.

Für die Einrichtung von Gas-, Wasser- und Dampfleitungsanlagen besteht ein besonderes Gewindesystem, das Rohr- oder Gasgewinde, welches die Grundlage für die Auswahl der Rohre, Verbindungsteile und Absperrvorrichtungen für Leitungen bildet. Diese Rohre führen die Bezeichnung „Gasrohre", ihre Verbindungsteile werden „Fittings" genannt. Beide kommen sowohl schwarz (roh) als auch verzinkt (galvanisiert) in den Handel. Die lichte Weite der Rohre bildet die

Grundlage für die Sortenbezeichnung. Zu Trinkwasserleitungen dürfen nur galvanisierte Rohre und Fittings verwendet werden, für Nutzwasser, Gas und Dampf genügen schwarze Leitungen.

Gasrohre sind in der Regel aus einem Blechstreifen gerollt und stumpf geschweißt; doch gibt es auch überlappt- und spiralgeschweißte und gezogene Rohre.

Fittings sind teils gepreßt, teils aus Temperguß hergestellt und werden wie die Rohre geschnitten geliefert. Fittings aus gewöhnlichem Temperguß haben einen Randwulst, gepreßte und Tiegelprodukte dagegen nicht. Die gangbarsten sind: Muffen, gerade, Reduktions-, Langgewinde- und Kappenmuffen sowie Muffen mit rechtem und linkem Gewinde. Gegenmuttern für Langgewinde. Winkel von 30—90°, Decken- und Etagenwinkel sowie Winkelverteilungstücke. Bogen im Winkel von 30—90°, einteilig und zweiteilig mit Verschraubung, Doppel-, Etagen- und Überbogen. Teestücke in 30 bis 90° und Überspringteestücke. Kreuzstücke in 30—90°. Nippel, durchgeschnittene und Doppelnippel mit Sechskant sowie Reduktionsnippel. Stopfen, Flanschen, rund und oval und Verschraubungen. Weitere Zubehörteile sind: Stutzen, Rohrträger, Rohrbänder, Rohrschellen und Rohrhaken. Außerdem gibt es sogenannte Geländerfittings in allen erdenklichen Formen.

Gasgewinde-Tabelle. Kantenwinkel 55°.

Lichter Rohrdurchmesser Zoll	Äuß. Rohr- und Gewindedurchmesser mm	Kerndurchmesser mm	Anzahl Gänge pro Zoll	Lichter Rohrdurchmesser Zoll	Äuß. Rohr- und Gewindedurchmesser mm	Kerndurchmesser mm	Anzahl Gänge pro Zoll
$1/8$	10	8,8	26	$1^1/_2$	48	45	11
$1/4$	13	11,3	19	$1^3/_4$	52	49	11
$3/8$	16,5	14,8	19	2	59	56	11
$1/2$	20,5	18,2	14	$2^1/_4$	70	67	11
$5/8$	23	20,7	14	$2^1/_2$	76	73	11
$3/4$	26,5	24,2	14	3	89	86	11
1	33	30	11	$3^1/_2$	101	98	11
$1^1/_4$	42	39	11	4	114	111	11

Installationsgeräte und -Werkzeuge.

Gewöhnlicher Schraubstock, Rohrschraubstock, Rohrspannkluppe, Rohrabschneider, Rohrausschneider, Metallsäge, Rohrfräser, verschiedene Rohrzangen, Rohrschraubenschlüssel, Gasgewindeschneidzeuge, Flanschenwinkel, Rohrbiegeapparate, Rohrwalzen und die gewöhnlichen gröberen Schraubstockwerkzeuge sowie eine Preßpumpe und Feldschmiede.

Schraubstock und Rohrschraubstock sind für Montagezwecke gewöhnlich an beiden Enden einer fahrbaren (fliegenden) Werkbank befestigt, doch gibt es auch besondere Installationsschraubstöcke mit zusammenlegbarem Dreifußgestell, die vorzüglich halten und leicht zu befördern sind; der Arbeiter steht bei ihnen auf einem mit dem Gestell verbundenen Standbrett. Der Rohrschraubstock hat zwei ineinanderschiebbare Backen mit prismatischen, gezahnten Ausschnitten, die das Rohr umschließen und an vier Stellen erfassen, so daß ein Zusammendrücken nahezu ausgeschlossen ist. Zu demselben Zwecke dient

die Rohrspannkluppe, die nach Art der Bleibacken im gewöhnlichen Schraubstock angewandt wird. Stehen weder Rohrschraubstock noch Spannkluppe zur Verfügung, so spannt man ein Rohr wagerecht in den Schraubstock, so daß der Druck auf die ganze Länge der Schraubstockbacken verteilt wird. Ein senkrecht eingespanntes Rohr wird oval gedrückt.

Der Rohrabschneider, ein bügelförmiges Werkzeug, ist mit einem, zwei oder mehr Rollmessern besetzt, von denen eins nachstellbar ist. Er wird beim Gebrauch schön gerade aufgesteckt und unter stetem Nachspannen so lange um das Rohr herumgeführt, bis es durchgeschnitten ist. Für große, besonders für Gußröhren hat man Gliederrohrabschneider; je nach dem Rohrdurchmesser werden einzelne Glieder angehängt oder abgenommen. In Ermangelung eines Rohrabschneiders werden Röhren abgesägt oder mit einer groben Dreikantoder Halbrundfeile abgefeilt.

Mit dem Rohrabschneider abgetrennte Röhren zeigen einen wulstigen Innen- und Außengrat, der stets zu entfernen ist; der innere Grat verkleinert den Durchgang und hat außerdem den Nachteil, daß die betreffende Leitung sich nie vollständig entleeren kann. Der Außengrat ist beim Gewindeschneiden hinderlich.

Rohrausschneider für weite Rohre. Die Rollmesser sind in verstellbaren Backen gelagert.

Die Rohrfräser. Das Entgraten der Röhren geschieht am besten mit Rohrfräsern, die gezahnte Innen- und Außenkegel haben und nach Art der Versenker gehandhabt werden. Sind Rohrfräser nicht verfügbar, so greift man zur Feile.

Rohrzangen. Kleine, sogenannte Brennerzangen, haben halbrunde gezahnte Einschnitte; beide Zangenschenkel sind starr, müssen daher von Hand zusammengedrückt werden. Größere Zangen bestehen gewöhnlich aus einem Greifbügel und einem in diesem beweglich gelagerten zweiarmigen Hebel. Der Bügel hat prismatischen oder halbrunden, gezahnten Ausschnitt; sein freies Ende ist scharnierartig mit dem Hebel verbunden, dessen kurzer Arm, der Greifer oder Beißer, vorn abgeschrägt und gezahnt ist. Diese Rohrzange zieht sich selbst zu und faßt um so besser, je größer der auftretende Widerstand ist.

Rohrschraubenschlüssel sind verstellbare Schraubenschlüssel mit prismatischem, gezahntem Ausschnitt.

Gasgewindeschneidzeuge. Die Schneidkluppen für Gasgewinde haben teils nach Art der Schneideisen geschlossene Backen, teils nach Art der Schneidköpfe an Gewindeschneidmaschinen drei oder vier Stellbacken, die mittels plangewindeartiger Spiralsegmente zentrisch eingestellt werden, sowie eine besondere gleicher Art verstellbare Geradführung, die ein schiefes Anfangen und Ecken der Backen verhindert. Neben zwei- und vierarmigen Kluppen mit abschraubbaren Armen gibt es auch einarmige, sogenannte Rätschkluppen, mit denen an Leitungen gearbeitet werden kann, die nicht abgenommen werden sollen. Gasgewinde werden in der Regel auf einen Zug geschnitten. Kluppen mit verstellbaren Backen sollen nicht zurückgetrieben, sondern am Gewindeende geöffnet werden, um Beschädigungen an Gewinde und Backen zu verhüten. Es können mit einem Backensatze mehrere Gewinde verschiedener Durchmesser geschnitten werden, die gleiche Steigung haben.

Gasgewindebohrer werden für Installationsarbeiten gewöhnlich nur in den kleineren Nummern gebraucht.

Der Flanschenwinkel (Fig. 79). Ausgekröpfter Rechteckwinkel zur Geradstellung der Flanschen.

Die Preßpumpe dient zum Abpressen fertiger Wasserleitungen.

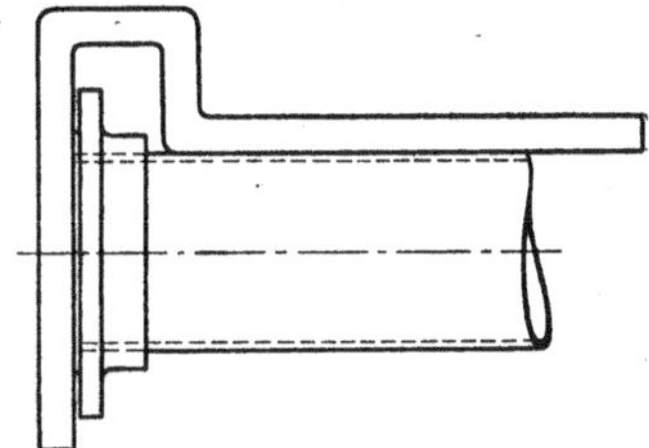

Fig. 79. Rohrwinkel.

Die Feldschmiede, eine fahrbare Esse, braucht man zu größeren Installationsarbeiten, die außerhalb der Werkstatt auszuführen sind.

Dichtungsmaterialien. Hanf, Kautschuk, Bleiblech, Asbest neben Klingerit, Haberit, Metzlerit, und Bleiweiß.

Legen von Leitungen.

Rohrleitungen jeder Art müssen so verlegt werden, daß sie sich nach einer Seite hin entleeren können, also mit ausreichendem Gefälle. Wasserleitungen in Gebäuden legt man wegen der Frostgefahr nicht an die äußeren Umfassungswände, sondern stets an Innenwände, in Kanäle oder an die Decke. Erdleitungen müssen in frostfreie Tiefe, d. h. 1,20 m unter die Erdoberfläche.

Bemessung der Rohrlänge und Auswahl der Verbindungsteile. Bevor mit dem Einbau einer Rohrleitung begonnen wird, ist festzustellen, wo sofort oder möglicherweise später abgezweigt werden soll; wo Hähne, Ventile, Meßuhren u. dgl. einzuschalten und Flansche oder Verschraubungen zu setzen sind. Diese Stellen und die Baulänge der betreffenden Teile werden an den Wänden angezeichnet. Wo mit späteren Abzweigungen zu rechnen ist, setzt man Tee- oder Kreuzstücke ein, die man mit Stopfen verschließt. Flanschen werden so verteilt, daß man bei späteren Ausbesserungen und Abänderungen einzelne Teile einer Leitung ohne Umstände herausnehmen kann. Die sich hierbei ergebenden Abschnittlängen geben die Grundlagen für die Bemessung der Rohrlängen.

Das Langgewinde. In besonders gearteten Fällen wendet man an Stelle von Flanschen und Verschraubungen das sogen. Langgewinde an, d. h. man schneidet das Gewinde des einen Teiles um Mutterhöhe länger als gewöhnlich, dasjenige des andern Teiles dagegen so lang, daß Muffe und Gegenmutter ganz darauf gehen und schraubt beide Muttern und die Muffe vollständig ein. Nach erfolgtem Zusammenstoßen beider Rohrenden schraubt man die Muffe um die Hälfte zurück und zieht die Gegenmuttern fest.

Reduzierstücke gebraucht man zu der Verbindung verschieden weiter Leitungen.

Abschneiden der Rohre. Bei der Längenbemessung von Rohrstücken mißt man zwischen den Verbindungsteilen und zählt die beiderseitigen Gewindelängen hinzu.

Das Schneiden der Gewinde. Wie schon angegeben, werden Rohrgewinde gewöhnlich auf einen Zug geschnitten. Dies ist aber nur möglich, wenn sie gut festgehalten werden. Man faßt sie daher gleich kräftig. Rohrgewinde werden nicht so passend geschnitten wie Schraubengewinde; sie sollen im Gegenteil ein wenig Spiel haben, damit der zur Dichtung bestimmte Hanf mit hineingezogen werden kann. Die Gewindelänge richtet sich nach derjenigen der zugehörigen Teile, die bei Fittings in der Regel gleich der Weite ist. Flanschgewinde werden der Flanschenstärke entsprechend kurz geschnitten.

Das Einschrauben der Verbindungsteile. Das Gewinde des Rohres wird mit Bleiweiß, Mennige, Mangankitt oder auch nur mit Öl bestrichen und mit feinzerteilten Hanffasern so umwickelt, daß die Fasern den Gewindegängen folgen. Muffen, Winkel, Teestücke u. dgl. werden mit der Rohrzange oder dem Rohrschraubenschlüssel eingetrieben. Bei Flanschen ist es vorteilhafter, einen kleinen Bügel aus Rundeisen oder die Schenkelenden einer Feuerzange in die Schraubenlöcher zu stecken und mit durchgeschobenem Rohrstück zu treiben. Flanschen müssen nach allen Seiten gerade stehen, andernfalls ziehen sie die Leitung krumm. Das Rohrende ist bei Flanschen mit diesen einzuebnen.

Nippel mit durchgehendem Gewinde werden in beide Teile gleichzeitig eingeschraubt; Doppelnippel und Stutzen wie andere Verbindungsteile.

Beschädigte Fittings. Werden Verbindungsteile mit Gewalt eingetrieben, oder haben sie schadhafte Stellen, so kann es vorkommen, daß sie aufreißen. Es ist daher nötig, alle derartigen Stücke nach ihrem Eintreiben zu prüfen und gegebenenfalls sofort auszuwechseln. Zeigt sich der Schaden erst bei der Probe, so kann der Fall eintreten, daß ganze Abschnitte einer bereits fertig verlegten Leitung wieder auseinandergenommen werden müssen.

Verpacken der Flanschen. Gas- und gewöhnliche Wasserleitungen werden mit Kautschuk, Dampf- und Heißwasserleitungen mit Asbest verpackt. Zwischen die Flanschenpaare wird ein Verpackungsring eingeschoben, dessen lichte Weite etwa 1 mm größer ist als diejenige der Leitung, und dessen äußerer Durchmesser so gehalten ist, daß der Ring zwischen den Schrauben eingeschoben werden kann. Ovalflanschen werden stets mit 2, runde Flanschen mit 3 oder mehr Schrauben besetzt. Bei dem Anziehen der Flanschen ist darauf zu achten, daß sie ringsum gleichweit voneinander abstehen.

Befestigen der Leitungen. Hierzu dienen die Rohrhaken, Träger und Rohrschellen, die in geeigneten Abständen bei Fachwerkbauten unmittelbar in die Wand, bei vollem Mauerwerk in Dübel geschlagen werden, s. d.

Das Prüfen der Leitungen. Fertiggestellte Leitungen müssen auf ihre Dichtigkeit geprüft werden. Dies geschieht bei Wasserleitungen entweder durch den Leitungsdruck oder durch eine angeschlossene Preßpumpe, bei Gasleitungen entweder durch Anschluß an das Leitungsnetz und Ableuchten mit matter Spiritusflamme, oder durch Anschluß eines Gasprüfungsapparates, der beim Ableuchten beschädigter Stellen eine lange Stichflamme erzeugt.

Dampfleitungen. Zu Dampfleitungen werden neben den bereits genannten Rohrarten auch Kupferrohre verwendet.

Flanschen auf Kupferrohren. Diese werden mit dem Rohr nicht fest verbunden, sondern lose darübergeschoben. An den Rohrenden werden Bordscheiben (Bordringe) hart aufgelötet und mittels Flanschen festgezogen; der Durchmesser der Bordscheiben ist gleich dem bei den Verpackungen genannten. Die Flanschen müssen vor dem Aufstecken und Anlöten der Bordscheiben über das Rohr geschoben werden, ihre Bohrung muß leicht über den Hals der Bordscheibe gehen.

Verpacken. Dampfrohrflanschen und Bordscheiben werden mit einem angenetzten Asbestring, Kupferring oder Drahtsieb mit Mangankitt, in besonderen Fällen auch mit Linsen gedichtet, s. d. Für das Ausschneiden der Packungen gilt das über das Einteilen von Blechtafeln Gesagte.

Das Biegen der Rohre. Rohre kann man nicht ohne weiteres wie Vollmaterial biegen, sie müssen durch Umfassung oder Füllung gegen seitliches Ausweichen geschützt werden, damit keine Knickung eintreten kann und das Rohr rund bleibt. Eisenrohre lassen sich bis zu 1 Zoll kalt biegen; stumpfgeschweißte, also Gasrohre, sind, wo es möglich ist, immer so zu biegen, daß die Schweißnaht auf die Seite kommt, andernfalls springt sie leicht auf.

Der Rohrbiegeapparat, ein sehr praktisches Hilfsmittel, mit dem Rohre in sehr vollkommener Weise und in kürzester Frist ohne Füllung gebogen werden können. Das im Apparat festgespannte Rohr wird mittels eines um eine feste Achse schwingenden Hebels um einen Rundkörper herumgezogen, in dem eine zu dem Rohr passende Rille eingedreht ist. An dem Hebel befindet sich eine Druckrolle mit Hohlkehle, die ebenfalls auf das Rohr paßt, so daß dieses an den Auflage- und Druckstellen vollständig umschlossen ist. In anderer Ausführung liegt das Rohr auf zwei beweglichen Rollen, und an die Stelle des Hebels tritt ein Zugbügel mit Druckrolle. Die Auswahl der Rundkörper und Druckrollen richtet sich nach dem jeweiligen Rohrdurchmesser und Biegeradius.

Rohrbiegen ohne Apparat. 1. Ohne Füllung. a) Kalt. Man spannt das Rohr an der Biegestelle wagerecht so in den Schraubstock, daß die Biegerichtung nach oben geht und drückt beide Rohrenden in die Höhe. Galvanisierte Rohre dürfen nicht erwärmt werden, da ihr Zinküberzug bei Rotglut verbrennt. Man hilft sich bei stärkeren Leitungen mit Abzweigstücken. b) Warm. Die Rohre werden abschnittweise erwärmt und im Schraubstock nach oben gedrückt. Es dürfen immer nur kurze Abschnitte des werdenden Bogens erwärmt werden, die Erwärmung ist unter Umständen durch seitliches Begießen abzugrenzen.

Verlängerung. Ist ein Rohr an einem seiner Enden zu biegen, fehlt also der zum Biegen nötige Hebelarm, so verfalle man nicht in den Fehler, eine Verlängerung in das Rohrende zu stecken, denn dieses würde beim Ziehen oval werden oder aufreißen. Um dies zu vermeiden, steckt man einen etwa doppelt so weiten Ring auf das Rohrende (Fig. 80), schiebt den Biegehebel durch den Ring und unterlegt diesen an der Biegestelle mit angefeuchtetem Holz (diese Verlänge-

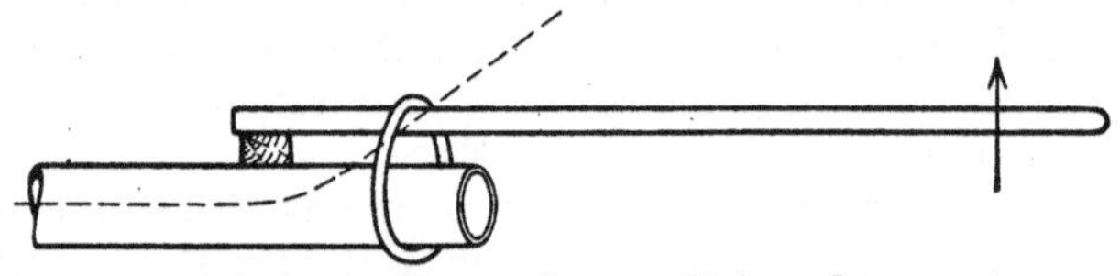

Fig. 80. Biegen kurzer Rohrenden.

rung ist gegebenenfalls auch bei gefüllten Rohren anzuwenden). Es empfiehlt sich, das freie Rohrende eines offen zu erwärmenden Rohres zuzustopfen, damit die Feuergase nicht durch das Rohr ziehen können.

2. Mit Füllung. a) Sandfüllung. Mit Sand gefüllte Rohre können beliebig gebogen werden, der Sand muß jedoch vollständig trocken sein, andernfalls setzt er sich nicht. Bei Verwendung feuchten Sandes entwickeln sich außerdem Dämpfe, die ein von beiden Seiten verschlossenes Rohr sprengen können. Um ein Rohr mit Sand zu füllen, schließt man es an einem Ende mit einem Holzspund oder durch Zusammenkneifen ab, dann füllt man das Rohr allmählich auf und hämmert es mit einem kleinen Hammer tüchtig durch, damit der Sand sich setzt. Ist die Füllung sorgfältig durchgeführt, so schließt man auch das andere Ende.

b) Kolophoniumfüllung. Kupferrohre werden stets kalt gebogen; sie werden vor dem Biegen geglüht, abgelöscht, an einem Ende verschlossen und mit geschmolzenem Kolophonium gefüllt, worauf man sie senkrecht stehen läßt, bis die Füllung sich gesetzt und erhärtet hat. Rohre mit Kolophoniumfüllung dürfen nicht erwärmt werden, es sei denn, um sie zu entleeren.

Entleeren. Man erwärmt eines der Rohrenden so, daß das austretende Kolophonium in einen Behälter abfließen kann, und schiebt das Rohr langsam in dem Verhältnis vor, wie es sich entleert. Man lasse dem Kolophonium reichlich Zeit zum Ausfließen. Wird diese Vorsichtsmaßregel nicht beachtet und das Rohr zu rasch vorgeschoben, so ist bestimmt mit einer Explosion zu rechnen, denn das Kolophonium kann sich an der neuen Erwärmungstelle nicht ausdehnen, da der davorsitzende Pfropfen nicht nachgibt; schließlich platzt das Rohr.

c) **Bleifüllung.** Dünnwandige Messingrohre werden wie Kupferrohre gebogen, aber mit Blei gefüllt. Ihre Entleerung erfolgt über einem ruhigen Holzkohlenfeuer.

Abschrecken warmer Rohre. Man hält das Rohr beim Abschrecken stets so, daß das nach hinten ausspritzende Wasser niemanden treffen kann.

Biegeschablonen. Um den Bug eines Rohres an die richtige Stelle zu bekommen und überhaupt den richtigen Biegehalbmesser zu erhalten, macht man sich aus schwachem Rundeisen eine Lehre, die an einem Rohrende oder an einem besonderem Zeichen gut gehalten und über Rohrmitte gehalten wird.

Biegen nach Vorriß. Der Bug wird in Naturgröße gut sichtbar auf ein ebenes Blechstück gezeichnet.

Rohre anstücken ohne Gewinde. Ein Rohrende wird konisch ausgerieben, bis der Rand scharf ist, das Gegenstück gut eingepaßt und hart verlötet oder auf einer Rohrschweißmaschine geschweißt. Bei Anwendung des autogenen Verfahrens läßt man die Ränder stumpf zusammenstoßen.

Die Flanschen- und Muffenrohre.

Rohre von größerer Weite für Hauptleitungen sind teils aus Schmiedeisen, teils aus Gußeisen; die schmiedeeisernen erhalten aufgewalzte, die gußeisernen angegossene Flanschen oder Muffen.

Das Abtrennen solcher Rohre geschieht, wie bereits anderweitig angedeutet, mit dem Gliederrohrabschneider oder mit dem Rohrausschneider. Schmiedeeiserne Rohre können im Notfalle mit dem sogenannten Rohrmeißel (Hohlkehlenmeißel) (Fig. 81) abgekreuzt werden.

Befestigung der Flanschen an schmiedeeisernen Rohren. a) Durch Walzen. **Die Rohrwalze** besteht aus einem zylindrischen Gehäuse, dem Walzdorn, den Walzen und der Spannhülse. Sämtliche Teile sind aus Stahl hergestellt und gehärtet. Die lose in den nach innen erweiterten und konischen Schlitzen des Gehäuses liegenden konischen Walzen werden durch den ebenfalls konischen Dorn an die innere Röhrenwand gepreßt und durch Antreiben (Drehen) des Dornes bewegt. Das Anpressen des Dornes geschieht durch die Spannhülse oder mit dem Hammer (Schlagwalzen). Die Kegelstei-

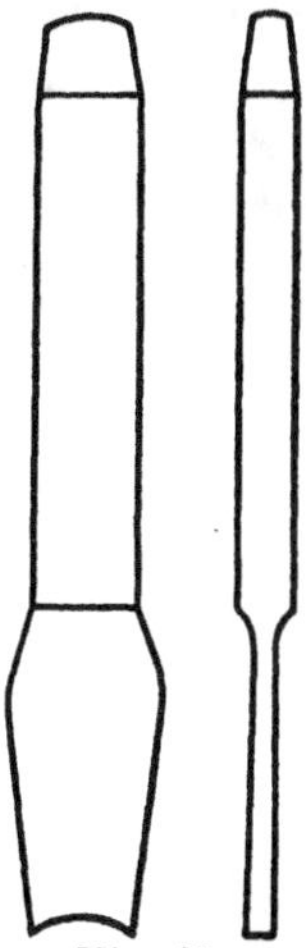

Fig. 81.
Rohrmeißel.

gung des Dornes beträgt das Doppelte von der der Walzen, so daß
die Außenstellung der Walzen zylindrisch ist. In die Bohrung der
zum Aufwalzen bestimmten Flanschen werden mehrere kantige Rillen
eingedreht. Diese füllen sich während des Walzens mit dem Material
des Rohres aus, d. h. an dem Rohr bilden sich Ansätze (Kämme),
welche die Flansche halten und dichten.

Das Walzen. Man schiebt den Flansch so über das Rohrende, daß
er vorn bündig ist, stellt die Schraubenlöcher mittels zweier über ein-
gesteckte Schrau-
ben gelegten Line-
ale (Fig. 82) richtig,
den Flansch selbst
mit Hilfe des Rohr-
winkels nach allen
Seiten gerade und
führt die Rohrwalze
ein, die unter gleich-
zeitigem Nachspan-

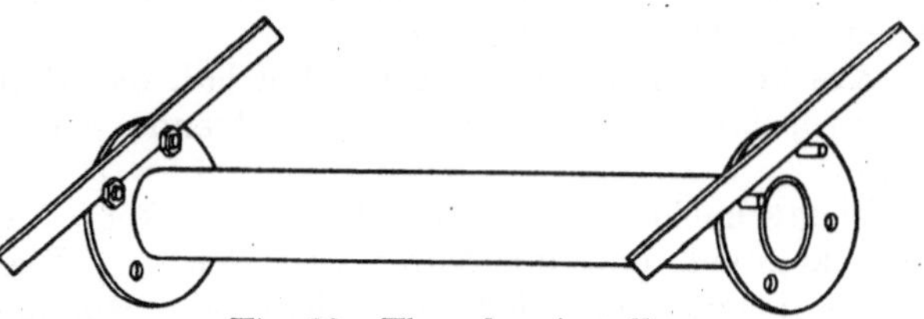

Fig. 82. Flansche einstellen.

nen angetrieben wird, bis das Gefühl zu erkennen gibt, daß der
Flansch gut sitzt, d. h. bis die Walze schwer geht, worauf man das
Rohrende verhämmert und einebnet.

b) **Flanschen auflöten.** Ist eine Rohrwalze nicht zur Hand oder das
Walzen nicht angängig, so können solche Flanschen auch hart aufgelötet werden. Man schlägt den Flansch stramm auf das Rohr und
stellt dieses zum Löten senkrecht ins Feuer.

Ebendrehen der Flanschen. Um bei Rohren von großer lichter Weite
ganz sicher eine dichte und gerade Leitung zu erhalten, ist es am
besten, gewalzte und gelötete Flanschen ebenzudrehen. Dies kann bei
geraden Rohren mittels eingesetzter Stege zwischen den Spitzen geschehen, Flanschen gekrümmter Rohre dreht man auf der Wagerechtbohrmaschine mit dem Umlaufsupport.

Gußeiserne Flanschenrohre, Krümmer und Abzweigstücke. Diese
Rohre und Verbindungstücke sind in der Regel an beiden Seiten ge-
flanscht. Die Überhöhung innerhalb der Schraubenlöcher ist für die
Packung bestimmt; sie ist stets ebengedreht und mit Stichen versehen, die der Packung einen guten Halt geben.

Eingedrehte Flanschen. In einen der Flanschen ist eine Vertiefung
eingedreht, der andere hat eine vorstehende Fläche, deren Durchmesser
zu der Eindrehung paßt. Die Packung wird in die Vertiefung eingelegt und kann somit niemals ausreißen.

Muffenrohre. Die gußeisernen Leitungsrohre und Abzweigstücke,
die in der Erde verlegt werden, haben an einem Ende eine angegossene Muffe, die etwa um das Doppelte der Rohrwandstärke weiter ist
als der äußere Rohrdurchmesser. Am Grunde der Muffe befindet sich
eine Vertiefung, in die der Rohrdurchmesser paßt, und die dem An-
schlußrohr seine zentrische Stellung gibt.

Anschluß und Abdichtung. Nach Einführung des Anschlußrohres wird in den Hohlraum der Muffe ein Hanfkordelstreifen eingelegt und gut eingestemmt. Der Rest wird entweder mit Bleiwollekordel ausgefüllt oder mit geschmolzenem Blei ausgegossen. Auch die Bleieinlage wird in beiden Fällen gestemmt.

Abstützen der Erdleitungen. In der Erde verlegte Leitungen müssen in kurzen Abständen so abgestützt werden, daß sie bei Bodensenkungen, Belastung durch Fuhrwerke u. dgl. gegen Bruch gesichert sind.

Frostmaßnahmen. Bei zu erwartender strenger Kälte müssen alle Wasserleitungen abgestellt werden, auch solche, die nur teilweise durch ungeheizte Räume gehen. Nach erfolgtem Schließen des Haupthahnes, der frostsicher sein muß, öffnet man den hinter diesem sitzenden Entleerungshahn sowie einen Auslaufhahn der Leitung, worauf sich diese entleert. Die genannten Hähne müssen sämtlich so lange in dieser Stellung verbleiben, wie die Leitung abgestellt ist, da die wenig benutzten Haupthähne öfter nicht dichthalten.

Auftauen einer eingefrorenen Leitung. Ist eine Wasserleitung eingefroren, so muß das in ihr entstandene Eis mit heißen Tüchern, Sandflaschen oder Anwärmelampen geschmolzen werden. Man beginnt an der Auslauföffnung des der Gefrierstelle am nächsten liegenden Hahnes oder Ventils. Ist diese Absperrvorrichtung soweit eisfrei geworden, daß sie sich aufschrauben läßt, so muß sie unverzüglich geöffnet werden. Das Auftauen darf nur sehr langsam und in demselben Maße weiterschreiten, wie die Leitung sich entleert. Anwärmen hinter einem Eispfropfen sprengt die Leitung. Kann der betreffende Leitungsteil abgeflanscht werden, so ist dies dem Auftauen an der Wand vorzuziehen.

Das Isolieren der Dampfleitungen. Um bei Dampfleitungen die Wärmeabgabe auf ein Mindestmaß einzuschränken, werden sie mit einem schlechten Wärmeleiter umgeben. Man verwendet hierzu Kieselgurkomposition, eine mehlige Masse, die mit Wasser zu Brei vermengt wird. Die Leitung erhält zuerst einen Teer- oder Teerfarbenanstrich. Die Isoliermasse wird auf die unter Dampf gehaltene Leitung in dünnen Schichten aufgestrichen, bis der Flanschendurchmesser erreicht ist. Die Flanschen selbst bleiben frei, damit die Schrauben zugänglich sind. Die fertige Isolation wird mit Leinwand- oder Jutestreifen umwickelt, die man mit Bindedraht befestigt. Die Flanschstellen erhalten einen abnehmbaren Blechmantel, isolierte Freileitungen einen Dachpappenüberzug.

Einheitsfarben zur Kennzeichnung von Rohrleitungen in industriellen Betrieben und öffentlichen Gebäuden.

Um die verschiedenen Zwecken dienenden Rohrleitungen sicher voneinander unterscheiden zu können, sind für ihren Anstrich folgende Kennfarben eingeführt:

Wasser, Grundfarbe grün.

Städtische Druckleitung	grün,	
Eigene „ „	mit	Ultramarinblau,
Pumpensaugleitungen „ „	Aluminium,	
Abwasser „ „	Schwarz,	
Seifenwasser „ „	Zinnober.	

Gas, Grundfarbe gelb.

Städtisches Gas für Beleuchtung gelb mit Karmin,
„ „ zum Heizen „ „ Rosa,
Generatorgas   „ „ Hellblau.

Luft und Wind, Grundfarbe hellblau.

Ventilator   hellblau mit Zinnober,
Hochdruck   „ „ Karmin,
Exhaustoren (Saugleitungen) „ „ Aluminium.

Dampf, Grundfarbe weiß.

Hochdruck a) Naßdampf weiß,
   b) Heißdampf „ mit Indischrot,
Niederdruck   „ „ Karmin,
Abdampf   „ „ Grün,
Kondensleitungen „ „ Ultramarinblau.

Öl, Grundfarbe braun.

C. Armaturen.

Unter den Sammelnamen Armatur fallen im allgemeinen Maschinenbau alle jene Einrichtungen, die zur In- und Außerbetriebsetzung, Reglung und Überwachung von Wasser-, Dampf- und Gasanlagen dienen.

Absperr- und Sicherheitsvorrichtungen.

Zusammenstellung der am häufigsten verwendeten Hähne und Ventile.

Hähne. Durchgangs-, Auslauf- und Selbstschlußhähne; diese werden als Konus-, Ventil- oder Klappenhähne ausgeführt und im besonderen als Stopfbüchsen-, Kappen-, selbstdichtende, Dreiweg- und Schlauchhähne unterschieden.

Ventile. Absperr-, Wechsel-, Rückschlag-, Sicherheits-, Druckminderungs- und entlastete Ventile sowie Ventilschieber. Man unterscheidet Kegel-, Teller-, Kugel- und Klappenventile, Wasser-, Dampf- und Gasschieber.

1. Hähne.

Durchgangs- und Auslaufhähne für Wasserleitungen. Ventilhähne mit Leder- oder Paramitgummidichtung und mit kleiner Stopfbüchse und Konushähne.

Gashähne. Ventilhähne mit Metalldichtung und Konushähne.

Dampfhähne. Ventilhähne mit Metalldichtung, Konushähne und Klappenhähne.

Stopfbüchsen- und Kappenhähne. Der Reiber, auch Küken genannt, wird mit einer Stopfbüchse oder Kappenmutter in das Gehäuse gedrückt. Eine am Gehäuseboden befindliche Schraube dient zum Ausheben des Reibers, sie ist durch Gegenmutter abgedichtet.

Selbstdichtende Hähne. Dampfhähne mit Dichtungseinlagen aus rotem und blauem Asbest, der bei 350° C erhärtet wird. Diese Einlage dehnt sich bei der Erwärmung aus und bewirkt dadurch die Abdichtung; außerdem Konushähne mit Federspannung.

Dreiweghähne. (Umschalthähne.) Konushähne mit drei Anschlüssen; der Reiber ist entweder T-förmig oder im rechten Winkel gebohrt.

Schlauchhähne. Auslaufhähne mit Anschlußgewinde für Schlauchverschraubungen und flacher oder kegelförmiger Anschlußabdichtung.

Selbstschlußhähne für Wasserstandsanzeiger. a) Konushähne. Eine in einer kleinen Vertiefung des Gehäuses liegende Bronzekugel wird bei Glasbruch gegen die Ausströmöffnung gerissen und schließt diese ab. Schließt man den Hahn, so fällt die Kugel wieder zurück.

b) Klappenhähne. Die im Gehäuse schwebend aufgehängte Klappe ist durch eine Hartgummi- oder Kupfereinlage gedichtet, sie wird durch Herumlegen des Hebelgriffes geöffnet. Bei eintretendem Glasbruch wird die Klappe gegen die Ausströmöffnung gerissen und schließt sie ab. Klappenhähne haben den besonderen Vorzug, daß sie sich nie festsetzen.

2. Ventile.

Absperrventile. Diese Ventile werden durch eine Gewindespindel bedient, an deren Fuß eine Nute eingedreht ist. In dieser Nute ist der Ventilkegel aufgehängt. Der Schließdruck wird von der Stirnfläche der Spindel aufgenommen, diese selbst ist durch eine Stopfbüchse abgedichtet.

Wechselventile. Der Kegel hat Unter- und Obersitz; durch Nieder- oder Hochschrauben wird die eine oder die andere Leitung geöffnet oder geschlossen.

Rückschlagventile. a) Speiseventile. Kesselspeiseventile dienen zum Abschluß der Druckleitung während der Saugperiode und Ruhestellung der Speiseeinrichtungen. Die durch den Druck des Kesselwassers geschlossen gehaltenen Ventilkegel werden bei Betätigung einer Speiseeinrichtung, bzw. während der Druckperiode gehoben, so daß das Speisewasser in den Kessel einströmen kann. b) Saugkorb-

oder **Fußventile.** Diesen Ventilen fällt die Aufgabe zu, die in die Saugleitung einer Pumpe gestiegene Flüssigkeit zurückzuhalten. Sie werden durch den Druck der Flüssigkeitsäule geschlossen und heben sich beim Anziehen der Pumpe durch den Druck der atmosphärischen Luft, um die Flüssigkeit durchzulassen. Für geringe Beanspruchungen verwendet man Lederklappen, häufiger Kugelventile aus Bronze oder Hartgummi.

Sicherheitsventile. a) **Ältere Bauart.** Gewöhnliche Tellerventile, mitunter doppelt. Belastung durch Gewichthebel oder Federdruck, für einen bestimmten Druck berechnet und eingestellt. Wird dieser Druck überschritten, so öffnet sich das Ventil, läßt den Überdruck langsam entweichen und schließt sich mit der Druckverminderung allmählich wieder. b) **Bauart Coale.** Bei Überschreitung des zulässigen Höchstdruckes wird das Ventil zunächst nur wenig gehoben. Der ausströmende Dampf gelangt in eine Spalte, die durch einen Ansatz des Ventilkegels und die Eindrehung eines regelbaren Ringes gebildet ist und wird dort gedrosselt. Infolge der dadurch bewirkten Vergrößerung der von dem Dampf berührten Druckfläche hebt sich der Kegel schlagartig und gibt den gesamten Überdruck in kurzer Zeit frei. Der Kegel senkt sich mit der Druckverminderung und schließt sich plötzlich, wenn die Außenkante der vergrößerten Kegelfläche die Eindrehung des Ringes erreicht hat.

Sicherheitsventile für Flüssigkeitsdruck. Bauart wie bei a). Die Kegeldurchmesser werden kleiner gewählt als für Dampf. Bei Anlagen für hohen Druck sollte es vermieden werden, daß Sicherheitsventile zum Abblasen kommen. Tritt ein solches Ventil beispielsweise unter einem Druck von 400 Atm. in Wirksamkeit, so zersägt der austretende scharfe Strahl die Ventilsitzflächen.

Druckminderungsventile für Dampfleitungen (Reduzierventile). Diese haben den Zweck, hochgespannten Dampf unter niedriger Spannung weiterzuleiten. Die Ventilspindel ist bei der älteren Bauart mit einer Spiralfeder verbunden, welche der durch den Dampfdruck bewirkten Öffnung des Kegels einen bestimmten Widerstand entgegensetzt. **Bauart Foster.** Der durch ein Doppelventil strömende Dampf drückt, nachdem er durch einen Gewindegang der Spindel geführt und dort gedrosselt wurde, auf eine im Gehäuse eingeklemmte Membran, die mit der Spindel verbunden ist. Die Membran federt bei einer Überschreitung des für die Niederdruckleitung bestimmten Druckes durch, hebt die Ventilspindel und führt dadurch die Öffnung der Ventile auf das richtige Maß zurück. Die Spindel ist durch eine einstellbare Druckfeder abgestützt.

Entlastete oder Umführungsventile. Große Ventile sind nur schwer zu lösen, wenn sie unter hohem Druck stehen. Solche Ventile werden durch eine Voreinströmung entlastet. Zu diesem Zwecke ist an dem Ventilgehäuse ein kleines Hilfsventil angebracht; mit diesem wird der Dampf oder sonstige Inhalt der Leitung aus einer Ventilhälfte in die andere übergeleitet, bis die Spannung annähernd ausgeglichen ist. Der auf das Ventil einwirkende Druck hebt sich gegenseitig teilweise auf, so daß ein leichtes Öffnen möglich wird.

Schieber. Für weite Leitungen geeignet. Der vollständig geöffnete Schieber gibt den vollen Rohrdurchgang frei. Einzelne Teile: Ovales Gehäuse aus Eisen- oder Stahlguß, der Keilschieber, eine Bronzespindel und das Handrad. Der Schieber schließt beide Öffnungen gleichzeitig ab. Bei Wasserschiebern erhalten Gehäuse und Schieber Dichtungsringe aus Bronze, die mitunter beweglich angeordnet sind, so daß sie sich selbsttätig auf die Keilform einstellen. Außerdem haben solche Schieber zuweilen ein Entleerungsventil, das sich beim Schließen des Schiebers selbsttätig öffnet und beim Öffnen des Schiebers selbsttätig schließt; sie werden eingebaut, wo es sich darum handelt, Freileitungen bei Frostgefahr zu entleeren. Sehr große oder stark belastete Schieber haben ein Umführungsventil.

Dampfschieber sind wie die Wasserschieber gebaut, doch wird der Durchmesser der Dichtungsflächen kleiner gewählt.

Regulatorschieber für Lokomotiven bestehen bei neueren Ausführungen aus zwei Teilen, dem Hilfschieber und dem Hauptschieber, die beide durch Federn auf der Dichtungsfläche festgehalten und durch den Dampfdruck abgedichtet werden. Der Hilfschieber wird aus Schmiedeisen hergestellt und an den Gleitflächen gehärtet. Der Hauptschieber besteht aus Rotguß oder Bronze. Beide Schieber sind mit kleinen Schlitzen versehen; der Schieberspiegel des Regulatorkopfes hat gewöhnliche Kanäle. Öffnet oder schließt man einen Regulatorschieber, so wird zunächst nur der Hilfschieber bewegt, bis die kleinen Schlitze geöffnet bzw. geschlossen sind. Von da ab wird der Hauptschieber von Lappen des Hilfschiebers mitgenommen.

Das Manometer. Zur Feststellung des Überdruckes in Dampf-, Wasser-, Gas- und Luftbehältern dienen Druckmesser oder Manometer. Man unterscheidet Röhrenfeder- und Plattenfedermanometer. Bei den Röhrenfedermanometern wird der Druck in eine ovale, kreisrund gebogene, an ihrem freien Ende geschlossenen Röhre geleitet, die sich mit zunehmendem Druck streckt. Beim Plattenfedermanometer wirkt der Druck auf eine Membran aus gewelltem Stahlblech. Die Durchbiegung wird in beiden Fällen durch Hebel und Zahnsegmente auf einen Zeiger übertragen, der den jeweiligen Druck in kg/qcm und Atm. an einem Zifferblatt anzeigt. Manche Manometer haben einen lose beweglichen zweiter Zeiger (Schleppzeiger) zur Nachprüfung von Drucküberschreitungen, der durch einen Stift des Hauptzeigers mitgenommen wird und bei nachfolgender Druckverminderung zurückbleibt. Um die Erwärmung von Dampfmanometern einzuschränken, gibt man ihren Zuleitungsröhren einen Wassersack (Kreis- oder S-Bogen), in welchem sich das Kondenswasser niederschlägt. Der Dampf drückt auf das Wasser, dieses auf die in der Röhrenfeder bzw. im Gehäuse eingeschlossene Luft. Der zulässige Höchstdruck ist in der Regel durch einen roten Strich am Zifferblatt gekennzeichnet. Manometer und Sicherheitsventile müssen stets miteinander übereinstimmen. Überschreitet der Zeiger eines Manometers die Sicherheitsmarke, so müssen die vorhandenen Sicherheitsventile sofort abblasen. Manometerröhren dürfen nicht mit Kautschuk verpackt werden.

Vakuummeter oder Luftleermesser sind meist wie Manometer gebaut. Das Vakuum wird in mm und cm abgelesen.

Instandhaltung und Ausbesserung der Armaturteile.

Zunächst sind Risse, Brüche, Abnutzung u. dgl. daraufhin zu untersuchen, ob sie überhaupt noch in vollem Umfange ausbesserungsfähig sind. Bei der Ausbesserung selbst ist es wichtig, die richtige Arbeitsfolge einzuhalten, andernfalls hat man damit zu rechnen, daß einzelne Arbeiten zwecklos ausgeführt werden, andere wiederholt werden müssen.

1. Hähne.

Hahngehäuse mit Gewindezapfen. Gewindezapfen sind häufig in der Kehle angerissen; Zapfen abstechen, Gehäuse anstücken und hart verlöten.

Konushahn. Reiber leicht vorschleifen, dann untersuchen, ob das Gehäuse rund ist, der Reiber genügenden Durchgang hat, Griff und Gewindezapfen nicht lose sind, Scheibenansatz und Gewindezapfen Anzug haben und die Gewinde noch in gutem Zustande sind.

Unrunde Gehäuse. Dieser Zustand ist zumeist auf die Ausbesserungsarbeiten selbst zurückzuführen und kann durch einen ungeschickten Schlag, Zerdrücken oder Verspannen herbeigeführt werden. Hahngehäuse dürfen aus diesem Grunde nie am Gehäuse selbst mit einem Schlüssel gefaßt oder in den Schraubstock gespannt werden. Um festzustellen, ob ein Gehäuse rund ist, zieht man einige feine Kreide- oder Bleistiftstriche ins Gehäuse. Ist es rund, so werden vom Reiber alle Striche gleichmäßig verwischt; ist es aber unrund, so bleiben an zwei sich gegenüberliegenden Stellen die Striche unberührt. Ist der Schaden schon älter, so ist er ohne weiteres erkennbar, indem sich dann die „tragenden" Stellen blank von den andern abheben; bei größeren Unterschieden schlottert der Reiber. Ist ein Hahngehäuse unrund, so ist alles Schleifen vergebens; es muß mit der Hahnreibahle ausgerieben oder ausgedreht werden. Egalisierte Gehäuse erfordern in der Regel einen neuen Reiber.

Der unrunde Reiber wird überdreht oder erneuert.

Durchgang. Die Durchströmöffnung soll bei einem auf „offen" gestellten Reiber grundsätzlich nicht kleiner sein als die Gehäusebohrung; sie muß nach beendeter Ausbesserung mindestens die Hälfte derselben betragen. Ist bei einem auszubessernden Reiber vorauszusehen, daß nach erfolgtem Einschleifen usw. der Durchgang nicht mehr genügen wird, so ist der Reiber sofort nachzuraumen. Neue Reiber bohrt man auf Anzug, d. h. man setzt das Loch gegen das ansteigende Kegelende um die Hälfte zurück. Die Hahngriffe sollen parallel zur Bohrung stehen oder einen Einschnitt haben, der ihre Richtungen anzeigt.

Der Gewindezapfen. Ist der Zapfen schlecht, so wird er, falls Reiber und Zapfen aus einem Stück bestehen, wenn möglich auf die nächstfolgende Gewindestärke abgedreht und nachgeschnitten, andernfalls abgesägt und durch einen Einschraubzapfen ersetzt (angestückt). Beide Teile sind zu verzinnen und zinnflüssig zu verschrauben. Handelt es sich um einen bereits eingelöteten Zapfen, so wird der Reiber zinnflüssig erwärmt, der alte Zapfen durch einen neuen ersetzt. Einschraubzapfen werden in der Regel aus Eisen hergestellt.

Der Anzug. Reicht der Anzug nicht aus, so sind Scheibenansatz und Gewindezapfen so nachzusetzen, daß der Anzug auch für die Nacharbeiten und das Einschleifen des Reibers ausreicht, denn am eingeschliffenen Reiber sollte nichts mehr nachgesetzt werden.

Die Unterlagscheibe muß durchaus gleichdick und eben sein; sie ist sorgfältig einzupassen. Hat eine Scheibe auch nur ein klein wenig Spiel, so löst sich die Mutter.

Die Scheibenanlauffläche am Gehäuse darf nicht schief, sondern muß genau planparallel sein, andernfalls läuft der Reiber ungleich. Die Fläche kann auf dem Reiber angedreht werden, sofern dieser rund läuft.

Lose Griffe werden eingezogen.

Aufsitzender Reiber. Man steckt den Reiber trocken ins Gehäuse und dreht ihn einige Male hin und her. Zeigen sich am oberen oder unteren Ende des Dichtungskegels blank geriebene Ringe, so sitzt der Reiber auf, d. h. er sitzt nicht im Konus, sondern auf Ansätzen. Bei Ring oben hat sich am Reiber, bei Ring unten im Gehäuse ein Ansatz gebildet, welcher den Reiber aufhält. Ein aufsitzender Reiber kann erst nachgearbeitet und eingeschliffen werden, wenn die Ansätze beseitigt sind. Ansätze an Reibern werden mit einer scharfen Doppelschlichtfeile eingeebnet, doch darf der Dichtungskegel hierbei nicht zu Schaden kommen; Ansätze in Gehäusen werden mit einem kleinen Dreikantschaber entfernt. Das Nacharbeiten der Ansätze muß so oft wiederholt werden, bis sich an den genannten Stellen keine Reibringe mehr zeigen, also bis der Reiber sitzt. Nun ist aber noch zu untersuchen, ob der Reiber auch richtig sitzt.

Kegel trägt nur oben oder unten. Der Reiber kann in diesem Zustande noch nicht eingeschliffen werden; die tragenden Stellen sind mit einer kleinen Doppelschlichtfeile einhändig nachzuarbeiten, bis auch die Fehlstellen tragen.

Schleifmittel. Staubschmirgel, fein gepulverter Sand, Bims und gestoßenes Glas mit dünnflüssigem Öl oder Wasser.

Einschleifen. Ein gut tragender Reiber ist in wenigen Minuten eingeschliffen. Der Reiber ist nach jeder Vor- und Rückwärtsbewegung ein wenig anzuheben, damit sich das Schleifmaterial verteilt; die Stellung ist stetig zu ändern, damit sich Unregelmäßigkeiten ausgleichen. Zu vieles Schleifen erzeugt neue Ansätze! Erst gröberes, dann feines Schleifmaterial nehmen. Der eingeschliffene Reiber muß „ziehen", d. h. er muß sich bei leichtem Andrücken festsetzen. Dem Geübten liegt dieser Zustand im Gefühl, der Anfänger findet ihn durch Kreidestriche.

Das erste Gebot bei dieser Arbeit ist größtmögliche Reinlichkeit. Nach jedem Nachfeilen, Schleifen usw. sind Gehäuse, Reiber und Durchströmkanäle sorgfältig zu reinigen, ehe der Reiber wieder geprobt wird. Da beim Abwischen dieser Teile leicht kleine Fremdkörper hängen bleiben, sollten die Reinigungsmittel nur in reinstem Zustande verwendet werden; Zeitungspapier leistet hierbei ausgezeichnete Dienste. Der fertige Reiber wird gefettet, eingesteckt und auf guten Gang geprüft.

Klappenhähne. Neue Dichtungseinlagen sind mit Tusche und Schaber aufzupassen, bis sie durchaus tragen.

2. Ventile.

Die Untersuchung erstreckt sich im wesentlichen auf Sitz, Kegel, Spindel, Mutter, Stopfbüchse und Handrad. Sitz und Kegel sind in der Regel aus Rotguß, für überhitzten Dampf aus Nickellegierung, selten (für Gas) aus Gußeisen.

Der Sitz ist in Form einer Buchse oder eines Ringes in das Gehäuse eingepreßt, kann somit nach Abnutzung erneuert werden. Eingefressene oder zu breit gewordene Sitze werden nachgedreht oder mit einer Anfräsvorrichtung ausgeglichen; dasselbe gilt für unrunde Kegelsitze und windische (unebene) Tellersitze; nur schmale Sitze dichten gut.

Sitzbreite. Schräger Sitz: Je nach der Ventilgröße 1—4 mm, Dichtungsfläche des Ventilkegels unbegrenzt. Tellersitz: Dichtungsfläche beider Teile allgemein 2—3 mm, für Sicherheitsventile 1,5—2 mm. Außen- und Innendurchmesser der Dichtungsflächen müssen an Sitz und Kegel gleich groß sein, andernfalls bilden sich Ansätze.

Kegelführung. a) Zapfenführung. Zapfen und Kegel sind aus einem Stück; der Ventilsitz ist durch Rippen versteift, die sich in der Mitte zu einem Auge vereinigen. Dieses ist durchbohrt und dient dem Zapfen als Führung. b) Flügelführung. Die meist in Kreuzform, mitunter auch dreiteilig angeordneten Flügel sind überdreht und leichtgehend in den Sitz eingepaßt.

Abgenutzte Führung. Bei Zapfenführung: Führung ausbuchsen, Zapfen egalisieren. Bei Flügelführung: Flügel strecken, Kegel und Flügel egalisieren.

Versetzte Kegelführung. Es ist besonders bei schrägsitzigen Kegeln sehr wichtig, darauf zu achten, daß Sitz und Führung nicht gegenseitig versetzt sind, da ein mit diesem Fehler behafteter Kegel niemals dicht hält.

Sitz untersuchen. Beide Teile werden mit feinen Kreidestrichen versehen und etwa $^1/_8$ Drehung aufeinander bewegt; es empfiehlt sich, dies in verschiedenen Stellungen zu wiederholen. Sind beide Teile unrund oder uneben, so kann der wirkliche Zustand des Sitzes durch einen besonderen Tuschierkegel festgestellt werden. Das sicherste Ergebnis wird erzielt, wenn man erst den Kegel egalisiert und dann den Sitz untersucht. Unrunde oder unebene Sitze und Kegel können nicht geschliffen werden, sie sind stets zu egalisieren.

Einschleifen egalisierter Ventile. Die feinsten Schleifmittel, womöglich Diamantschleifmasse verwenden; einige Drehungen genügen.

Einschleifen ohne Egalisieren. Befindet sich am Sitz oder Kegel eines Tellerventils eine mäßig tiefe Tülle, so ist es möglich, diese herauszuschleifen. Bei schrägen Sitzen ist dies nur selten möglich, da sich am Kegel Ansätze bilden.

Ventilspindeln werden aus Eisen, Stahl und Bronze hergestellt; stark ausgeleierte oder an der Stopfbuchse eingelaufene Spindeln werden, wenn möglich, egalisiert, Muttern und Stopfbuchsen, wenn möglich, ausgebuchst, andernfalls erneuert.

Loses Handrad. Neu verkeilen, nötigenfalls ausbuchsen.

Armaturanschlüsse.

Armaturteile werden teils unmittelbar in den zugehörigen Körper eingeschraubt, teils durch Verschraubungen oder Flansche angeschlossen. Aufgeschliffene Flächen bedürfen keines Dichtungsmittels·

Rohrverschraubungen. Teils Fittings, meist aber aus Rotguß oder Schmiedeisen besonders hergestellt, werden entweder aufgeschraubt oder hart verlötet. Sie erhalten Kegelabdichtung oder Bordscheibe mit Packungseinlage; an Stelle dieser Einlage setzt man bei kleinen Rohren mitunter auch einen Zinnwulst auf.

Dichtungslinsen (Fig. 83). In Form einer Linse gedrehte Ringe aus Rotguß oder Eisen. Die Flächen der Anschlußstücke sind nach dem Linsenhalbmesser hohlkugelartig ausgedreht. Linsen erhalten keine Verpackung, sie werden nur eingefettet.

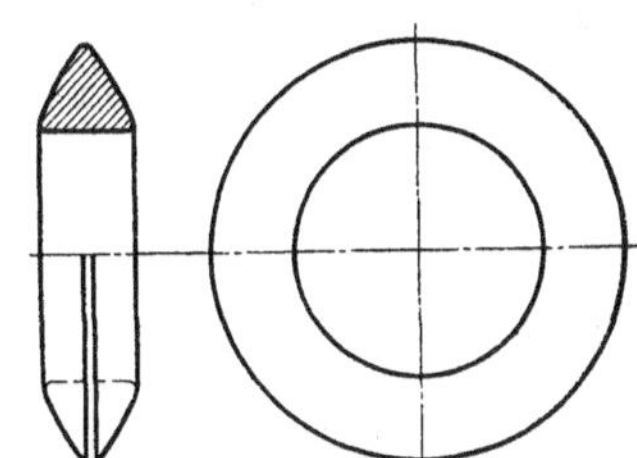

Fig. 83. Dichtungslinse.

Das Pressen der Armaturteile.

Will man sicher gehen, ob Absperrvorrichtungen und sonstige Armaturteile unter dem vorgeschriebenen Druck auch dicht halten bzw. richtig arbeiten, so müssen sie gepreßt werden. Man schließt die Stücke an eine Armaturpresse, läßt zuerst unter leichtem Druck die im Gehäuse eingeschlossene Luft ausblasen und geht dann auf Höchstdruck. Halten Hähne und Ventile den Druck nicht, so ist die Arbeit nochmals durchzusehen; dabei wird sich zumeist ergeben, daß bei dem Zusammenbau der nötigen Reinlichkeit noch nicht in ausreichendem Maße Rechnung getragen wurde. Es können aber auch undichte Stellen auftreten, die von Haarrissen oder durchgehenden Poren herrühren. Haarrisse werden am besten autogen geschweißt, Poren gestemmt. Mitunter hilft man sich auch durch Verzinnen.

D. Werkzeugunterhaltung.

Die Werkzeugausgabe.

Kann einem Lehrling Gelegenheit gegeben werden, sich, wenn auch nur kurze Zeit, in der Werkzeugausgabe zu beschäftigen, so wird dies für ihn selbst sowohl als auch für den Meister von Nutzen sein, denn nur hier erhält er einen vollen Einblick in die vorhandenen Geräte und Werkzeuge, von welchen ihm andernfalls sicher ein großer Teil unbekannt bleiben würde.

Inventar einer Werkzeugausgabe. Die gut ausgerüstete Werkzeugausgabe einer größeren Werkstätte führt von den nachfolgend aufgeführten Gegenständen je nach Bedarf:

Anreißgeräte. Gradmesser, Nutenwinkel, Parallelreißer, Höhenmaßstäbe, Schrägmaße, Prismenpaare.

Anziehwerkzeuge. Große Gabelschlüssel, Haken-, Zapfen-, Geisfuß-, Kanonen- und Steckschlüssel, Rohrschraubenschlüssel, Schraubenzieher, desgl. große mit Doppelgriff und Winkelschraubenzieher, Stahldorne.

Ausreibwerkzeuge. Gewöhnliche Reibahlen, Maschinenreibahlen, nachstellbare Reibahlen, konische Stift- und Hahnreibahlen.

Ausrichtwerkzeuge. Gewöhnliche Wasserwagen, Wellen-, Rahmen-, Gehrungs-, Holzwasserwagen und Dosenlibellen, Senklote, Setzlatten.

Beleuchtungsgeräte. Handlampen für Gas und elektrisches Licht, Gasschläuche und Leitungskabel.

Bohr- und Fräsgeräte. Brustwinden, Handbohrmaschinen, Fiedel- und Drillbohrer, elektrische oder Luftbohrmaschinen, Bohrknarren, Bohrwinkel, Bohrfutter, Ventilsitzanfräsapparate, Pendeldorne für Maschinenreibahlen, Schnellbohrvorrichtungen.

Bohr- und Fräswerkzeuge. Dreispiralige Aufsteckbohrer, Spiralbohrer aller gangbaren Maße in Gußstahl oder Schnelldrehstahl, desgl. Spitz-, Zentrum-, Zapfen- und Kanonenbohrer, Bohrstangen mit zugehörigen Messern, Schraubenkopfsenker, Spitz-, Krauskopf- und Kugelsenker, Rohrfräser, Bohrringe mit Dorn, Zapfenfräser.

Dichtwerkzeuge. Rohrwalzen, Stemmer.

Drehdorne. Gewöhnliche und Spreizdorne.

Gewindeschneidewerkzeuge und -geräte. Vollständige Schneidzeugsätze mit zugehörigen Normalkluppen und Windeisen für metrisches Gewinde, Whitworth-, Bolzen-, Gas- und Löwenherzgewinde nebst Backenbohrern, Steh- und Rätschkluppen, Schneideisen, Schneidmuttern, Strehlern, Schneidscheiben, Gewindeschneideapparate für Bohrmaschinen.

Gießformen und Geräte. Formen für Bleibacken und Bleihämmer, Gießlöffel.

Hämmer. Blei- und Kupferhämmer, Schweif-, Treib-, Einzieh- und Stauchhämmer, verschiedene Vorschlaghämmer.

Hebegeräte. Baurollen, Flaschenzüge, Froschklemmen, Hebeklauen, Winden, Ketten; Seile.

Holzbearbeitungswerkzeuge. Verschiedene Holzbohrer, Handsägen, Lochsägen, Fuchsschwänze, Stech- und Lochbeitel, Hobel, Schneidemesser, Handbeile.

Lehren und Schablonen. Loch-, Draht-, Radius-, Fühler-, Gewinde-, Konuslehren und Spiralbohrerschleiflehren, Fräser- und Schleifscheibenanstellehren, Fräserprüflehren, Gewindeschablonen.

Lineale. Verschiedene Stahllineale, Schieber- und Bandlineale.

Lötgeräte. Benzin- oder Spirituslötlampen, Benzin- oder Gaslötkolben, gewöhnliche Hammer- und Spitzkolben, Lötrohre, Blasebälge, Lötofen.

Meßwerkzeuge. Schieblehren verschiedener Größen, Maßlineale, Tiefen-, Stich-, Zehntel-, Roll- und Endmaße, Mikrometer, Meßbänder, Meßblöcke, Meßscheiben, Grenz- Loch- und Rachenlehren und Grenzlehrbolzen mit Ringen, nach Passungen geordnet; Gewindelehrdorne mit Muttern, große Rechteckwinkel, Spitz- und Greifzirkel, Greifzirkel mit Maßbogen, Federzirkel, Fußzirkel, Kugelspitzzirkel, Stangenzirkel, Tourenzähler und Geschwindigkeitsmesser.

Nietgeräte und Werkzeuge. Handkopfer, Kopfhämmer, Treiber, Zieher, Brochen (Stahldorne), Nietwinden, Nietrevolver.

Normalebenen. Richtplatten mit und ohne Handgriff, Tuschierplättchen, Prismen- und Richtlineale oder Schmalrichtplatten.

Normalien. Winkel verschiedener Grade, Urlehren.

Prägewerkzeuge. Kordelapparate, Zahlen- und Buchstabenstempel, Stempel für Eigentumsmerkmale, Plombierzangen.

Reinigungsgeräte. Pickhämmer, Stahlbürsten, Luftvibrationshämmer.

Schab- und Polierwerkzeuge. Lange Stoßschaber, Herzschaber, Lochschaber, Ziehklingen, Polierstähle, Polierketten.

Schleifgeräte. Supportschleifmotoren, Abziehsteine, Schmirgel- oder Diamantfeilen.

Schneidewerkzeuge. Hand-, Stock- und Drahtscheren, Rohrabschneider, Rohrausschneider, Aushauer, Bogen- und Einstreichsägen, Räumahlen, Räumdorne, Glasschneider.

Schutzmittel. Respirationsapparate, Schwämme, Schutzbrillen, Isolierhandschuhe.

Spannvorrichtungen. Blecheinspannkluppen, Rohrspannkluppen, große Feilkloben (Spannkloben), Holzspannkluppen, Schleifkluppen, Schraubzwingen, Spannbänder, Maschinenschraubstöcke, große Aufspannwinkel.

Steinbearbeitungswerkzeuge. Steinmeißel, Steinbohrer, Abdrehwerkzeuge für Sand- und künstliche Steine.

Sperrzeuge. Hauptschlüssel, Haken- und Hohlschlüssel.

Stielwerkzeuge. Schrotmeißel, Durchtreiber.

Zangen. Spitz-, Flach-, Zwick-, Beiß-, Telegraphen- und Rohrzangen, Pinzette.

Die Inventarbestände der Werkzeugausgabe werden, weil für den Allgemeingebrauch bestimmt, als allgemeine Werkzeuge bezeichnet. Die allgemeinen Werkzeuge werden gegen Hinterlegung numerierter Kontrollmarken ausgegeben, die in Verzeichnissen laufend vermerkt sind, es kann somit jederzeit festgestellt werden, wo sie zu finden sind.

Die Werkzeugmacherei.

Dieser Abteilung fällt die laufende Unterhaltung des gesamten Werkzeugbestandes zu. Hier werden Werkzeuge geschärft, instandgesetzt, neu gehärtet, andere gerichtet, Vorrichtungen und Apparate nachgesehen, eingestellt oder abgeändert, neue Vorrichtungen und Lehren gebaut. In größeren Betrieben werden auch neue Werkzeuge hergestellt, insbesondere solche, bei denen mit langen Lieferfristen zu rechnen wäre, oder bei denen die Ausführung den Betriebsverhältnissen angepaßt und die eigene Erfahrung nutzbringend verwertet werden soll. Glüherei und Härterei sind in der Regel Sonderabteilungen, die aber der Werkzeugmacherei angegliedert sind. In kleineren Betrieben kommt vorwiegend die Ausbesserung in Frage; doch ist gerade dort reiches Wissen und Können am Platze, weil die Einrichtungen nicht so vollkommen sind und eine Arbeitsteilung nur in geringem Umfange, manchmal gar nicht möglich ist.

Beispiele: **Beschädigtes Lineal.** Nötigenfalls zuerst geraderichten, Flachseiten und Hochkanten nach Richtplatte und Schieblehre abrichten, Hochkanten schaben, die Schärfe nehmen.

Abgenutzter Rechteckwinkel. Der Kontrollwinkel muß mindestens so groß sein, daß er den zu richtenden Winkel vollständig deckt. Flachseiten nach Richtplatte und Schieblehre abrichten und mit einer quergehaltenen geölten Doppelschlichtfeile abziehen, Außenkanten nach Kontrollwinkel und Richtplatte, Innenkanten nach Kontrollwinkel und Schieblehre abrichten. Die Lichtspaltmethode allein genügt nicht, um einen Werkzeugwinkel abzurichten; der Kontrollwinkel muß hier nach dem Gefühl angeprobt werden, indem man ihn erst am einen dann am anderen Ende ein wenig hin und her bewegt. Stimmen beide Winkel überein, so werden sie sich in beiden Fällen fühlbar berühren. Beide Schenkel eines Winkels können verschieden breit sein, die Hochkanten werden geschabt.

Schraubenzieher richten. Schlank ausstrecken, vorschleifen, härten. Er darf vorn nicht schneidenförmig oder zugespitzt, die Stirnfläche muß eben und scharfkantig sein. Beim Härten blau anlaufen lassen.

Überrissene Schraubenschlüssel richten. 1. G a b e l s c h l ü s s e l: warm einziehen, auf Maß ausfeilen, abbrennen. 2. K a n o n e n s c h l ü s s e l: über passender Mutter, Schraubenkopf oder dgl. warm einziehen, abbrennen.

Spitzbohrer richten. Nicht ins Gesenkloch stauchen, sondern ausstrecken, vorschleifen, härten, fertigschleifen.

Zentrumbohrer. Ausstrecken und feilen; die Spitze in das richtige Größenverhältnis bringen; sie muß genau in der Mitte und auf Schnitt gearbeitet sein. Die Bohrerlippen müssen in einer Ebene liegen; sie können auf den Flachseiten einer Schieblehre geprüft werden, indem man die Spitze zwischen die geöffneten Schnäbel bringt. Den fertigen Bohrer härten.

Spitzzirkel richten. Der Scharnierbolzen muß in beiden Teilen sehr passend gehen. Ein Zirkel darf kein totes Spiel haben; nötigenfalls ausreiben, Bolzen erneuern. Den Zirkel ausspitzen, härten, schleifen.

Fräsmesser für Bohrstange. Der Schlitz für das Messer ist möglichst der Stärke der Bohrstange anzupassen, doch ist das Messer so stark zu nehmen, daß es den Arbeitsdruck aushält. Im Anschluß an den Schlitz kleine Flächen an die Stange feilen, über welche das auszusparende Messer geschoben wird. Verkeilen des Messers durch gegeneinandergerichtete Keile und Abdrehen seines Durchmessers und der Stirnflächen, Hinterfeilen der Schnittkanten und härten.

Messerköpfe. a) Verkeilte Messer: Vor dem Fräsen der Messernuten werden die Stiftlöcher gebohrt; diese laufen nicht parallel mit den Nuten, sondern erhalten einen Anzug von $2 \div 3°$. Die Stifte werden mit den Schlitzen gefräst. Für radial angeordnete Stifte sind besondere Löcher vorgesehen, damit man die Stifte wieder austreiben kann. Die Stifte sind zylindrisch gedreht. b) Befestigung durch konische Stifte: Der Kopf ist zwischen den Messernuten geschlitzt, Die Schlitze werden mittels konischer Stifte auseinandergetrieben. c) Gebohrte Köpfe. Die Messerlöcher werden spiralförmig und so geteilt, daß sich je zwei Löcher gegenüberliegen, damit man die Messer wieder austreiben kann. Die Löcher werden radial gebohrt und konisch ausgerieben, die Messer eingeschlagen und durch Schräubchen gesichert.

Gewindebohrer.

1. **Schärfen stumpfer Bohrer.** Nachschleifen der Schnittkanten auf der Werkzeugschleifmaschine.

2. **Ausgebrochene Gänge.** Mit Tellerscheibe ganz herausschleifen.

3. **Abgenutzte oder zerschundene Gewindebohrer** sind zu ihrer bisherigen Bestimmung nicht mehr verwendbar, da sie durch die Ausbesserung schwächer werden. Man rückt solche Gewindebohrer herunter und macht einen zweiten Vorschneider zum ersten, einen Fertigschneider zum zweiten Nachschneider. Abgenutzte Fertigschneider (Grundbohrer) und Mutterbohrer sind neu zu ersetzen.

4. **Neue Gewindebohrer** werden gedreht und auf der Drehbank geschnitten oder gefräst, dann genutet. In weiterer Folge wird der Vierkant angefräst, der Schnitt hinterfeilt oder hinterschnitten und der Bohrer mit den nötigen Markierungen versehen, worauf man ihn am Gewinde härtet.

Mutterbohrer werden konisch gedreht und zylindrisch geschnitten. Ihre Anfangsstärke entspricht dem Kerndurchmesser, das Gewindeende ist in Mutterlänge zylindrisch.

Grundbohrer werden zylindrisch gedreht und zylindrisch geschnitten.

Die Abstufung der Vorschneider bezieht sich nur auf den äußeren Gewindedurchmesser. Grundbohrer erhalten etwa sechs Gänge Anschnitt. Die Zahnbrust soll bei Gewindebohrern radial sein; keinesfalls darf sie hinterfräst werden, denn die Späne sollen sich nicht rollen.

Hinterfeilen. Man läßt den Gewindebohrer der besseren Übersichtlichkeit wegen blau anlaufen und hinterfeilt die Gewindelücken und -spitzen bis nahe der Schnittkante. An sehr kleinen oder feingängigen Gewindebohrern werden nur die Spitzen hinterfeilt. Außerordentlich wichtig ist bei Mutterbohrern die richtige Bemessung der Gewindelänge und bei Grundbohrern die richtige Abstufung der äußeren Gewindedurchmesser zwischen Vor-, Mittel- und Fertigschneidern.

Backenbohrer dienen zur Herstellung und Ausbesserung der Backen für Schneidkluppen und Schneidköpfe, und der Schneideisen. Sie sind teils konisch, teils zylindrisch; ihr Gewindedurchmesser ist entweder normal oder teils kleiner, teils größer als der des zu schneidenden Gewindes. Das Unter- und Übermaß ist in der Regel gleich der Gewindetiefe.

Konische Backenbohrer normal, gebraucht man für geschlossene Backen, hauptsächlich zu Schneideisen. Zylindrische Backenbohrer schwächer als normal, für Maschinenbacken mit radialen Schnittkanten. Zylindrische Backenbohrer, stärker als normal für Maschinenbacken, deren Schnittkanten über dem Mittel liegen und zum Aufschneiden beschädigter geteilter Schneidkluppenbacken. Konische Backenbohrer, stärker als normal, zur Herstellung neuer Schneidkluppenbacken.

Geteilte Backen für Schneidkluppen. 1. Stumpfe Schnittkanten: Die Aussparungen mit Schmirgelfeile, den Anschnitt an der Schleifmaschine schärfen. 2. Gewindegänge abgenutzt oder ausgebrochen: Die Backen ausglühen, zusammenfeilen, sorgfältig in die Kluppe legen, Schließe gut festziehen und bei stetem Nachspannen über den Backenbohrer treiben, bis das Gewinde gut ist; hierauf die Schnittkanten schärfen und die Backen wieder härten. 3. Neue Backen: Schneidkluppenbacken können nur paarweise hergestellt werden; Arbeitsgang: die Backen absägen, gut ausglühen, dann hobeln oder fräsen, darauf satt einpassen, mit den nötigen Anzeichnungen versehen, die Backen mit Blechbeilage einlegen, Schließe und Stellschraube gut festziehen und die Backen nach dem Kerndurchmesser des betreffenden Backenbohrers bohren. Dieser wird wie ein Mutterbohrer durchgetrieben. Ist nur ein zylindrischer Backenbohrer vorhanden, so kann man das Gewinde mit gewöhnlichen Gewindebohrern vorschneiden und ohne Beilage auf dem Backenbohrer fertig schneiden; sodann die Aussparungen verbohren und durchfeilen, den Anschnitt anfeilen und schließlich die Backen härten. Schneidkluppenbacken erhalten unten zwei bis drei Gänge, oben einen Gang Anschnitt. Die Nuten der Backenbohrer sollen spiralförmig oder unregelmäßig geteilt sein. Hat ein Backenbohrer ausnahmsweise geradlinige Nuten, die vielleicht noch außerdem in geraden Zahlen geteilt sind, so darf keine Beilage benützt werden, da ein solcher Bohrer leicht einhakt.

Man läßt in solchen Fällen die Backen um je 1 mm länger und nimmt das Übermaß ab, wenn das Gewinde fertiggeschnitten ist.

Maschinenbacken werden im Schneidkopf ausgedreht und geschnitten. Das Maß der Bohrung regelt sich nach dem Kerndurchmesser des Backenbohrers. Um solche Backen zu schneiden, genügt es nicht, den Backenbohrer wie einen Mutterbohrer einzuspannen, er muß vielmehr auch an seinem vorderen Ende festgehalten und genau zentrisch geführt werden. Hierzu dient eine in die Hohlspindel einzuführende Pinole, die durch Gestänge mit dem Schraubstockschlitten verbunden wird und sich mit diesem verschiebt. Maschinenbacken werden auch gefräst.

Schneideisen für Revolverbänke. Aus einem Stück gefertigte, geschlitzte Schneidebacken mit vier oder mehr Schneidezähnen (Stollen), die um weniges nachgestellt werden können. Die Schnittkanten stumpfgewordener Schneideisen können mit einer kleinen Schleifwalze oder Schmirgelfeile geschärft werden. Beschädigte Schneideisen werden ausgeglüht und im Schneideisenhalter nachgeschnitten, worauf man die Schnittkanten schärft. Dem mit dem Härten solcher Backen verbundenen Verziehen kann durch Blecheinlage und Drahtfessel entgegengewirkt werden. Neue Schneideisen dieser Art werden auf der Drehbank gebohrt, versenkt und, wenn möglich, mit dem Stahl vorgeschnitten, worauf man den Backenbohrer durchtreibt. Kleine schneidet man unmittelbar mit dem Backenbohrer. Die Aussparungen (Spanlöcher) werden vorgebohrt [1]) und ausgestoßen, gefräst oder durchgefeilt. Der Schlitz wird nur vorgesägt und nach erfolgtem Härten gesprengt oder mit einer dünnen Scheibe durchgeschliffen. Es empfiehlt sich, den Schlitz vom Loch her anzusägen, damit die Brücke an den Rand kommt. Die federnde Stelle wird vor dem Härten mit Asbest umwickelt und nach dem Härten blau angelassen. Beim Abschrecken muß der Schlitz voraus. Hat sich ein Schneideisen beim Härten ein wenig verzogen, so kann man es durch Ausschleifen auf einem Gewindedorn nacharbeiten. Schleifdorne fertigt man aus Grauguß oder Bronze.

Reibahlen hinterfeilen. Man feilt vom Rücken jedes Zahnes ein bis zwei Zehntel so ab, daß die Schneidkanten nicht berührt werden. Lochlehre anwenden.

Das Schärfen von Holzsägeblättern. Gewöhnliche Holzsägeblätter sind mit sogenannten Wolfzähnen besetzt, die senkrecht stehen und somit nach beiden Richtungen gleich schneiden. Sie eignen sich daher nicht zum Absägen von Gegenständen, bei denen ein bestimmtes Maß einzuhalten ist, da die nach hinten ausgeworfenen Sägespäne den Maßstrich zudecken. Die Zähne der Tischlersägen sind auf Stoß gerichtet; sie werfen die Späne nur nach vorn aus, so daß der Maßstrich sichtbar bleibt. Wurde ein Sägeblatt mehrmals nachgeschärft, so muß es neu geschränkt, d. h. die Zähne müssen wechselweise zur Seite gebogen werden, damit das Blatt im Schnitt nicht spannt. Das Schränken geschieht stets vor dem Schärfen, damit die Zahnstellung leicht erkennbar

---

[1]) Bei Massenherstellung mit Schablone.

ist und die geschärften Zähne nicht wieder beschädigt werden. Beim
Schärfen von Wolfzähnen ist die Feile hinten tief und zugleich schräg
zu halten, d. h. beim Schärfen der linken Seite (Flanke) eines Zahnes
wird das Feilenheft rechts dem Blatt genähert, beim Schärfen seiner
rechten Seite entgegengesetzt. Jeder Zahn erhält nach der Seite
Schnitt, nach der er geschränkt ist. Beim Schärfen von Stoßzähnen
ist die Feile gerade zu führen.

Anfertigung der Lehren. Man verwende tunlichst Stahlblech und
zeichne die Figur mit äußerster Sorgfalt auf. Lehren werden nicht

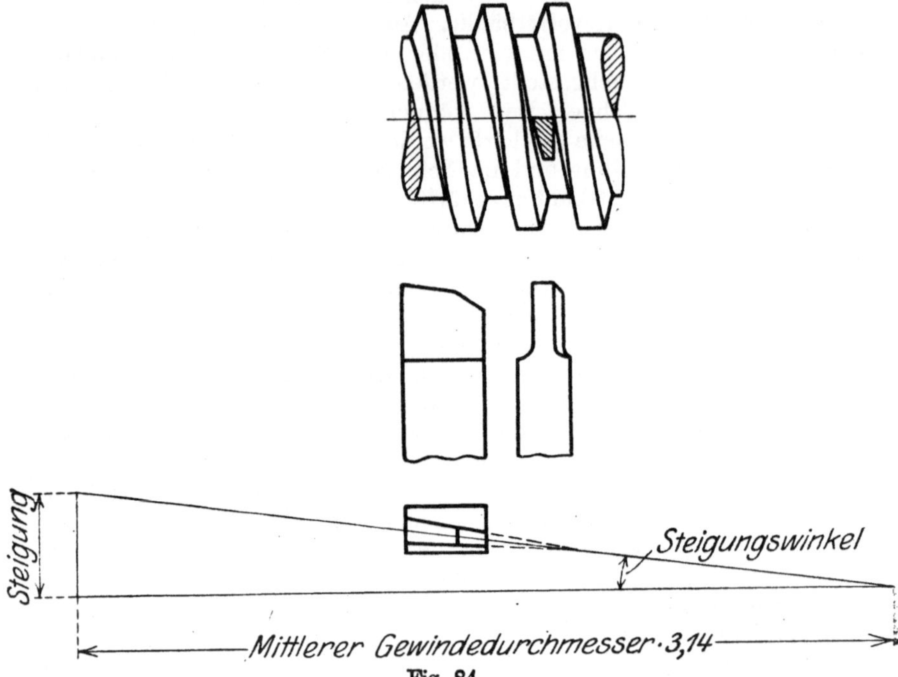

Fig. 84.

ausgehauen oder geschnitten, sondern herausgebohrt oder ausgesägt,
worauf man sie mit den nötigen Erkennungs- und Guthaltezeichen
versieht und nach Riß und Maß bearbeitet.

Anfertigung von Gewindedrehstählen. Der Steigungswinkel (Fig. 84).
Der Schneidezahn eines Gewindestahles darf nie im rechten Winkel,
d. h. senkrecht stehen, er muß entsprechend der Gewindesteigung geneigt sein. Um den Steigungswinkel zeichnerisch zu ermitteln, errichtet
man auf einer Wagerechten eine senkrechte Linie, trägt von dem Schnittpunkt aus auf der Senkrechten das Maß der Steigung für 1 Umgang
in Millimetern und auf der Wagerechten das Maß des mittleren Gewindedurchmessers × 3,14 ab und verbindet beide Punkte durch eine Linie.

Beispiele. I. Steigung für 1 Umgang 10 mm, äußerer Gewindedurchmesser 35 mm, Kerndurchmesser 25 mm; somit mittlerer Gewinde-durchmesser 30 mm.

Länge der senkrechten Linie = 10 mm.

Länge der wagerechten Linie 30 × 3,14 = 94,2 mm.

II. Steigung = $^1/_2$ Zoll = 12,7 mm, äußerer Gewindedurchmesser 50 mm, Kerndurchmesser 38 mm; somit mittlerer Durchmesser 44 mm.

Länge der senkrechten Linie = 12,7 mm.

Länge der wagerechten Linie 44 × 3,14 = 138 mm.

Bei sehr großen Steigungen müssen die Steigungswinkel des äußeren und des Kerndurchmessers (Außen- und Kernsteigungswinkel) gesondert berechnet und die Stähle dementsprechend ange-fertigt werden.

Spitzgewindestähle. a) Für Whitworthgewinde: Der Flankenwinkel beträgt 55°, die Zahnspitze ist auf $^1/_6$ der Dreieckhöhe abzurunden. b) Für System International: Der Flankenwinkel beträgt 60°, die Zahnspitze ist auf $^1/_{16}$ der Dreieckhöhe abzurunden. Ist die Spitze im Mittel, so muß die in den Zahn gehaltene Lehre winkelrecht zum Stahle stehen; ist sie dagegen einseitig die vordere Flanke ihrer Spitze.

Fig. 85. Einseiti-ger Spitz-gewinde-stahl.

Flachgewindestähle. a) Innenstahl: Zahnbreite = der halben Ganghöhe. b) Außenstahl: Zahnbreite = halbe Ganghöhe + 0,15 mm. Beispiel. 4 Gänge auf 1″ engl. $\dfrac{25,4}{4 \cdot 2} = 3,17; 3,17 + 0,15$ = 3,32 mm. Der Innenstahl erhält 3,17 mm, der Außenstahl 3,32 mm Zahnbreite.

Trapezgewindestähle. Bei dem fast allgemein angewandten Leit- und Transportspindelgewinde „Acme Standard" beträgt die vordere (Scheitel-)Breite des Gewindezahnes: Steigung × 0,37, die hintere (Fuß-)Breite: Steigung × 0,63, woraus sich ein Flankenwinkel von 29° ergibt. Die Zahnbrust (Schneidezahnoberfläche) darf bei kleinen Steigungen parallel zur Drehspindel, bei großen Steigungen muß sie rechtwinklig zum Gewindezahn stehen. Die Gewindegänge wer-den mit einem schmaleren Flachgewindestahl vor-gestochen, die Flanken gesondert vorgedreht. Tra-pezgewindestähle sollen nur zum Fertigschlichten benutzt werden. Flach- und Trapezgewindestähle sollen so kurz wie möglich angesetzt sein.

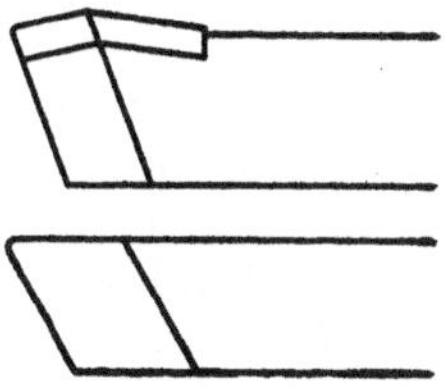

Das Aufschweißen der Schnelldrehstähle. Bei der Herstellung der sogenannten Spardrehstähle wird an der Schneidkante eines billigeren Schaftes ein Schnellstahlplättchen aufgeschweißt (Fig. 86). Nachdem der Schaft entsprechend dem Zuschär-

Fig. 86. Schnelldreh-stahl aufschweißen und löten.

fungswinkel eingefräst- oder gehobelt und das Plättchen angepaßt ist, werden beide Teile hellrot erwärmt, worauf man die Auflageflächen mit der Drahtbürste reinigt, Schweißpulver aufstreut und das Plätt-chen haltbar befestigt. Der Stahl wird auf matte Weißglut erhitzt, das Plättchen im Schraubstock angepreßt. Werden Schnelldrehstähle elektrisch geschweißt, so muß man sie auf Rotglut vorwärmen.

Lötstähle. Sparstähle können auch im Lötverfahren hergestellt werden. Das gut sitzende Plättchen wird mit dünnem Kupferblech unterlegt und festgebunden, worauf man beide Teile auf matte Weißglut erhitzt und unmittelbar im Windstrom härtet.

Das Glühen (Ausglühen) des Stahles. Eine sachgemäße Bearbeitung des Werkzeugstahles ist nur möglich, wenn er richtig ausgeglüht wird. Einfache und leicht zu bearbeitende Gegenstände aus Gußstahl erwärmt man im offenen Feuer und läßt sie in trockener Lösche erkalten. Ist die Lösche feucht, so wird der Stahl nicht weich. Schwierige Gußstahlwerkzeuge und Schnelldrehstahl müssen unter Luftabschluß geglüht werden, der teilweise oder vollständig sein kann. Dieses Verfahren nennt man „blankglühen“. Je sorgfältiger die vorgeschriebene Glühtemperatur eingehalten wird, und je länger der Stahl braucht, bis er vollständig erkaltet ist, desto günstiger ist das Ergebnis des Glühprozesses.

Die Glühtemperatur. Die geeignetste Glühtemperatur für Gußstahl ist braunrot = 750° C, für Schnellbetriebstahl kirschrot = 800° C.

Die Feststellung bestimmter Gluttemperaturen ist selbst dem geübten Auge nur innerhalb gewisser Grenzen und in einem mäßig erhellten Raume möglich, da die Gluttemperatur in hellen Räumen dunkler, in dunklen Räumen aber heller erscheint. Um sichere Ergebnisse zu erzielen, bedient man sich des thermoelektrischen Pyrometers, des Pyroskopes oder der Segerschen Brennkegel. Pyrometer dürfen nicht beliebig, sondern nur für diejenigen Einrichtungen und Temperaturen benutzt werden. für die sie ausdrücklich bestimmt sind. Segerkegel sind kleine kegelförmige Körper, die aus Kalk, Quarz und Kali zusammengesetzt und auf bestimmte Wärmegrade geeicht sind. Mit dem Eintritt der für einen solchen Kegel vorgesehenen Höchsttemperatur erweicht er und seine Spitze legt sich um. Segerkegel werden gewöhnlich für Temperaturen von 600—1900° C benutzt und können nur einmal verwendet werden.

Beim Glühen wird das Korn gröber, das Material wird weich. Die Erwärmung soll bei mäßiger Windregelung, aber gleichmäßig fortschreitend vor sich gehen.

Das Verglühen. Zu langes Glühen lockert das Gefüge, bei Luftzutritt erhält man abgestandenen Stahl. Zu schnell oder ungleich erwärmter Stahl reißt beim Härten.

Gewöhnliches Glühen unter Luftabschluß. Die zu glühenden Gegenstände werden im Einsatzkasten, einer Röhre oder dgl., in Lösche oder in reine Gußspäne eingepackt; sie sollen voneinander, vom Boden, dem Deckel und den Wänden mindestens 5 cm abstehen. Der Behälter ist mit einem Blechdeckel zu verschließen und dieser mit Lehm zu verstreichen. Die Erwärmung geschieht im Glüh- oder Flammofen und nimmt je nach Größe $1/_2$ bis 2 Tage in Anspruch. Zur Überwachung der Glühtemperatur sind in den Einsatzkasten zwei kleine Löcher gebohrt, in die je ein Stück Draht eingelegt wird. Die Glühbehälter dürfen erst geöffnet und ausgepackt werden, wenn ihr Inhalt vollständig erkaltet ist.

Das Blankglühen. Bearbeitete Gegenstände kommen blank aus dem Glühofen, wenn man sie unter vollständigem Luftabschluß glüht und erkalten läßt. Um dies zu erreichen, müssen die betreffenden Glühbehälter mit Stickstoff angefüllt werden.

Gluttemperaturen des Stahles in Grad Celsius.

Im dunkeln Rot	600	Orange	1000
Braunrot	750	Gelb	1100
Kirschrot	800	Weißglut	1300
Hellrot	900	Schmelztemperatur	1500

Das Härten des Stahles.

Der Härtevorgang. Das Zusammenziehen der äußeren Materialschichten bei plötzlicher Abkühlung des Stahles ist nicht die Ursache des Härtevorganges, sondern die Umformung des im Stahle vorhandenen Kohlenstoffes. Will man den Stahl härten, so muß man ihn schnell erkalten lassen, d. h. man muß ihn im rotwarmen Zustande abkühlen. Das Abkühlen geschieht je nach der Güte des Materials und Form der zu härtenden Stücke entweder in Flüssigkeiten, im Windstrom oder zwischen kalten Metallkörpern. Schraubenlöcher, Stiftlöcher, Aussparungen u. dgl. werden vor der Erwärmung mit Asbest verstopft.

Die Erwärmung beim Härten. Einfache Werkzeuge wie Meißel, Supportstähle u. dgl. erwärmt man gewöhnlich im offenen Feuer. Es ist aber sehr wichtig, darauf zu achten, daß die zu erwärmenden Stücke nicht unmittelbar von der Gebläseluft getroffen werden. Die Erwärmung wertvoller Stücke und großer Mengen findet in Härteöfen statt, wo die Erwärmung teils an der Luft (Muffel), teils unter Luftabschluß (Metall- und Salzbad) vor sich geht.

Härteöfen. a) Muffelöfen für Gas mit Druckluft. Zum Ausglühen und Härten für alle Stahlsorten verwendbar. Eine Schamottemuffel ist so in den Härteofen eingebaut, daß sie ringsum von den Feuergasen umspült wird. Die Muffel ist durch eine Türe verschließbar; für die Beobachtung der Stücke ist ein kleiner Schieber angebracht. Um einer einseitigen Erwärmung vorzubeugen, ist es vorteilhaft, die Werkstücke nicht unmittelbar auf den Muffelboden, sondern auf einen Rost zu legen, so daß sie möglichst in Muffelmitte kommen.

b) **Das Metallbad.** Das erforderliche Blei wird in einem eisernen Tiegel eingeschmolzen und auf Härtungstemperatur erhitzt. Die zu härtenden Stücke werden in das Bleibad eingetaucht, bis sie seine Temperatur angenommen haben und dann schnell der Härteflüssigkeit zugeführt; da die Erwärmung unter Luftabschluß stattfindet, ist jede Zunderbildung ausgeschlossen. Um zu verhindern, daß Werkzeuge sich verbleien, d. h. daß das flüssige Blei an den Werkzeugen haften bleibt, bestreicht man sie vor der Erwärmung mit Leinöl und trocknet sie in Sägespänen oder Kienruß. Empfindliche Werkzeuge sind vorzuwärmen. Die Höchsttemperatur, auf die Blei erhitzt werden darf, beträgt 900° C. Bei Überschreitung derselben verdampft es. Es ist somit klar, daß das Bleibad zur Erwärmung von Schnelldrehstahl nicht verwendet werden kann.

c) **Das Salzbad.** Die Werkzeuge werden in einem Tiegel erwärmt, dessen Inhalt aus feuerflüssigen Salzen besteht. Man unterscheidet Salzbadöfen mit Gasfeuerung und solche, bei denen das Salz durch den elektrischen Strom zum Schmelzen gebracht wird (Widerstandsverfahren).

Salze. Für die Erwärmung von Kohlenstoffstahl kommt bei Gasöfen Chlornatrium (Kochsalz), für Schnelldrehstahl Chlorbarium zur Verwendung; Chlornatrium läßt sich bis zu 900° C, Chlorbarium bis zu 1350° C erhitzen. Bei elektrischen Öfen verwendet man Metallsalze. Auch die im Salzbade zu erwärmenden Werkzeuge müssen vorgewärmt werden; kleinere Stücke legt man auf den Rand des Tiegels, größere in den Muffelofen; sehr kleine Gegenstände erwärmt man in einem besonderen durchlöcherten Blechbehälter oder in einem Drahtkorbe. Vorsicht beim Eintauchen in die brodelnde Salzmasse; diese sprudelt und spritzt, besonders bei Asbestumhüllungen. Auch im Salzbad geht die Erwärmung unter Luftabschluß vor sich; die Werkzeuge kommen silberhell aus dem Härtewasser, das die anhaftende Salzschicht gleichzeitig ablöst. Werden die Stücke dagegen in Öl abgeschreckt, so muß das Salz vor dem Eintauchen abgebürstet werden, da es von dem Öl nicht aufgelöst wird. Das Salzbad eignet sich hervorragend zum Härten von Gewindeschneidzeugen, Durchbrüchen, Prägewerkzeugen u. dgl. Die Erwärmung geht hier so schnell vor sich, daß bei Stücken mittlerer Stärke der Kern erst dunkelrot ist, wenn die äußeren Schichten bereits ihre richtige Härtetemperatur erreicht haben. Er bleibt demzufolge bei manchen Stahlsorten weich, was bei Gewindebohrern und Reibahlen die Haltbarkeit wesentlich erhöht.

Die Härtungstemperatur liegt für Gußstahl bei mittlerer Kirschrotglut (850° C); sie kann bei höheren Kohlenstoffgehalten etwas niedriger, bei niederen Kohlenstoffgehalten etwas höher gewählt werden. Die Höchstgrenze ist Hellkirschrot (900° C). Schnelldrehstahl wird zuerst langsam vorgewärmt, dann schnell auf Gelb bis Weißglut erhitzt (ungefähr 1200° C).

Ungleichmäßige Erwärmung hat in der Regel Verziehen und Reißen zur Folge.

Sauerstoffaufnahme. Die zu härtenden Stücke müssen so rasch wie möglich der Kühlflüssigkeit zugeführt werden, da sie andernfalls aus der Luft Sauerstoff aufnehmen, der die Härte ungünstig beeinflußt.

Kühlmittel. Wasser. Je älter das Härtewasser, und je öfter es benutzt wurde, desto besser und gleichmäßiger wird die Härtung, da durch häufiges Ablöschen glühender Gegenstände eine Verunreinigung des Wassers wirkungslos, das Wasser schärfer wird. Wo sich Gelegenheit bietet, verwende man Regenwasser.

Verschärfung des Härtewassers. Die Kühlwirkung des Härtewassers kann durch eine kleine Zugabe von Salz, Salzsäure, Salmiak oder Schwefelsäure gesteigert werden.

Milderung des Härtewassers. Um schwierige, bzw. wertvolle Werkzeuge gegen Reißen zu schützen, gibt man dem Härtewasser einen Aufguß von Lehmwasser, Öl oder Kalkmilch. Die Werkzeuge werden beim Eintauchen von diesen Stoffen überzogen und dadurch gegen zu schroffes Abkühlen geschützt.

Temperatur des Härtewassers. Im allgemeinen wählt man 18—20° C; je kälter das Wasser, desto größer die Härte, desto größer aber auch die Sprödigkeit der gehärteten Stücke. Kleine oder dünne Gegenstände dürfen nur in lauwarmem Wasser abgeschreckt werden.

Seifenwasser. Ist aus irgendeinem Anlaß Seife in das Härtewasser geraten, so muß der betreffende Behälter vollständig entleert und neu gefüllt werden, da im seifigen Wasser die Abkühlung so langsam vor sich geht, daß Stahl überhaupt nicht hart wird.

Rüböl, Fischtran, Unschlitt, Talg und Petroleum werden zum Härten feinerer Werkzeuge verwendet; die Abkühlung ist bei diesen Kühlmitteln weniger schroff als bei Wasser; der Ölbehälter wird in kühles Wasser gestellt.

Quecksilber hat eine sehr hohe Wärmeleitfähigkeit; es eignet sich daher vorwiegend für solche Werkzeuge, die große Härte erhalten müssen. Größere Stücke sollen wegen Entwicklung gesundheitschädlicher Dämpfe nicht in Quecksilber abgeschreckt werden.

Weichbleibende Stellen werden vor der Erwärmung entweder mit Asbest umwickelt oder in eiserne Umhüllungen gesteckt, damit die Härteflüssigkeit keinen Zutritt hat.

Eintauchen. Bei ungleichen Stücken muß der stärkste Teil zuerst ins Wasser; flache Stücke hochkant oder senkrecht, keilförmige mit dem Rücken voraus, langsam eintauchen, im Wasser bewegen. Hohl geformte Stücke sind schräg oder so zu halten, daß beim Eintauchen die Luft entweichen kann. Wird das Werkstück mit der Zange an einer Stelle gehalten, die hart werden soll, so darf die Zange nur schneidenartig berühren. Zum Abschrecken durchbohrter Fräser benutzt man einen bügelförmigen Doppelhaken aus Stahldraht (Fig. 87).

Fig. 87. Haken zum Abschrecken durchbohrter Werkzeuge.

Unvollständige Kühlung hat zumeist Reißen zur Folge.

Härten im Luftstrom. Naturharter und Schnelldrehstahl werden unter Gelb- bis Weißglut so in den Luftstrom gebracht, daß er die Schneiden senkrecht trifft. Schnelldrehstahl darf auch in Talg, Öl oder Petroleum abgeschreckt werden.

Härten zwischen Metallplatten. Kreissägeblätter und sonstige dünne, blattförmige Gegenstände werden zwischen zwei starke Gußplatten gepreßt, damit sie sich während der Abkühlung nicht verziehen können.

Wiederholtes Härten. Gußstahl soll vor jeder, also auch vor wiederholter Härtung ausgeglüht werden.

Selbstreißen. Frisch abgeschreckter Gußstahl hat in diesem Zustande seine höchst erreichbare Härte, welche als glashart bezeichnet wird. Nur in seltenen Fällen können abgeschreckte Stücke in diesem Zustande belassen werden, da glasharte Werkzeuge für einen ordnungsmäßigen Gebrauch viel zu spröde und der Selbstzerstörung ausgesetzt sind. Abspringende Splitter können sogar Unfälle herbeiführen. Verwickelte oder starke Stücke erwärmt man daher ohne Rücksicht auf nachheriges Anlassen sofort nach dem Abschrecken auf 180—200° C.

Das Anlassen (Entspannen). Um die Spannungen zu mildern und die Zähigkeit (Dehnbarkeit) zu erhöhen, muß abgeschreckter Stahl so bald wie möglich angelassen (entspannt) werden, d. h. es muß ihm durch erneute Erwärmung ein Teil seiner Härte entzogen werden. Härte und Zähigkeit (Dehnbarkeit) sind Gegensätze, und jeder dieser beiden Zustände läßt sich nur auf Kosten des andern steigern.

Der innere Vorgang beim Anlassen. Durch die Wiedererwärmung des abgeschreckten Stahles geht der Härtungsgrad zurück. Diese Umwandlung, welche der Erwärmung parallel geht, ist von 220° C ab auch äußerlich erkennbar, indem sich an blanken Flächen Farbenunterschiede (Oxydhäutchen) einstellen, welche die jeweils erreichte Härtestufe kennzeichnen. In flüssigen Anlaßmitteln entstehen keine Anlaßfarben, weil die Luft keinen Zutritt hat.

Verschiedene Stahlsorten. Die für bestimmte Werkzeuge als bewährt festgestellten Anlauffarben gelten nur für normale Stahlsorten, sie sind somit nicht in jedem Falle zuverlässig. Dieselbe Stahlsorte aus verschiedenen Lieferungen kann z. B. einmal gelbe, ein andermal rote Anlaßfarbe benötigen, um die gleiche Härte zu erhalten.

Die Feilprobe. Ein im Zweifelsfalle ziemlich sicheres Mittel zur Feststellung der Härte ist die Anwendung der Doppelschlichtfeile, mit der sehr langsam und unter kräftigem Druck geprobt wird.

Entspannen glashart bleibender Werkzeuge. Werkzeuge mit glashart bleibenden Tastflächen (Meßwerkzeuge) werden einen vollen Tag einer Temperatur von 130—150° C ausgesetzt (ausgekocht).

Verschiedene Anlaßmittel. Das Anlassen der Werkzeuge kann in siedendem Wasser, erhitztem Öl und geschmolzenen Metallegierungen, sowie auf glühendem Sand oder Eisen, zwischen erhitzten Eisenplatten, in besonderen Öfen und über dem offenen Feuer vorgenommen werden. Durchbohrte Fräser steckt man über ein rotwarmes Rundeisen. Geeignete Öle lassen sich bis zu 350° C erhitzen; Vorsicht beim Aufflammen.

Die Feststellung der Wärmegrade. Die Temperatur flüssiger Anlaßmittel kann mit dem Thermometer festgestellt werden.

Anlassen von Schnelldrehstahl. Supportstähle aus Schnelldrehstahl werden nicht angelassen; Fräser und Gewindeschneidzeuge werden auf etwa 260° C erwärmt.

Die gebrochene Härtung. Meißel, Stemmer, Körner, Spitz- und Zentrumbohrer, Supportstähle und diesen ähnliche Werkzeuge werden im offenen Feuer oder im Metallbad erwärmt, in Wasser getaucht, blank gerieben und mit der im hinteren Teile des Werkzeuges noch vorhandenen Wärme angelassen. Reicht die vorhandene Wärme nicht aus, so hält man das Stück über das Feuer. Man erwärmt solche Werkzeuge am besten kurz, d. h. sie sollen nur auf eine Länge von 2—3 cm Kirschrotglut erhalten. Die so erwärmten Stücke werden bis über die Rotglutgrenze abgeschreckt, damit sich keine scharfe Härtegrenze bildet. Die abgeschreckten Flächen sollen mindestens einige Sekunden naß bleiben. Bei lange erwärmten Stücken kann die Härtegrenze auch durch mehrmaliges Tiefertauchen des Werkzeuges verwischt werden. Kühlt man ein Schlagwerkzeug (Meißel, Durchschlag) nur bis zu einer bestimmten Stelle innerhalb der glühenden Fläche, so springt es manchmal genau an der Stelle (Linie) ab, bis zu der es eingetaucht wurde.

Festhalten der Anlaßfarbe. Hat sich die für ein Werkzeug erforderliche Anlaßfarbe eingestellt, so wird es in Wasser oder Öl abgekühlt.

Anlassen von innen. Verfahren zum Härten von Reibahlen und Gewindebohrern. Die betreffenden Stücke werden in ihrer ganzen nutzbaren Länge abgeschreckt, aber nur so lange im Wasser belassen, daß die in ihrem Innern noch vorhandene Wärme zum Anlassen gerade noch ausreicht. Die solcher Art gehärteten Werkzeuge haben große Zähigkeit, da sie einen weichen Kern behalten.

Härten ohne Anlassen. Bei Massenherstellung von Werkzeugen aus einer bestimmten Stahlsorte kann man das Anlassen umgehen, indem man die Härteflüssigkeit auf eine bestimmte Temperatur erhitzt. Diese Temperatur muß durch Versuche der Stahlsorte und den Werkzeugen angepaßt und genau eingehalten werden.

<h3 style="text-align:center">Anlaßtemperaturen.</h3>

Anlauffarbe	⁰ C	Geeignet für:
Hellgelb	220	Schneidwerkzeuge für harte Metalle.
Strohgelb	230	Supportstähle, Fräser, Reibahlen, Gewindebohrer u. Backen.
Dunkelgelb	240	Maschinenbacken, Metallsägeblätter.
Braunrot	250	Schermesser, Hämmer, Stanzwerkzeuge.
Purpurrot	260	Handmeißel, Stemmer, Durchschläge.
Violett	270	Steinbearbeitungswerkzeuge, Schrotmeißel.
Dunkelblau	300	Holzbearbeitungswerkzeuge, Döpper, Federn.
Hellblau	310	Holzsägeblätter, Messerklingen.
Grau	320	

Das Härten von Maschinenteilen (Einsatz- und Oberflächenhärtung).

Der Einsatz. Teile aus Maschinenstahl (Siemens-Martin-, Bessemerstahl, Flußeisen) werden in kohlenstoffabgebenden Pulvern oder im Kohlenstoffgasbade unter Luftabschluß geglüht und entweder in derselben Wärme abgeschreckt oder bis zur völligen Erkaltung im Einsatzkasten gelassen, nochmals einige Stunden geglüht und dann abgeschreckt. Der Kern des Einsatzgutes bleibt weich. Daraus erhellt, daß nur solche

Materialien eingesetzt werden dürfen, die einen sehr geringen Kohlegehalt haben, und die bei gewöhnlichem Abschrecken nicht hart werden.

Die Glühdauer beträgt je nach der Stärke der einzusetzenden Stücke und Tiefe der zu kohlenden Schicht einige Stunden bis zwei Tage. Falls die Glühdauer nicht bekannt ist, kann die Tiefe der Kohlung durch Abschrecken eingesteckter Drähte festgestellt werden.

Härtetiefe. Eingesetzte Stücke haben eine Härtetiefe von 1—2 mm und sind schleiffähig.

Einlegen der Teile. Die einzelnen Stücke werden ähnlich wie beim Ausglühen bei etwa 5 cm gegenseitigem und Wandabstand in Einsatzpulver gebettet und eingestampft; der Kistendeckel ist sorgfältig zu verstreichen.

Weich bleibende Stellen. An vielen der zum Einsatz kommenden Stücke sollen nur die Lauf- und Gleitflächen hart werden, die übrigen Teile dagegen weich bleiben. Es ist somit Vorsorge zu treffen, daß die weich bleibenden Stellen keinen Kohlenstoff aufnehmen können, auch sollen sie nicht unmittelbar mit dem Härtewasser in Berührung kommen. Das wird verhindert, indem man die betreffenden Teile in Lehm oder Asbest einpackt oder in eine anliegende eiserne Umhüllung steckt. Handelt es sich um bearbeitete Teile, so können sie auch verkupfert werden, indem man sie mit Borax bestreicht und mit dünnem Kupferblech umgibt.

Das Abschrecken eingesetzter Teile soll möglichst im fließenden Wasser bzw. bei geöffnetem Hahn und so rasch wie möglich erfolgen.

Das Abbrennen. Wo nur geringe Oberflächenhärtung erzielt werden soll, können kleinere Stücke auch im offenen Feuer erwärmt, mit Kali oder gemischtem Härtepulver bestreut und dann abgeschreckt werden. Die dabei erzielte Härteschicht beträgt aber höchstens $1/_{10}$ mm, ist also nicht schleiffähig.

Das Richten geworfener (verzogener) Stücke. Beim Härten geworfene Stücke werden zwischen erwärmten Blöcken gepreßt oder an ihrer hohlen Seite mit der Hammerfinne gestreckt.

Richten abgeschreckter Stücke während des Anlassens. Man legt das geworfene Stück mit „Krümmung oben" auf eine ebene, blanke Platte, erhitzt die Platte auf die gewünschte Anlauffarbe, preßt das Stück fest auf und kühlt es an der Oberfläche ab.

Anschleifen und Härten der Spiralfedern. Drückt man das Ende einer Spiralfeder kräftig an die Stirnfläche einer Schleifscheibe, so wird es auf Rotglut erhitzt, legt sich an und wird gleichzeitig eben geschliffen. Die Feder muß hierbei gerade gehalten werden. Spiralfedern aus geglühtem Draht werden im Ofen oder in einer Röhre erwärmt, abgeschreckt und entweder im Ofen oder Ölbad angelassen oder in Rüböl getaucht und auf dessen Flammpunkt erhitzt.

E. Die Instandhaltung der Arbeitsmaschinen.

Beispiele.

Drehbankvorgelege. Eine mit Vorgelege arbeitende einfache Drehbank bleibt ohne äußerlich wahrnehmbare Ursache stehen, indem der Riemen abfällt. Es kann die Stufenscheibe oder die Hohlwelle des Vorgeleges gefressen haben, weshalb man zuerst das Vorgelege ausrückt und für sich probt. Sitzt die Stufenscheibe fest, so muß die Spindel heraus, andernfalls das Vorgelege, das nach Entfernung der Exzenter herausgenommen werden kann. Der Fall ist meist auf mangelhafte Schmierung bzw. Verstopfung der Schmierlöcher zurückzuführen. Die Ursachen sind zu beseitigen, die gefressenen Stellen zu glätten.

Leitspindel gefressen. Eine Drehbank ist beim Gewindeschneiden während des Vorlaufes stehen geblieben; Spindel und Vorgelege sind in Ordnung, es ist daher der Leitspindelantrieb zu untersuchen. Nach erfolgtem Auslösen der einzelnen Wechselräder zeigt sich, daß die Leitspindel festsitzt. Befund: Die Ringmuttern sind festgezogen. Ursache: Infolge Anfressens der Unterlagscheibe wurde ihre Nase abgeschert, die Muttern konnten sich somit beim Vorlauf selbsttätig festziehen. Abgescherte Nase herausbohren und ersetzen, die gefressenen Flächen glätten.

Zerbrochenes Leitspindelrad. Wurde bei dem geschilderten Vorgang ein Wechselrad gesprengt, so bindet man es mit kräftigen, runden Blechscheiben, deren Bohrungen stramm über die Naben gehen und gibt jedem Arm eine Niete.

Fallende Bohrspindel. Eine gut eingestellte Bohrspindel zeigt nach kurzer Zeit wieder achsiales Spiel. Ursache: Der Gegendruckzapfen hat nur sehr geringe Härte, er nutzt sich infolgedessen unverhältnismäßig rasch ab. Der Zapfen ist glashart abzuschrecken.

Ausgebrochene Zähne an Zahnrädern einsetzen. a) Paßzähne. 1. Ein Zahn: Schwalbenschwanznut mit leichtem Anzug; Flickzahn aus Schmiedeeisen gut sitzend einpassen, einpressen und am schwachen Teile versenkt vernieten. Formgebung durch Überdrehen und Fräsen, Hobeln oder Feilen. Im letzten Falle ist darauf zu achten, daß die Nachbarzähne nicht von der Feile berührt werden. 2. Mehrere nebeneinanderliegende Zähne: Kreisförmige Schwalbenschwanznut in Breite der Bruchstelle; Flickzähne aus einem Stück herausarbeiten, Befestigung des Flickes und Formgebung der Zähne wie bei 1., den Flick zwischen den Zähnen verbohren. 3. Kegelräder: Anzug der Verjüngung der Zähne entsprechend, die übrigen Arbeiten wie bei 1 und 2. b) Stiftzähne. Sind die Zähne nur teilweise ausgebrochen oder durch Ansätze, Bunde u. dgl. begrenzt, so setzt man Stiftzähne ein. In die Bruchstelle werden nach einem der Zahnstärke entsprechenden Gewinde eine Anzahl Löcher gebohrt. Die Lochteilung ist so eng wie möglich zu wählen, doch soll die zwischen je zwei Löchern und die am Rande verbleibende Wandstärke (Fleisch genannt) wenigstens 2 mm betragen. Nach dem Einschneiden der Gewinde werden die mit einem kurzen Gewinde versehenen Stifte stramm eingetrieben und etwa $^1/_4$ über Zahnhöhe abgesägt. Sind alle Zapfen eingeschraubt, so werden sie entweder autogen verschweißt oder mit einem kräftigen Hammer angestaucht, so daß sich zwischen den einzelnen Zapfen flache Berührungstellen bilden, die ein Losspielen der Zapfen verhindern. Formgebung wie bei 1.

Maschinentisch aufflicken. An dem Tisch einer Senkrechtfräsmaschine sind einige Spannschlitze derart ausgebrochen, daß die Köpfe der Spannschrauben dort keinen Halt mehr finden. Die betreffenden Rippen werden abgefräst und durch schmiedeeiserne ersetzt; diese werden gut sitzend aufgepaßt und mittels stramm einzutreibender Stiftschrauben stark versenkt aufgenietet. Die Flicke werden zuerst mit den benachbarten Stellen eingeebnet, worauf man den ganzen Tisch abrichtet.

Einseitig abgenutzte Supportführung. Die Führung des Quersupports einer Stoßmaschine ist in der Mitte so stark eingelaufen, daß der Schlitten bei sattgezogener Arbeitsleiste nur noch auf einer kurzen Strecke beweglich ist. Die Führung muß entweder auf einer Hobelmaschine oder einer Fräsmaschine nach der schwächsten Stelle

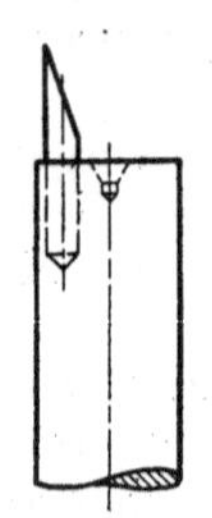

ausgeglichen werden. Beim Aufspannen sind die Flächenenden mit dem Prüfwerkzeug aufzufangen, so daß die frühere Lage genau beibehalten wird. Die ausgeglichenen Flächen werden tuschiert, eingeschabt, eingeschliffen, mit Schmirgelleinwand geglättet und schließlich gemustert (marmoriert), damit die Schmiermittel gut haften.

Neue Supportmutter. Um die Gewindebohrung genau in die Flucht zu bringen, versieht man die Mutter, nachdem sie am Support befestigt und geradegestellt ist, mit einem Längsriß, der dem Support parallel geht, zeichnet die Bohrung an und fängt sie nach Riß und Kreis auf. Kann eine Mutter wegen Raummangel nicht dicht an das Spindellager gebracht werden, so benutzt man zum Anzeichnen einen passenden Bolzen, in dessen Stirnfläche eine Stahlspitze eingesetzt ist (Fig. 88).

Fig. 88. Anreißer für Supportmuttern.

Ausziehen von Schwungrädern. Man benutzt ein bügelförmiges Werkzeug mit Druckschraube. Das Rad wird entweder an den Armen oder an der hinteren Nabe vom Bügel erfaßt. Die Druckschraube ist zu unterlegen, damit der Drehkörner der Welle nicht verdorben wird. Durch Anziehen der Schraube wird das Rad gelöst.

Wiederholtes Aus- und Einpressen von Maschinenteilen. Eingepreßte Teile, wie Kurbelzapfen und Eisenbahnachsen müssen zwecks Wiederherstellung manchmal ausgepreßt werden. Bei wiederholtem Ein- und Auspressen geht der Zapfen schließlich zu leicht, er muß daher verstärkt werden, damit man ihn wieder unter dem vorgeschriebenen Druck einpressen kann. Dies geschieht durch Ausglühen des Zapfens, da das zusammengepreßte Material seine ursprüngliche Form bzw. Stärke dabei wieder annimmt. Langt das Ausglühen nicht, so ist das Einziehen einer Buchse erforderlich. Als Notbehelf kann das Drähteln angewendet werden.

Das Drähteln (Fig. 89). Der in Frage stehende Zapfen wird mit achsialen Hiebrillen versehen, die etwa 1 cm Abstand voneinander haben. In diese Rillen wird Stahldraht eingehämmert.

Feststellung des Lagerspieles. Ansetzen eines zweiarmigen Hebels unter der Achse.

Lager zusammenlassen. Wenn ein Lager mit Beilagen versehen ist, so nimmt man von diesen das Erforderliche heraus; andernfalls müssen die Schalenauflageflächen nachgearbeitet werden.

Auffinden von Rissen. Soll ein Körper auf etwa vorhandene Risse untersucht werden, so geschieht dies zunächst durch Aufschlagen mit dem Hammer. Ein noch ganzes Stück klingt oder gibt einen satten Ton, das zersprungene meistens einen Mißton. Haarrisse findet man, indem man die fraglichen Stellen, falls sie nicht schon vorher ölig waren, mit dünnflüssigem Öl einreibt, wieder abwischt und den Körper hämmert oder erhitzt. Die Erschütterung bzw. Wärme treibt das in einen Riß eingedrungene Öl wieder aus, wodurch sich die Ausdehnung des Risses verrät, die mit einer guten Lupe festgestellt wird.

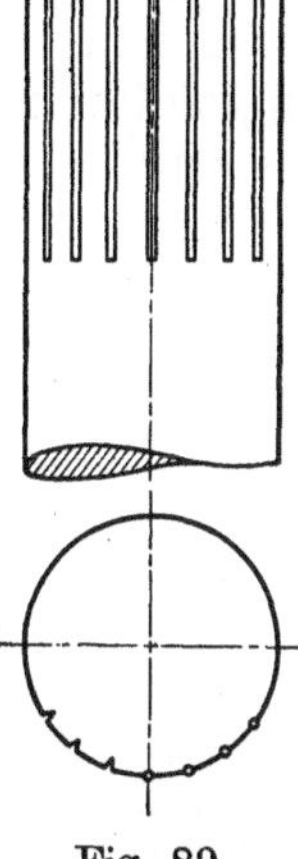

Fig. 89.
Drähteln.

Die Markierungen. Bei dem Auseinandernehmen einer Maschine ist darauf zu achten, ob ihre einzelnen Teile auch ordnungsmäßig zusammengezeichnet sind. Das Markieren mit einem Körner ist immer unsicher und unschön; besser ist es, durch Riß und Ziffern zu markieren. Ist die Markierung einer Maschine nicht sorgfältig durchgeführt, so kann sich ihr Wiederzusammenbau unter Umständen recht zeitraubend gestalten. Man muß in solchen Fällen das Anzeichnen während der Demontage nachholen. Hat man es mit umfangreichen oder neuartigen Maschinen zu tun, so empfiehlt es sich, vor dem Auseinandernehmen entweder einzelne Abschnitte zu skizzieren oder die ganze Maschine zu photographieren.

Dritter Teil.

A. Triebwerke.

1. Transmissionen.

Eine Haupttransmission besteht aus dem Wellenstrang mit den zugehörigen Kupplungen, Lagern, Stellringen und Riemenscheiben.

Kupplungen. Man unterscheidet: Scheiben-, Schalen-, Hülsen-, Sellers- und ausrückbare Kupplungen. Die Scheibenkupplung ist wohl die älteste und auch heute noch für Hauptantriebswellen gebräuchlichste. Beide Kupplungsteile werden schon bei ihrer Herstellung auf die Wellenenden gepreßt oder aufgeschrumpft, verkeilt und, weil mit der Möglichkeit des Verziehens gerechnet werden muß, an den Stirnflächen nochmals überdreht. Der Ansatz der einen Kupplungshälfte paßt in eine Eindrehung der andern und stellt dadurch den zentrischen Anschluß her. Beide Teile werden beim Zusammenbau durch Schrauben miteinander verbunden. Schalen- und Hülsenkupplungen bestehen aus je zwei Halbteilen; jene werden durch Schrauben, diese durch Ringe zusammengehalten. Die Sellerskupplung besteht aus zwei geschlitzten Kegeln und einem zu beiden Seiten konisch ausgedrehten Mantel. Die Kegel werden mit durchgehenden Mutterschrauben gleichzeitig in den Mantel hineingezogen und auf die Wellenenden geklemmt. Ausrückbare Kupplungen: Die Klauenkupplung. Die Stirnfläche der einen Kupplungshälfte ist mit Segmenten besetzt, die in entsprechende Aussparungen der andern passen. Ein Kupplungsteil ist fest, der andere dagegen auf einem Federkeil verschiebbar. Diese Kupplung kann nur bei Stillegung beider Wellen eingerückt werden. Reibungskupplungen werden in zahlreichen Sonderausführungen hergestellt; sie gestatten die In- und Außerbetriebsetzung von Transmissionsteilen während des Betriebes.

Lager. Starre Lager und Lager ohne selbsttätige Schmierung findet man nur noch selten an Transmissionen, da ihre Montage und Bedienung sehr umständlich und zeitraubend sind.

Sellerslager. Diese allgemein eingeführten Lager haben sehr lange, nach allen Richtungen bewegliche Lagerschalen und selbsttätige Schmierung. Die aus Gußeisen hergestellten Schalen tragen Kugelsegmente, die bei Stehlagern in Hohlsegmenten des Gehäuses, bei Hängelagern in solchen verstellbarer Gewindespindeln ruhen. Die selbsttätige Schmierung erfolgt entweder durch lose auf der Welle liegende Ringe oder durch einen festen Wellenbund, der zugleich einen Stellring ersetzt. Die Schmierringe, bzw. Bunde, die in Aussparungen der Lagerschalen laufen, nehmen bei ihrer Drehung Öl mit nach oben, wo es sich in Schmiernuten verteilt.

Kugellager. Man unterscheidet Kugellaufring- oder Radiallager für wagerechte, und Achsial- oder Kugeldrucklager für senkrechte Wellen. Beide Bauarten werden sowohl einreihig als auch mehrreihig hergestellt und häufig in Sellerslagergehäuse eingebaut. Die Welle kommt bei solchen Lagern nicht in unmittelbare Berührung mit den Laufflächen, sie kann sich somit nie einlaufen. Kugeln, Lauf- und Druckringe sind aus hartem Stahl, die Oberflächen der Kugeln und die Laufbahnen der Ringe sind glashart.

Das Kugellaufringlager. Der innere Laufring wird durch eine Spannhülse auf der Welle befestigt; der äußere entweder festsitzend oder mit Kugelbewegung in das Gehäuse eingebaut.

Das Kugeldrucklager. Der obere Druckring ist auf dem als Zapfen ausgebildeten Wellenende befestigt, der untere ist an seiner Auflagefläche ballig gedreht, so daß das Lager sich nach der Welle einstellen kann. Die Kugeln bewegen sich gewöhnlich in einem geschlossenen Ölbade und werden durch sogenannte Wabenringe voneinandergehalten.

Kammlager (Achsialdrucklager für wagerechte Wellen). Eine Lagerstelle der Welle hat mehrere schmale Bunde; in das Lager sind entsprechende Nuten eingedreht.

Spurlager älterer Bauart für senkrechte Wellen haben konische Bohrung mit gehärteter Stahleinlage, Pfanne genannt. Pfanne und Spurzapfen müssen an den Laufflächen glashart sein.

Lagerunterlagen. Zur Befestigung von Transmissionslagern dienen einfache und doppelte Hängeböcke, Lagerstühle, Wand- und Säulenkonsole, Mauerkasten und Sohlplatten.

Schmierapparate für Lager ohne selbsttätige Schmierung. a) Für Öl: Nadelschmiergefäße, Regulierschmiergefäße, Dochtschmiergefäße, Saugheber und Schmierpressen. b) Für konsistentes Fett: Staufferbüchsen und Federdruckbüchsen. Ölschmiergefäße müssen bei Betriebschluß außer Wirkung gesetzt werden.

Stellringe und Wellenbunde geben der Welle den nötigen Halt gegen seitliche Verschiebung; erstere sind mittels eingelassener Schrauben auf der Welle befestigt.

Riemenscheiben für Transmissionswellen werden aus Gußeisen, Schmiedeeisen und auch aus Holz hergestellt. Man unterscheidet geschlossene und geteilte Riemenscheiben; erstere werden aufgekeilt, letztere aufgeklemmt.

Geteilte Gußriemenscheiben werden aus einem Stück gegossen, beide Halbteile sind aber nur durch einen dünnen Steg miteinander verbunden, der vor dem Abdrehen der Scheiben gesprengt wird.

Schmiedeeiserne Riemenscheiben sind entweder gepreßt oder aus Gußnabe, Rundstäben und Blechmantel zusammengesetzt. Sie sind leichter als Gußriemenscheiben.

Hölzerne Riemenscheiben sind leichter als eiserne Riemenscheiben jeder Art; sie sind aus Segmenten verschiedener Holzsorten zusammengesetzt und verleimt; sie sollen deshalb im Freien oder in feuchte Räumen nicht verwendet werden.

Ballig gedrehte Riemenscheiben. Da jeder Treibriemen nach der höchsten Stelle einer Riemenscheibe wandert (steigt), werden die Riemenscheiben, wo es die Antriebsart zuläßt, ballig gedreht. Man erreicht dadurch, daß der Riemen genau auf Scheibenmitte und seitlich ruhiger läuft, als auf zylindrisch gedrehten Riemenscheiben. Ballig gedrehte Riemenscheiben eignen sich nur für parallellaufende Riemen.

2. Deckenvorgelege.

Die Deckenvorgelege dienen zur In- und Außerbetriebsetzung der Arbeitsmaschinen und zur Regelung ihrer Umlaufgeschwindigkeiten.

Man unterscheidet 1. Vorgelege mit gewöhnlicher Riemenumsteuerung, 2. Reibungskupplungsvorgelege, 3. Stufenrädervorgelege, 4. Kegelscheibenantriebe und 5. Winkelvorgelege.

Das Vorgelege mit Riemenumsteuerung besteht gewöhnlich aus einer Welle mit Lagern, Fest- und Leerlaufriemenscheiben, Stufenscheibe, Stellringen und Ausrücker. Vorgelegeriemenscheiben sind in der Regel ungeteilt. Die Leerscheiben (Losscheiben) gleiten nicht unmittelbar auf der Welle, sondern auf hohlen Laufbüchsen, in die eine Anzahl Löcher gebohrt sind. Die auf der Welle befestigten Buchsen werden mit konsistentem Fett gefüllt, das infolge der Fliehkraft durch die erwähnten Löcher nach außen getrieben wird.

Die Stufenscheibe ist gegenüber der zu treibenden Scheibe in umgekehrter Stufenfolge aufgekeilt.

Der Ausrücker ist eine Einrichtung zur Verschiebung des Transmissionsriemens und besteht aus dem Gabelführer mit Gabeln und der Zugvorrichtung. Der Gabelführer wird je nach Bauart durch einen zweiarmigen Handhebel, Zugstangen mit Winkelhebel oder durch ein Kettenrad bewegt und durch Laufgewicht, Kipphebel oder Federzahn in der jeweiligen Stellung festgehalten. Die Riemengabel muß den Riemen an dem auflaufenden Trum erfassen und so eingestellt sein, daß der Riemen bei vollständig ausgelegtem Ausrücker auf der richtigen Stelle läuft.

Der Momentausrücker wird durch eine Zugleine bedient und rückt beim Anziehen wechselweise ein und aus.

Der Riemenrücker ist eine ortsfeste Einrichtung zur Veränderung der Umlaufgeschwindigkeiten bei Stufenscheibenantrieben, die nach Art der Ausrücker gehandhabt wird.

Das Reibungskupplungsvorgelege wird vorzugsweise zur Übertragung der Betriebskräfte auf die Haupttransmission verwendet. Durch Auslösen der Kupplung kann die Hauptwelle samt den angeschlossenen Vorgelegen und Maschinen augenblicklich stillgesetzt werden.

Das Stufenrädervorgelege ist ein Vorgelege mit breiter Antriebscheibe für Schnellbetrieb. Die Regelung der Umlaufgeschwindigkeit geschieht durch umstellbare Zahnräder des Vorgeleges.

Der Kegelscheibenantrieb gestattet die Veränderung der Umlaufgeschwindigkeit der Arbeitsmaschinen während des Ganges. Das Vorgelege ist doppelt oder vierfach; die erste Welle trägt Fest- und Losscheibe für den Transmissionsriemen, die letzte Welle die Antriebscheibe für die Arbeitsmaschine. Sämtliche Wellen tragen lange, konische Trommeln, die gegenseitig in umgekehrter Richtung aufgesteckt und durch geschränkte Riemen und Zahnräder miteinander verbunden sind. Der Riemenleiter für die Geschwindigkeitsveränderung wird durch Zahnstange oder Gewindespindel bewegt.

Das Winkelvorgelege besteht aus zwei durch ein Gelenk miteinander verbundenen Einzelvorgelegen, von denen das eine parallel zur Transmission und das andere schräg montierten Maschinen parallel gestellt wird (s. Abstechmaschinen und Revolverbänke).

3. Treibriemen und Triebseile.

Die Übertragung der Betriebskräfte erfolgt durch Lederriemen, Kunstriemen, Stahlbänder und Triebseile.

Lederriemen. Die glatte Seite des Leders (Haarseite, Narbe) kommt stets nach außen; läuft die Narbe innen, so wird sie rissig. Läuft ein Riemen gegen den Stoß der Verbindungstellen, so reißen diese allmählich auf.

Krumme Riemen. Die kurzen Stellen werden mit dem Hammer gestreckt.

Gekreuzte (geschränkte) Riemen. Weicht ein Riemen ab, so schränkt man ihn nach der andern Seite.

Keilriemen sind sehr schmale, drei- bis sechsfach übereinandergeleimte Riemen, die an den Seiten kegelförmig zugeschnitten sind. Die in keilförmig ausgedrehten Rillen laufenden Riemen können nicht geschränkt werden, auch dürfen sie nicht am Grund auflaufen.

Instandhaltung der Lederriemen. Lederriemen sollen zeitweilig mit Fischtran oder Talg eingefettet werden, damit sie geschmeidig bleiben.

Kunstriemen werden aus Kameelhaar, Baumwolle, Gummi, Pappe und aus Drahtlitzen hergestellt.

Neue Lederriemen und Kunstriemen nimmt man gleich um so viel kürzer, wie sie sich schätzungsweise strecken werden und setzt ein Verbindungstück ein, das nach erfolgtem Strecken herausgenommen wird.

Riemenverbindungen. Die Enden der Treibriemen werden durch Nähriemen, Riemenschlösser oder Drahtspiralen miteinander verbunden; Lederriemen werden auch geleimt. Aus Blech gestanzte Schlösser werden für Kunstriemen verwendet und eingeschlagen; Drahtspiralen werden auf der Riemenverbindmaschine eingezogen und eignen sich für Lederriemen. Die Verbindung der Riemenenden erfolgt in beiden Fällen durch Rohhautstreifen oder Drahtstifte. Leimverbindung. Beide Riemenenden werden gegenseitig keilförmig zugeschnitten (abgeschärft). Die Länge der Abschärfung soll etwa der 20—30fachen Riemenstärke gleichkommen. Beide Enden werden gleichzeitig mit heißem Riemenleim bestrichen und zwischen Hölzern so aufeinander gepreßt, daß die Ränder linealgerade verlaufen.

Stahlbandantriebe. Die Bänder sind aus kaltgewalztem, gehärtetem Stahl, dessen Stärke je nach Breite 0,2—1 mm beträgt. Die genau zylindrisch gedrehten Riemenscheiben erhalten einen Reibmaterialaufstrich.

Triebseile werden aus Baumwolle, Hanf und Stahldraht hergestellt; die Seilenden werden mittels Langspleiß verbunden.

Preßluftwerkzeuge.

Wo Niet- und Meißelarbeiten in größerem Umfange vorkommen, ist ebenso wie auch bei der Bearbeitung der Metalle mit Schneide- und Drückwerkzeugen die unmittelbare Handarbeit zum größten Teile ausgeschaltet. Man findet in solchen Betrieben Einrichtungen, welche diese Arbeiten mit Apparaten ausführen, die durch Preßluft betrieben werden.

Diese Anlagen bestehen im wesentlichen aus einer Luftpumpe, Kompressor genannt, und einem Windkessel, von dem die gepreßte Luft in Rohrleitungen den Arbeitstellen und von da in geschützten Schläuchen den Apparaten zugeführt wird. Der Anschluß der Schläuche erfolgt durch eine sogenannte Moment- oder Giesbergkupplung; sie sollen so zu den Apparaten geleitet werden, daß sie gegen Beschädigung gesichert sind. Die Anschlußteile der Apparate sind mit einem Drahtsiebe versehen, an dem Unreinigkeiten (namentlich losgerissene Gummiteilchen) zurückgehalten werden.

Die bekanntesten Preßluftwerkzeuge sind: Niet-, Meißel- und Vibrationshämmer (Abklopfer); aber auch zahlreiche Bohr-, Ausreibund Gewindeschneidmaschinen und Hebezeuge werden mit Preßluft betrieben. Die Betriebsluft soll den Apparaten möglichst trocken zugeführt werden; es ist daher notwendig, vor Inbetriebnahme einer Leitung das in ihr angesammelte, von der Feuchtigkeit der Luft herrührende Wasser jeweils ausblasen zu lassen. Preßlufthämmer dürfen nur während des Andrückens in Gang gesetzt werden.

B. Die gebräuchlichsten Hebezeuge und Geräte.

Hebezeuge sind Apparate oder Maschinen, die entweder für Handbetrieb eingerichtet oder durch Elektrizität, Dampfkraft, Preßwasser oder Druckluft betrieben werden und teils durch Selbsthemmung, teils durch Sperrad oder Bremse gegen ungewolltes Zurückgehen gesichert sind. Die Tragfähigkeit der Hebezeuge ist an Aufschriften ersichtlich. Öffentlichen Zwecken dienende Hebezeuge werden in bestimmten Zeitabschnitten geprüft und einer regelmäßigen Belastungsprobe unterzogen.

Die Hornwinde. Der Schaft besteht aus Holz oder gepreßtem Blech; Triebwerk und Zahnstange sind im Einsatz gehärtet. Kleinere Winden nur mit Horn und einfach übersetzt, größere mit Horn und Fuß und mehrfach übersetzt.

Stockwinden für Werkstättenmontage sind hydraulische oder Schraubenwinden.

Hebeböcke für Eisenbahnfahrzeuge sind Schraubenwinden, die paarweise verwendet werden. Beide Böcke werden durch einen abnehmbaren Querträger verbunden, auf den die Last aufgesetzt wird.

Die Baurolle. Einfache Seilrolle ohne Sicherung für geringe Lasten.

Flaschenzüge. Man unterscheidet Schrauben-, Differential- und Zahnradflaschenzüge mit einfachem oder doppeltem Kettenlaststrang.

Krane. Für Verladestellen: Dreh- und Bockkrane, ortsfest oder fahrbar, für Werkstätten: Dreh- und Laufkrane.

Wagenkrane. Größere Werke und Eisenbahnverwaltungen verfügen über Drehkrane, die auf Eisenbahnfahrzeugen montiert sind.

Diese Fahrzeuge werden mit Krallen an den Schienen befestigt. Der Ausleger muß jeweils nach angebrachten Aufschriften auf die zu hebende Last eingestellt werden, das Gleichgewicht wird durch ein verschiebbares Gegengewicht hergestellt. Wagenkrane werden wie andere Eisenbahnfahrzeuge befördert; ungenügendes Einziehen des Auslegers und der Schienenkrallen gefährden den Eisenbahntransport.

Der Hebemast, auch Standbaum genannt. Man verwendet Telegraphenstangen oder kräftige Rüststangen für Bauzwecke, die entweder an Gebäulichkeiten oder sonstigen stehenden Einrichtungen befestigt oder auf $^1/_5$ ihrer Länge eingegraben und mit Steinen verkeilt werden. Der Flaschenzug wird entweder vor dem Aufrichten angehängt oder an einer Baurolle in die Höhe gezogen; die Aufhängeschlinge für den Flaschenzug ist durch Bauklammern zu sichern.

Hilfsgeräte.

Die Hebeklaue: Bügel mit Aufhängering, der mit einer kräftigen Stellschraube befestigt wird.

Kniehebelzangen und Froschklemmen sind Hebegeräte, die sich bei Belastung selbsttätig schließen; Kniehebelzangen verwendet man zum Erfassen warmer Eisenblöcke, Froschklemmen für Bleche und zum Drahtspannen.

Kranlastmagnete sind Elektromagnete, die am Kranhaken aufgehängt und zum Heben von Eisen- und Stahlkörpern verwendet werden.

Das Hebeeisen. Stahlstange von etwa $1^1/_2$ m Länge, vorn meißelartig ausgezogen oder abgeschrägt, hinten schwächer.

Seile. Zu unterscheiden sind: gewöhnliche, durchaus gleichstarke Tragseile und Spitzstränge mit angespleißter Öse und ausgespitzt. Tragseile sollen beim Heben kantiger Lasten durch Polsterunterlage geschützt werden, da bei unmittelbarer Berührung mit Kanten die äußeren Fasern durchgeschnitten und die manchmal sehr teueren Seile frühzeitig unbrauchbar werden.

Das Anseilen gestreckter Körper mittels Latz und Nasenband. Der Latz (Fig. 90). Seilende von links nach rechts um die Stange legen, dann von links nach rechts unter dem Trum und ein- oder zweimal von unten nach oben unter dem zuerst

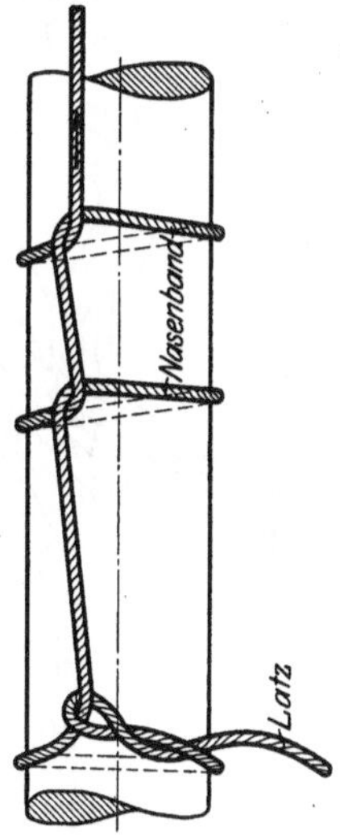

Fig. 90.

umgelegten Teile durchziehen, so daß das Seilende an die Stange gepreßt wird. Das Nasenband (Fig. 90). Seil oberhalb des Latzes in Schleifenform zusammenbiegen, die Schleife eine halbe Wendung nach rechts oder links drehen und über das Stangenende schieben. Ein mehrmals angebrachtes Nasenband erhöht die Sicherheit.

Seilschlinge für allgemeine Hebearbeiten. Knüpfen einer Schlinge:

Der Knoten muß so geschlungen werden, daß er sich bei Belastung selbst zuzieht und ohne Beschädigung des Seiles wieder gelöst werden kann.

Knotenschlingen (Fig. 91). Beide Seilenden erfassen, rechtes Ende von hinten nach vorn und von oben nach unten so um das fort-

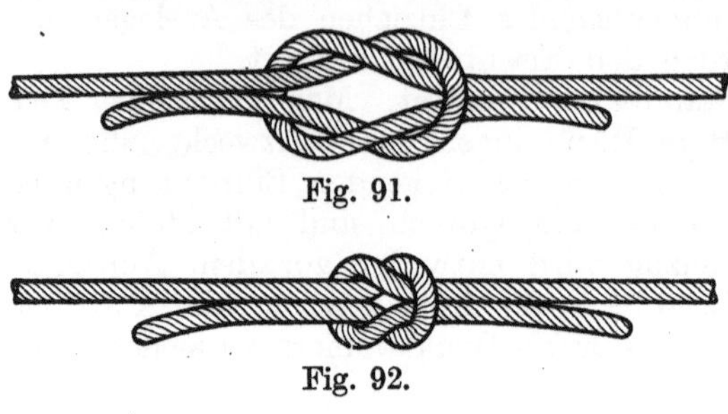

Fig. 91.

laufende Trum herumschlingen, daß beide Enden nach oben stehen, dann das ursprünglich linke, jetzt rechte Ende von vorn nach hinten und von oben nach unten um das andere Ende schlingen, dann zuziehen (Fig. 92). Dieser Knoten ist auch dann anzuwenden, wenn zwei Seile zu einem vereinigt werden sollen; er zieht sich selbst zu, geht niemals von selbst auf, läßt sich aber stets wieder lösen.

Fig. 92.

Das Spleißen.

1. **Drahtseilöse mit Kausche** (Blecheinlage) (Fig. 93). Das Seilende wird auf eine Länge von etwa 30 cm um die Kausche gebogen und

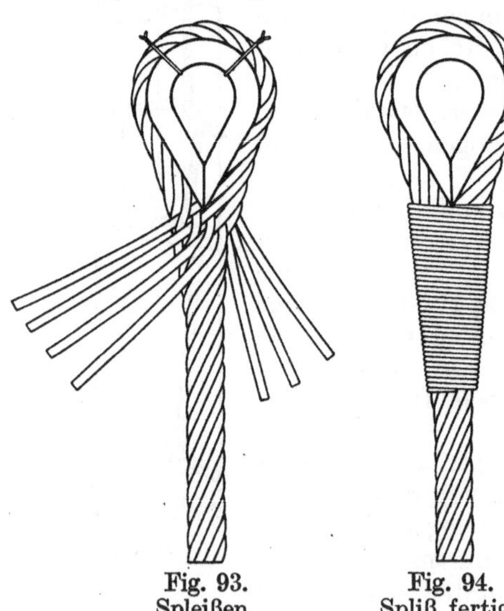

Fig. 93.
Spleißen.

Fig. 94.
Spliß fertig.

dann festgebunden. Nun dreht man das Seilende auf und schiebt die der Kausche am nächsten liegende Litze in der Drehrichtung des Seiles unter einer Litze des Seiles durch. Die nächstfolgenden Litzen werden in derselben Drehrichtung je unter der vorhergehenden Litze durchgeschoben, die aus Hanf oder weichem Draht bestehende Seele wird in Flechtlänge abgeschnitten. Das Spleißen wird in der beschriebenen Weise mehrmals wiederholt, doch geht man hierbei je über einer unter zwei Litzen durch; bei jedem Spliß wird die Richtung gewechselt. Vom fünften Spliß ab wird je eine Litze durchgeschoben und die nächstfolgende ausgeschieden, die ausgeschiedenen und restlichen Enden werden schließlich abgeschnitten, der fertige Spliß wird mit dem Holzhammer geschlossen und mit Draht umwickelt (Fig. 94).

2. Der Langspliß. Man löst von den beiden mit a und b zu bezeichnenden Seilenden je auf die Länge von etwa 40 cm eine Litze ab, hält beide Enden übereinander und legt dann die Litze vom Ende b in die offene Furche von a, worauf mit den folgenden Litzen ebenso verfahren wird, bis die Hälfte der Litzen von a auf b übertragen ist. Jetzt löst man je eine Litze vom Ende b und Ende a, legt die Litze von a in die offene Furche von b und wiederholt auch dies, bis sämtliche restliche Litzen von a auf b übertragen sind. Die ausgeschiedenen Litzen werden bei Hanf- und Baumwollseilen noch mehrere Male verkreuzt durchgeschoben, dann abgeschnitten, bei Drahtseilen abgeschnitten und mit kurzem Stumpf nach innen gebogen. Der fertige Spliß wird mit dem Holzhammer geschlossen.

3. Der Doppelspliß. Beide Seilenden werden vollständig ineinandergeflochten, das Seil wird nur um eine Splißlänge kürzer, doch erhält der Spliß doppelte Seilstärke.

Zulässige Belastung der Seile und Ketten.

Hanfseile.

Seilstärke in mm	Zulässige Belastung in kg	Seilstärke in mm	Zulässige Belastung in kg
10	65	25	450
12	95	30	600
15	150	40	1050
18	200	50	1650
20	270	60	2400

Drahtseile.

Eisendraht		Stahldraht	
Seilstärke in mm	Zulässige Belastung in kg	Seilstärke in mm	Zulässige Belastung in kg
10	170	10	500
12	250	12	800
14	350	14	1100
16	500	16	1600
18	650	18	2000
20	800	20	2400
25	1200	25	3250

Ketten.
(Geschlossen oder mit Haken und Schlußring.)

Gliedstärke in mm	Zulässige Belastung in kg	Gliedstärke in mm	Zulässige Belastung in kg
6	230	15	1500
8	450	18	2000
10	700	20	2550
12	900	25	3800

Sicherheit. Die Tragfähigkeit der Seile und Ketten ist in obigen Tabellen auf ungefähr achtfache Sicherheit bemessen, so daß auch unvorhergesehenen Vorkommnissen Rechnung getragen ist.

Hebearbeiten.

Allgemeine Sicherheitsvorkehrungen. Bei Lastenbewegungen jeder Art muß stets mit der Möglichkeit eines Bruches, Kippens, Abgleitens oder Loslösens gerechnet werden. Solche Arbeiten müssen deshalb streng überwacht und von Kundigen geleitet sein; ausreichende Sicherheitsvorkehrungen sind zu treffen, die eine Gefährdung beteiligter und unbeteiligter Personen ausschließen. Die zulässige Tragfähigkeit der Hebezeuge und -geräte darf niemals überschritten werden. Lastketten an Hebezeugen dürfen sich nicht verschränken (verdrehen). Verschränkte Ketten laufen nicht richtig in die Rollenaussparungen. Schnappen sie bei starker Belastung plötzlich ein, so ist mit einem Kettenbruch zu rechnen. Winden müssen bei Hebearbeiten stets vor dem Anheben gesichert werden.

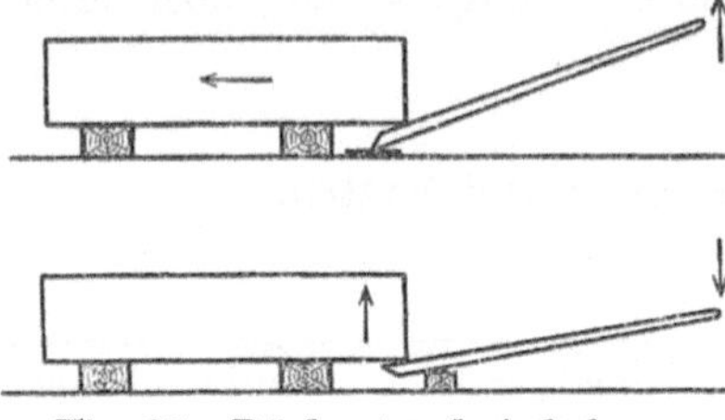

Fig. 95. Rücken und Anheben.

Wagerecht zu bewegende Lasten werden auf Walzen, Schienen oder Blechstreifen gesetzt und mit Winden oder Hebeeisen verschoben. Die Hebeeisen sind so kurz wie möglich anzustecken (Fig. 95) und beim Anheben kurz zu unterlegen.

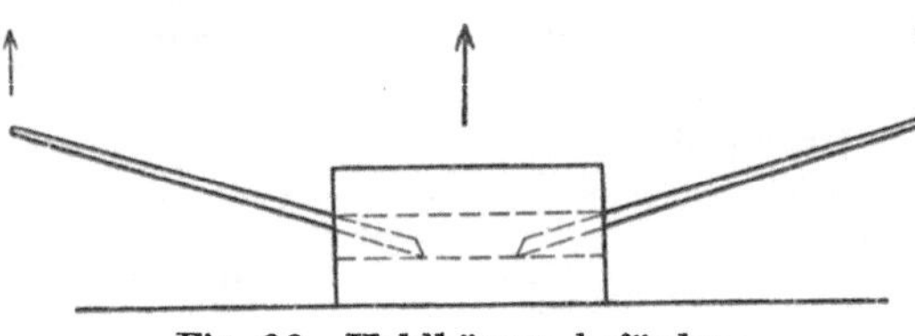

Fig. 96. Hohlkörper befördern.

Freihändiges Befördern schwerer oder sperriger Körper durch zwei oder mehr Träger. Starre Gegenstände im Gleichschritt, schwankende im Wechselschritt (nicht gleichzeitig auftreten) nur mit gegenseitigem Einverständnis zu Boden setzen, niemals einseitig schnappen lassen. Schwere, unhandliche Hohlkörper, Röhren u. dgl. trägt man leicht an zwei kurz eingesteckten Hebeeisen oder Röhren (Fig. 96).

Verladearbeiten.

Beispiel: Es soll die Brücke eines schweren Laufkranes mit Fußwinden vom Boden aus in einen Eisenbahnwagen verladen werden. Erforderliche Geräte: Zwei Fußwinden, mehrere Hebeeisen, einige Walzen, eine größere Anzahl langer kräftiger und möglichst ebener Hölzer (Eisenbahnschwellen) und Bretter. Die Brücke wird zunächst auf unterlegten Schienen über das Geleise geschoben; die Brückenenden seien mit a und b, die Winden mit 1 und 2 bezeichnet. Winde 1 wird an a, Winde 2 an b aufgestellt. Winde 2 wird freigemacht; Winde 1 hebt a auf $^1/_2$ m Höhe, worauf man a quer unterlegt, Winde 1 einläßt und frei macht. Winde 2 geht gleich auf dreifache Schwellenhöhe; wäre Winde 1 nicht genügend freigemacht, so würde ihr Fuß hierbei von dem sich an dieser Seite senkenden Brückenende erfaßt werden. Die Brücke käme auf beide Winden zu sitzen und würde sich voraussichtlich verschieben. Hinter dem Brückenende b ist der Verladewagen, dessen Stirnwand abgenommen ist, bereitgestellt, man läßt deshalb wegen späteren Unterfassens der Brücke dieses Ende auf 1—2 m von Hölzern frei. Mit Berücksichtigung dieses Abstandes werden jetzt zwei Schwellen quer über die Schienen gezogen, zwei weitere quer über diese gelegt, eine weitere Schwelle kommt obenauf in die Mittellage. Winde 2 einlassen und gut freimachen. Heben und Unterbauen der Seite a wie bei b. Der Unterbau wird jetzt Brake genannt. Sämtliche Schwellen müssen gut aufliegen, krumme und windische sind zu unterkeilen. Die Brücke wird, sobald es reicht, auf das Horn genommen, später die Winde auf die Brake gestellt. Winden nicht auf Schub stellen! Heben in bisheriger Weise fortsetzen bis die Bodenhöhe des Wagens überschritten ist. Hierauf Winde 2 entfernen und den Wagen unter die Brücke schieben, den Wagen bremsen oder unterschlagen. Winde 2 auf den Wagen stellen, möglichst über Querträgern des Wagens, andernfalls auf ein Dielstück, damit der Druck auf die Bodenfläche verteilt wird. Brückenende b um weniges heben, Walze unterlegen, Brake b abbauen, Winde 2 einlassen und entfernen. Bremse und Unterschläge lösen, den Wagen vorschieben bis zu Brake a, dabei eine weitere Walze ansetzen. Die Brake a ist zu beobachten; Walzen dürfen nicht an Schraubenköpfen hängen bleiben, sie stellen sich dabei schräg und leiten die Brücke seitlich ab. Wagen wieder bremsen bzw. unterschlagen, Brückenende a nochmals von der Brake aus ein wenig anheben und am Bodenrand des Wagens eine weitere Walze unterführen, Brücke mit Winden und Hebeeisen vollends einwalzen und gegen Verschiebung durch Rangierstöße ausreichend sichern.

Das Ausladen der Brücke am Ankunftsorte erfolgt in derselben Weise in umgekehrter Folge. Brücke auf Walzen setzen, vorschieben, auf vorbereitete Brake a aufsetzen; Wagen zurückschieben, Brake b unterbauen, Brücke aufsetzen, Wagen entfernen. Abbauen der Braken und senken der Brücke unter denselben Gesichtspunkten wie beim Heben. Es ist Vorsorge zu treffen, daß die Last nicht an vorstehenden Teilen der Winden hängen bleibt und dann schnappt.

Windenkurbeln sollen stets kräftig angefaßt werden, und besonders bei Senkungen ist wohl darauf zu achten, daß die Kurbel nicht den Händen entgleitet. Auch soll man eine belastete Winde niemals abschnurren lassen.

C. Das Montieren.

Eine sachgemäße Montage erfordert vielseitige Kenntnisse, Umsicht und Erfahrung. Der einem Monteur zugeteilte Lehrling kann daher in der ersten Zeit nur zu Nebenarbeiten, zur Vorbereitung einzelner Teile und zur Beihilfe verwendet werden. Erst allmählich kann man ihn auch mit dem Zusammenbau einfacher Teile betrauen, doch wird man ihm in der Regel auch dann nur bestimmt abgegrenzte Weisungen erteilen und erläutern, damit eine rechtzeitige Überprüfung seiner Arbeit möglich ist. Der erfahrene Monteur wird daher einem Lehrling immer nur soviel auf einmal anvertrauen, wie er der Auffassungsgabe und Geschicklichkeit des Lehrlings zutraut und mit seiner eigenen Verantwortung in Einklang bringen kann. Jeder montierte Teil muß sowohl allein als auch zusammen mit zugehörigen Teilen geprüft werden, bevor mit dem Zusammenbau fortgefahren wird, andernfalls läuft man Gefahr, bei den nächstfolgenden Arbeiten oder bei der Probe des Ganzen auf Schwierigkeiten zu stoßen, denn in zahlreichen Fällen können recht unscheinbare Umstände und Versäumnisse sehr kostspielige Nacharbeiten im Gefolge haben.

Verschiedene Winke.

Umgang mit Leitern. Eine Leiter soll stets so gestellt werden, daß sie auf beiden Spitzen steht und an den beiden oberen Enden anliegt. Stark windische Leitern sind immer unsicher, auf einem weichen oder unebenen Boden legt man Brettstücke unter, an laufende Transmissionswellen darf keine Leiter gelegt werden.

Arbeiten mit Steinmeißel usw. Kurze Löcher mit gewöhnlichem Steinmeißel, tiefere mit dem Kronenbohrer, der unter fortwährendem Schlagen und Drehen eingeführt wird.

Befestigung kleiner Teile an Steinwänden und Decken. Man setzt Holzdübel ein, deren Fasern quer verlaufen; stehen sie senkrecht, so halten weder Schrauben noch Drahtstifte.

Binde- und Befestigungsmittel. Bohrlöcher müssen innen weiter sein.

Gips. Nur für trockene Räume; Loch annetzen, Gips anrühren: erst Wasser, dann Gips, darf nur während des Anrührens verdünnt werden; je dicker, desto kräftiger. Rasch einfüllen, zieht sofort an, mit Eisen oder Steinsplittern auskeilen, Holzkeile schwinden beim Trocknen, halten somit nicht. Gips erhärtet in einigen Stunden.

Zement. Zwei Teile Flußsand, 1 Teil Zement gut mischen, dann Wasser zugeben; macht man es umgekehrt, dann ersäuft der Zement. Je nach Erfordernis verdünnen, im übrigen wie bei Gips; Zement erhärtet je nach Witterung und örtlichen Verhältnissen in 3—6 Tagen.

Schwefel. Nur für trockene Räume. Schmilzt bei 120° C und ist dann dünnflüssig; weiteres Erhitzen macht den Schwefel braun und dickflüssig.

Blei in Stein. Löcher gut trocknen, ausblasen und mit Öl ausstreichen verhindert das Spritzen.

Umgang mit Schrauben. Leichtgehende Muttern mit einem Finger ziehen, mit dem andern schieben; Schraubenschlüssel, wenn möglich rund um die Schraube führen oder mehrere Flächen überspringen. Holzschrauben mit Seife schmieren, Schraubenzieher mit beiden Händen im Wechselgriff drehen.

Drahtstifte. Schwache Gegenstände vorbohren oder seitlich spannen verhindert das Reißen; bei sehr dünnen Gegenständen Drahtstifte entspitzen. Entspitzte Drahtstifte wirken wie ein Durchschlag, halten somit nicht viel. Wird beim Ausziehen von Drahtstiften der Druck auf die Beißzange in der Richtung der Kneifkanten ausgeübt und die Zange mehrmals nachgerückt, so bleiben die Stifte gerade (Fig. 97). Soll die Zange nicht in das Holz eindringen, so benutzt man eine Unterlage.

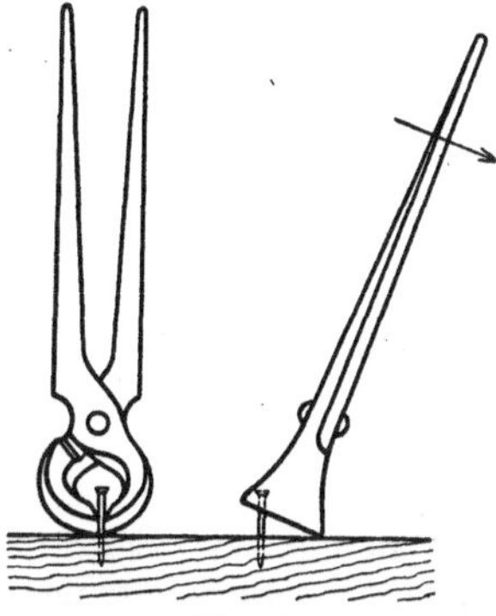

Fig. 97.
Drahtstifte ausziehen.

Holzschrauben vorbohren. Für schwache Schrauben in weiches Holz: Vorstechen mit einem spitzen Werkzeug. Bei hartem Holz oder stärkeren Schrauben: Gewinde nach dem Kerndurchmesser, den Schaft nach der Schaftstärke vorbohren.

Einpressen schwachwandiger Buchsen und Ringe. $^1/_{10}$ mm Zugabe genügt; ist die Buchse stärker, so geht sie ein.

Eingerostete Teile werden in Wasser oder Petroleum gelegt oder geglüht.

Das Einstoßen von Maschinenteilen soll stets mit Weichmetall oder Hartholz, niemals aber mit dem Hammerstiel geschehen.

Umgang mit Farben und Pinseln. Ist Lackierung vorgesehen, so grundiert man mit Wasserfarbe. Maschinengestelle und -teile werden gespachtelt und entweder mit Ölfarbe gestrichen oder mit Bimsstein abgeschliffen, grundiert und lackiert. Ölfarbe. Farbstoff mit gekochtem Leinöl anreiben bzw. verdünnen, rohes Leinöl und Schmieröle trocknen nicht. Farbe dünn aufstreichen; dicker Aufstrich bildet Haut und Blasen und trocknet nur sehr langsam. Geringer Zusatz von Terpentin oder Sikkativ beschleunigt das Trocknen der Ölfarbe; größere Mengen schaden der Haltbarkeit. Lack kann mit Terpentin verdünnt werden. Farbpinsel. Neue Pinsel unterbinden; gebrauchte Pinsel in Wasser oder Leinöl stellen. Ausgebrauchte Pinsel vor dem Aufbewahren oder vor anderweitiger Verwendung in Terpentin auswaschen. Mit der Farbe getrocknete Pinsel stellt man in Terpentin, bis die Farbe aufgelöst ist. Schmierölpinsel sind möglichst kurz zu halten.

Wasserwagen dürfen nicht erhitzt werden.

Federharter Stahldraht wird auf Holz, Blei oder über einer hohlen Unterlage gerichtet.

Vorstehende Teile wie Schraubenköpfe, Keilnasen u. dgl. müssen an Triebwerken und beweglichen Maschinenteilen stets eingekapselt werden.

Paßflächen an Einschraubhähnen, -ventilen usw. Schiefe Paßflächen verursachen Eckrisse.

Auffinden undichter Stellen an Druckluftanlagen. Man bestreicht die betreffenden Stellen mit Seifenwasser; die ausströmende Luft erzeugt Blasen.

Lederklappen für Ventile und Lederscheibchen für Hähne müssen vor ihrer Verwendung gehämmert werden.

Glas schneiden. Runde Scheiben lassen sich, sofern ein Diamant nicht zur Verfügung steht, notdürftig mit einer gewöhnlichen Schere zuschneiden, wenn man beide Teile unter Wasser hält.

Glas feilen. Um Glasränder nachzufeilen bestreicht man eine Vorfeile mit nassem Sand.

Glas bohren. Sehr harten Spitzbohrer mit Brustwinde anwenden, Terpentin oder Petroleum geben, von beiden Seiten langsam je zur Hälfte, den Bohrer nur leicht andrücken, Glasplatten auf elastische Unterlage setzen.

Montagearbeiten und Nacharbeiten.

Beispiele:

Träger mit Paßfläche.

Körper zum Bohren anzeichnen. Der Träger ist gebohrt; beide Auflageflächen untersuchen, verstoßene Kanten oder sonstige Unebenheiten berichtigen, die Flächen vor dem Aufeinandersetzen sorgfältig abwischen. Festklemmen mit Schraubzwingen, Spannkloben oder Sprießen. Träger in genaue Lage bringen, nach bearbeiteten Flächen, Bohrungen usw. ausrichten, Schraubenlöcher des anderen Teils anzeichnen, den Träger abnehmen, Löcher mit einer tragbaren Bohrmaschine oder Rätsche an Ort und Stelle bohren.

Der Körper ist gebohrt, aber die Löcher stimmen nicht. Träger mit schwächeren Schrauben heften, genau ausrichten und festziehen, unter Umständen Zwingen anlegen. Ein Loch ums andere mit nächststärkerer Reibahle aufreiben, nach dem Aufreiben in jedes Loch passende Schraube einführen und festziehen.

Der Körper hat Gewindelöcher, beide Teile wurden gebohrt geliefert, einzelne Löcher stimmen nicht (Fig. 98). Die verbohrten Löcher des Trägers mit der Rundfeile nachräumen, bis sie annähernd zum Gewinde passen, Träger vorläufig festschrauben und nötigenfalls genau ausrichten. Gewindedorn einschrauben, Löcher des Trägers mit einem Bohrring nachfräsen, gegebenenfalls zugleich die Auflageflächen für die Schraubenköpfe eben fräsen, passende Schrauben einführen und festziehen.

Beide Teile sind gebohrt, die Löcher sind gut, aber die Fläche stimmt nicht. a) Fläche parallel, aber zu hoch: Maß der Abweichung feststellen, die Fläche nacharbeiten. b) Fläche parallel, aber zu niedrig: Abweichung feststellen, parallele Unterlage anfertigen. c) Fläche nicht parallel: Blechschnipfel unterlegen, genau ausrichten und festziehen. Maß der Abweichung an mehreren Punkten mit der Fühlerlehre feststellen, Paßfläche nacharbeiten oder keilförmige Unterlage herstellen, die Auflagestellen tuschieren; Hohlstellen ergeben Materialbrüche.

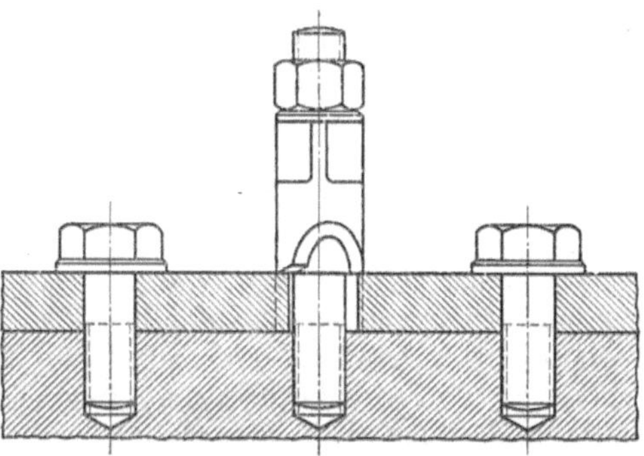

Fig. 98. Nachfräsen verbohrter Löcher.

Sicherung durch Prisonstifte. Nachdem die Teile genau ausgerichtet und festgezogen sind, werden die Stiftlöcher vorgebohrt und mit einer konischen Stiftreibahle zusammen ausgerieben.

Keilscheiben. Nicht anliegende Schraubenköpfe oder Muttern werden, sofern ein Anfräsen der betreffenden Flächen nicht möglich ist, mit keilförmigen Unterlagscheiben versehen.

Lager.

Lager zum Ausbohren anzeichnen. Steg einsetzen, Lager festschrauben, Wellenabstand vermessen, Schnittlinie der Lagerschalen auf den Steg ziehen, Kontrollkreis anbringen.

Einzelnes fertiges Lager montieren. Das Lager behelfsmäßig befestigen, die richtige Lage mit einer passenden Welle ermitteln, Abweichungen wie bei Paßflächen berichtigen. Zu Unterlagen soll niemals Papier oder Pappe, sondern stets Metall verwendet werden.

Mehrere neue (geteilte) Lager für eine Welle. Schmierlöcher bohren, Schmiernuten ziehen, fräsen oder einhauen (Nutenmeißel schmieren, läuft besser), Nuten entgraten[1]). Sämtliche Lager ohne Deckel auf setzen, tuschierte Welle einlegen, Höhenunterschiede nacharbeiten oder unterlegen, die Lager festziehen und seitlich ausrichten. Deckel aufsetzen, beide Teile durchschaben, bis sie gut tragen und die Welle bei festgezogenen Deckeln zwanglos läuft. Die Lager mit feiner Schmirgelleinwand glätten, Schmierlöcher und Laufflächen sorgfältig reinigen,

---

[1]) Schmiernuten soll man, wo es geht, von außen nach dem Innern abfallen lassen, damit das Öl der Mitte zufließt.

Welle einlegen, ölen und die Deckel schließen, Schmierlöcher mit Papierpfropfen verschließen. Stark belastete Lager läßt man ziemlich bis zur Randfläche voll tragen, Lager für schnellaufende Wellen zu $^2/_3$ und eiförmig; man schabt im Wechsel mit gerundetem Stoßschaber und Dreikantschaber; die Berührungstriemen der tuschierten Welle sollen gleichmäßig verteilt sein.

Anbringen weiterer Lager für eine bereits gelagerte, aber verlängerte Welle. Die neuen Lager so ausrichten, daß die Welle ohne Zwang von den alten in die neuen und von den neuen in die alten Lager geschoben werden kann.

Unterlegte Deckel. Man verwendet Messingblech von 0,1 mm Stärke. Die Einlagen werden vor dem Ausdrehen beigelegt und müssen einzeln abgenommen werden können.

Einpassen einer Pleuelstange. Kurbellager und Kreuzkopflager werden gesondert so aufgepaßt, daß die Lagerschalenunterteile bei gegenseitigem Probieren ohne seitlichen Zwang in die Lagerstellen gehen. Die Kegel der Kreuzkopfbolzen müssen so eingepaßt sein, daß sie gleichzeitig und vollständig tragen.

Einfügen von Gestängen, Hebeln, Lenkern. Keinerlei Zwang ausüben, immer erst eine Seite anschließen und nachsehen, ob die andere Seite genau auf ihren Bestimmungsort paßt, dann die andere Seite anschließen und in gleicher Weise verfahren. Bei Abweichungen und Längenunterschieden die Teile biegen, kröpfen, verdrehen, strecken oder stauchen, Paßflächen nacharbeiten oder unterlegen. Bei paralleler Abweichung muß stets zweimal und zwar entgegengesetzt abgebogen werden, doch macht man auch häufig in anderen Fällen einen Doppelbug, um Anschlußteile in die Flucht zu bringen. Das Strecken und Stauchen soll nicht schätzungsweise, sondern unter stetiger Maßkontrolle vorgenommen werden. Warm behandelte Stücke sind im kalten Zustande zu messen. Werden Gestänge, Hebel u. dgl. krumm ausgerieben, so liegen Bolzenköpfe, Bunde und Muttern nicht an.

Umgang mit Stopfbuchsen. Die zur Abdichtung von Kolben- und Schieberstangen, Ventilspindeln u. dgl. dienenden Stopfbuchsen müssen sehr gleichmäßig angezogen werden, damit keine einseitige Pressung stattfindet. Als Dichtungseinlagen verwendet man Talkumschnüre und Metallsegmente.

Schieber und Schieberspiegel abrichten. Schieber nach der Richtplatte, den Spiegel nach dem Schieber abrichten oder umgekehrt; Schlitzkanten müssen tragen, die Tuschierpunkte müssen sehr fein verteilt sein.

Das Ausrichten gekuppelter Transmissionswellen. An einer über die ganze Ausdehnung des Wellenstranges ausgespannten kräftigen Richtschnur werden kleine Lote aufgehängt. Die montierten Wellenteile müssen die Fäden sämtlicher Lote gleichmäßig berühren und durchaus im Wasser liegen, die Kupplungsteile müssen genau aufeinanderpassen.

Riemenscheiben abschnüren (fluchten, bleien). a) Für parallele und geschränkte Riemen: Eine an die Stirnränder gleichbreiter

Scheiben gelegte Schnur muß an beiden Scheiben gleichzeitig die Ränder berühren; wird sie an breitere Scheiben gelegt, so muß sie zu beiden Seiten der schmaleren Scheibe gleichen Abstand zeigen; an schmalere Scheiben gelegt und auf den Kranz der breiteren Scheibe aufgelegt muß sie zu beiden Seiten vom Rande der letzteren gleichweit entfernt sein.* b) Für halbgeschränkte Riemen: Man versieht beide Riemenscheibenkränze mit Mittellinien. Die getriebene Riemenscheibe wird zunächst lose aufgesteckt und nach Fig. 99 ausgerichtet, worauf man den Riemen auflegt. Beim Antreiben stellt sich die getriebene Riemenscheibe selbst ein, worauf man sie befestigt. c) Winkelriementriebe. Der Riemen wird über Leitrollen geführt, beide Riemenscheiben und die Leitrollen sind mit Mittelrissen versehen. Die Mittellinie des auflaufenden Trums muß dem Mittelriß der Leitrollen parallel gehen.

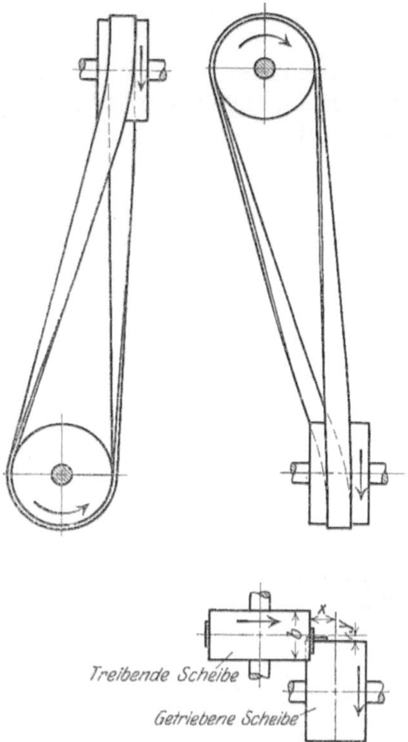

Fig. 99. Halbschränkriementrieb.

Das Aufstellen von ortsfesten Arbeitsmaschinen.

Arbeitsmaschinen müssen nach der Wasserwage ausgerichtet und in der Regel parallel zur Transmission gestellt werden. Die Wasserwage ist stets auf die Gleitbahnen zu setzen. Die Entfernung des Maschinenmittels bzw. längerer bearbeiteter Flächen, wie Wangen oder Führungen, muß von dem an die Transmission gehängten Senklot an beiden Maschinenenden gleich sein. Abstechmaschinen und Revolverbänke stellt man nur da parallel, wo es die Raumverhältnisse zulassen. Wo dies nicht zutrifft, gibt man ihnen einen Winkel von 15°. Die meisten Maschinen werden am Boden festgeschraubt; in feineren Betrieben werden Maschinen neuerdings auch angeleimt, indem man sie auf leimgetränkte Filzstreifen stellt.

Das Aufstellen von Wasserpumpen.

Bei der Aufstellung einer Pumpe muß unter anderem auch der Lage des Wasserspiegels Rechnung getragen werden, dessen Tiefe vom Aufstellungsort der Pumpe gemessen nicht mehr als 7 m betragen soll.

Die Druckhöhe ist nicht begrenzt und nur von dem Kraftaufwand abhängig.

Das Saugen. Das Anziehen (Saugen) einer Pumpe bewirkt eine Luftverdünnung in der Saugleitung, Vakuum genannt, das Gegenteil von Druck. Während der Saugwirkung wird durch den auf der Wasseroberfläche lastenden Luftdruck von etwa 1 kg/qcm das Wasser in die Leitung gedrückt. Daraus erhellt, daß diese Leitung vollkommen dicht sein muß. Bei der Installation von Pumpenleitungen sollen kurze Kröpfungen möglichst vermieden werden, das Fußventil soll mindestens 20 cm vom Grunde abstehen.

Die Wage, ihre Wirkungsweise und Instandhaltung.

Die Balkenwage.

Die Mittelachse eines Wagebalkens muß so gelagert sein, daß der Balken auf der Schneide spielt ohne umzufallen. Die Empfindlichkeit des Spieles ist von der Balkenlänge, dem Balkengewicht, der Massenverteilung und vom Sitz der Achse, d. h. von der Lage des Schwerpunktes, abhängig. Sitzt die Achse zu hoch, so liegt der Schwerpunkt des Balkens zu tief; das beeinträchtigt die Empfindlichkeit in dem Maße, wie die Achse zu hoch sitzt. Der Balken macht in diesem Falle schnelle Schwingungen von kurzer Dauer. Sitzt die Achse zu tief, so liegt der Schwerpunkt des Balkens zu hoch, d. h. es befindet sich zu viel Masse über der Achse, der Balken überstürzt, er fällt nach hüben oder drüben und bleibt nicht auf der Schneide stehen. Dieser Zustand schließt das Wägen aus. Bei einer richtig gelagerten Achse und richtig verteilter Masse beschreibt der Balken tief ausholende Schwingungen, die nur allmählich kürzer werden und in bewegter Luft überhaupt nicht aufhören. Beide Balkenarme müssen (von der Achse aus gemessen) gleichlang und gleichschwer sein, ihre Enden müssen in der Ruhestellung in gleicher Höhe liegen. Beide Außenschneiden müssen gleichhoch sein, mit den Schneiden der Achse in einer Ebene liegen und gleichweit von ihr entfernt sein. Die Höhenlage der Schneiden wird durch einen feinen Faden festgestellt. Auch müssen beide Wagschalen mit Hängestücken und Zubehör gleichschwer sein. Die Zunge muß bei gleicher Höhenlage beider Außenschneiden auf 0 stehen.

Berichtigung von Abweichungen. Der hochgehende Arm ist zu kurz, der tiefgehende zu lang. Die Längenunterschiede werden mit der Schmirgelfeile und möglichst an den Außenschneiden beseitigt.

Brückenwagen (Dezimalwagen).

Das Hebelwerk ist im Verhältnis 1 : 10 übersetzt.

Vorkommende Schäden. Verbiegen der Unterhebel durch Überlastung, Abnutzung und Ausbrechen der Schneiden. Bei Ausbesserungen sind die bei der Balkenwage und Gleiswage genannten Richtlinien maßgebend. Eine ausgebesserte Wage muß mit geeichten Gewichten geprüft und von einem beamteten Eichmeister geeicht werden, der ihre Zuverlässigkeit durch Einprägen des Eichstempels beglaubigt.

Laufgewicht und Hilfschieber ersetzen Einzelgewichte; bei größeren Wagen ist das Laufgewicht mit einem Kartendruckapparat ausgestattet, der die Gewichte vermerkt.

Gleiswagen (Wagen für Eisenbahnfahrzeuge), Zentesimalwagen mit Entlastungshebelwerk (Arretierung).

Diese sind gewöhnlich in Nebengleise eingebaut, dienen zum Abwiegen leerer und beladener Eisenbahnfahrzeuge und sind 1:100 übersetzt.

Ältere Bauart, mit Gleisunterbrechung: Die Schienen gehen über die Brücke, die im entlasteten Zustande in Konen ruht. Die Brücke pendelt nur im gehobenen Zustande.

Neuere Bauart, ohne Gleisunterbrechung: Die Schienen sind über besondere Träger geleitet, die Brücke befindet sich zwischen den Schienen, sie pendelt in jeder Stellung und erfaßt die Räder unter dem Spurkranz. Das Triebwerk der Gleiswagen ist mit einer Sicherheitsbremse ausgerüstet; die Last der Brücke ist durch ein Gegengewicht am Aufzughebel annähernd ausgeglichen. Da diese Wagen in hohem Maße den Witterungseinflüssen ausgesetzt sind, haust in ihnen der Rost geradezu verheerend; sie müssen daher in kürzeren Zeitabschnitten ausgehoben, vom Rost gereinigt und mit Ölfarbe gestrichen werden.

Regelmäßig wiederholte Prüfungen. Gleiswagen werden ebenso wie Fuhrwerkswagen in bestimmten Zeitabschnitten nachgeprüft, nach Erfordernis instandgesetzt und neu geeicht. Die Prüfung erstreckt sich auf die Durchsicht des Triebwerks, sämtlicher Schneiden und Schneidenlager (Pfannen) (Fig. 100). Schneidenlager dürfen nicht geschmiert werden! Die Wage muß bei Höchstbelastung und auch bei $^1/_{10}$ Last spielen, unter Höchstbelastung bei Zugabe von 1 kg noch merklich ausschlagen. Die bei Belastungsproben in der Mitte und zu beiden Seiten sich ergebenden Fehlbeträge dürfen einzeln und zusammen ein bestimmtes Maß nicht überschreiten.

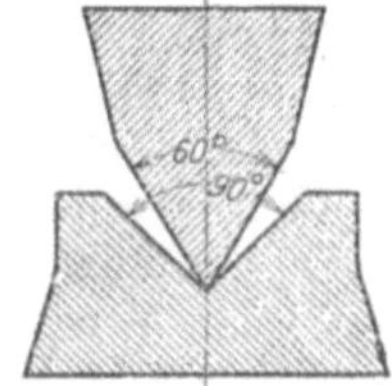

Fig. 100.
Schneidenlager.

Belastungsgeräte. Für Vollbelastung Tarierwagen (auf bestimmtes Gewicht geeichte Fahrzeuge unter Plombenverschluß); für Teilbelastung eine größere Anzahl Normalgewichte.

Sicherheitsvorkehrungen. Eine mit dem Triebwerk verbundene Signalscheibe stellt sich bei Entlastung der Wage in die Richtung der Gleise ein und gibt das Waggleise „frei“; sie stellt sich beim Aufziehen quer zum Gleise und zeigt dadurch an, daß dieses für die Durchfahrt gesperrt ist.

Ausbesserungen. Die Wage spielt nicht, die Brücke pendelt nicht: 1. Zwischen Brücke und Umfassungswand ist ein Fremdkörper eingeklemmt. 2. Die Brücke hat sich verschoben und reibt auf einer Seite. 3. Ein Pendelbock oder Konus ist lose geworden. 4. Infolge Überlastung wurden die Unterhebel verbogen, die Konen werden nicht frei. Während in den Fällen 1—3 die Störung rasch behoben ist, macht Nr. 4 eine größere Reparatur notwendig, da die Schneiden der verbogenen Hebel wieder in eine Ebene gebracht werden müssen. Brücke und Hebel sind auszuheben, die Hebel zu richten. **Wage spielt schwerfällig und träge:** Der nach oben gestoßene Laufgewichthebel geht hoch, der nach unten gestoßene tief. Brücke etwa 20 cm hochwinden, unterlegen und die Unterhebel aus den Lagern nehmen. **Befund:** Die Schneiden der hinteren Hebelachsen sind ungefähr 4 mm abgerostet. Brücke und Hebel müssen heraus; die Lage der Schneiden wird vor dem Ausziehen der Achsen festgestellt, indem man die Teilung innerhalb oder außerhalb der Schneiden anzeichnet. Die Entfernung der äußeren von den inneren Schneiden muß zu beiden Seiten und an beiden Hebeln gleich sein. Ebenso ist das Maß der Schneidenabnutzung festzustellen, ehe die Achsen herausgenommen werden. Sind die Schneiden in ihrer ganzen Länge derart verdorben, daß eine genaue Ermittelung ihrer früheren Lage nicht mehr möglich ist, so müssen die Schneidenabstände neu eingeteilt werden, die an den einzelnen Hebeln je nach Bauart 1:5, 1:10 und 1:20 sind.

Ausziehen der Achsen. Befestigungskeile entfernen, Achse zurückschlagen; zwischen beide Hebelschenkel eine Winde spannen, bis ein Achsenende ausgetrieben ist. Das andere Ende läßt sich von Hand ausziehen.

Schärfen der Schneiden. Sehr stark abgenutzte Schneiden werden neu angestählt, weniger beschädigte ausgeglüht und nachgehobelt. Über die Schneiden wird ein Mittelriß gezogen, welcher die vorgezeichneten Punkte bzw. die Teilung schneidet. Die Schneiden werden nach dem Mittelriß geschärft und wieder gehärtet.

Einfügen der Achsen. Zuerst die Hebelschenkel auseinandertreiben, dann ein Achsenende einschieben, die Schenkel zusammenlassen und mit dem Vorschlaghammer vollends eintreiben. Die Achsen werden nötigenfalls unterlegt, bis ihre Schneiden im Faden liegen, die Keile dementsprechend nachgearbeitet und eingetrieben, die Schlitze gestemmt. Die Schneidenabstände sind nachzuprüfen, kleine Maßunterschiede mit der Schmirgelfeile auszugleichen.

Merkmale ungleicher Schneidenabstände. Bei Belastung der Brücke an verschiedenen Stellen ergeben sich verschiedene Ausschläge.

Belastungsprobe nach der Reparatur. Die Wage wird im unbelasteten Zustande mit Hilfe eines verschiebbaren Reglers genau austariert. Bei einseitiger Belastung ist der Abmangel an den Mittelschneiden des betreffenden Unterhebels, bei Gesamtbelastung an der Außenschneide des Laufgewichthebels zu beseitigen.

D. Die Behandlung elektrischer Einrichtungen.

Führt man einen geschlossenen metallischen Leiter, z. B. einen Kupferdraht, an den Polen eines Magneten vorbei, so zeigt ein in den Stromkreis eingeschaltetes Galvanometer einen Ausschlag. Das heißt: in dem Leiter entsteht ein elektrischer Strom; Voraussetzung für das Zustandekommen des elektrischen Stromes ist die Wechselwirkung von Magnet-Kupferdraht-Bewegung. Man sagt: dem Leiter wird ein Strom induziert bzw. der elektrische Strom entsteht durch Induktion. Die Maschinen, die im Großen Elektrizität liefern, heißen Dynamomaschinen oder auch Generatoren. Entsprechend dem oben angeführten Versuch müssen ihre wesentlichen Teile sein: 1. Der Magnet, bei großen Maschinen viele Magnete, die in einem Gehäuse, dem Polgehäuse, so angeordnet sind, daß auf einen Nordpol ein Südpol folgt; 2. der sich bewegende Kupferdraht, den man auf einen umlaufenden Teil, den Anker, wickelt. Gelangt ein Draht des umlaufenden Ankers aus dem Bereiche des Nordpols in den des Südpols, so kehrt sich die Richtung des ihm induzierten Stromes um; da er bei seinem Umlauf andauernd vom Nordpol über den Südpol wieder zum Nordpol kommt, so wird die Richtung des ihm induzierten Stromes andauernd wechseln, und zwar um so schneller, je schneller sich der Draht von einem zum anderen Magnetpol bewegt. Ausgeführte Maschinen haben 50 ÷ 100 Stromumkehrungen oder Stromwechsel in der Sekunde und heißen Wechselstrommaschinen. Da die Zahl der Drahtwindungen die Größe der Spannung beeinflußt, so gibt man großen Maschinen viele Ankerwindungen, die man zu Gruppen zusammenfaßt: der Anker wird geschaltet. Je nach Art dieser Zusammenfassung unterscheidet man ein-, zwei- und dreiphasigen Wechselstrom, von denen der letzte, der dreiphasige Wechselstrom, wohl am gebräuchlichsten ist; er heißt Drehstrom. Einphasenwechselstrom wird z. B. bei elektrischen Bahnen angewandt.

Will man den im umlaufenden Anker erzeugten Wechselstrom in einen Gleichstrom verwandeln, so muß man Sorge tragen, daß er vor der Stromumkehr aus dem Ankerdraht genommen oder geleitet wird. Das erreicht man mit Hilfe des sogenannten Kollektors (Stromsammlers) oder Kommutators (Stromwenders). Entsprechend der Zahl der Ankerdrähte bzw. Gruppen von Drähten besteht der Kollektor aus isolierten Kupferstreifen, Lamellen genannt, die zu einem besonderen Maschinenteil zusammengefaßt sind, der fest, aber isoliert auf der Welle sitzt. Auf den Lamellen schleifen Kohlenbürsten, die nun den induzierten Strom aufnehmen, bevor er seine Richtung umkehrt.

Die im Polgehäuse untergebrachten Magnete heißen Feldmagnete und sind Elektromagnete, d. h. sie bestehen aus Paketen weicher Eisenbleche, die von Kupferdrahtwicklungen umgeben sind. Schickt man durch diese Drahtwindungen einen elektrischen Strom, so wird das weiche Eisen magnetisch, man sagt: die Feldmagnete werden erregt. Zur Erregung benutzt man in der Regel den Eigenstrom der Maschine (dynamo-elektrisches Prinzip von Werner Siemens), für besondere Zwecke fremde Stromquellen, gelegentlich sogar Stahlmagnete, wenn es sich um sehr geringe Leistungen handelt. Je nach der Schaltung des Erregerstromes unterscheidet man bei den Gleichstromdynamomaschinen 1. **Hauptstromdynamos,** bei denen der volle Ankerstrom zur Felderregung benutzt wird; 2. **Nebenschlußdynamos,** bei denen nur ein Teil des Ankerstromes zur Felderregung abgezweigt wird; 3. **Kompounddynamos,** die beide Erregerarten vereinigen und besonderen Zwecken dienen. In der Regel liefern in Kraftwerken Gleichstrom-Nebenschlußdynamos den Strom für das Netz.

Von den Maschinen leitet man den Strom zu der Sammel- und Verteilungstelle, der Schalttafel, die ihn in das Leitungsnetz weitergibt. Die Schalttafel ist mit allen Apparaten und Instrumenten ausgerüstet, die für eine ordnungsmäßige Durchführung und Sicherung des Betriebes nötig sind.

Aufschluß über Spannung und Stromstärke in einem Leiter geben der Spannungszeiger oder das Voltmeter und der Stromzeiger oder das Amperemeter. Eine Vorstellung über das Wesen der elektrischen Spannung erhält man am anschaulichsten durch den Vergleich mit einer Wasserleitung. Unser Gebrauchswasser entnimmt man im allgemeinen einem Behälter, der in der Kuppel eines Wasserturmes aufgestellt ist; aus ihm fließt das Wasser in das Leitungsnetz. Wir sagen: das Wasser steht unter Druck, und dieser Druck muß da sein, wenn das Wasser fließen soll; man erzeugt ihn, indem man Wasser in den Behälter pumpt. So liefern die Dynamomaschinen Elektrizität von bestimmter Spannung an die Sammel- und Verteilungstelle, an die sogenannten Sammelschienen der Schalttafel. Den Druckunterschied an der Wasserleitung kann man messen, ohne einen Druckmesser in die Hauptleitung einbauen zu müssen; es genügt, wenn man einen geringfügigen Strahl abzweigt, wie es z. B. beim Wasserstandanzeiger geschieht. Genau so schaltet man einen Leitungsdraht zwischen elektrische Leiter, die einen Spannungsunterschied gegeneinander haben, und führt einen sehr geringen Strom durch den Spannungsanzeiger.

Will man die Stromstärke in einem Leiter messen, so muß man ein Instrument in den Hauptstrom einbauen, das angibt, wieviel Strom der Leiter führt, ähnlich wie man einen W a s s e r m e s s e r in die Wasserleitung baut, um festzustellen, wieviel Wasser durch das Rohr fließt. Der Vergleich des Stromzeigers mit einem Wassermesser ist insofern nicht ganz zutreffend, als der Wassermesser d a u e r n d den Verbrauch in Kubikmeter Wasser zählt, während der Stromzeiger nur angibt, wieviel Strom i n j e d e r S e k u n d e durch die Leitung fließt.

Die Leistung des elektrischen Stromes ist durch die Angaben von Spannung (in Volt gemessen) und Stromstärke (in Ampere gemessen) bestimmt. Multipliziert man z. B. 110 Volt mit 20 Ampere, so erhält man $110 \times 20 = 2200$ Watt oder, da 1000 Watt gleich 1 Kilowatt sind, 2,2 Kilowatt (KW). Entnimmt man 3 Stunden lang einen Strom von 20 Amp. aus einem 110-Voltnetz, so gebraucht man 2,2 Kilowatt $\times$ 3 Stunden $= 6,6$ Kilowattstunden an elektrischer Energie. Instrumente, die die Leistung in Watt oder Kilowatt unmittelbar angeben, heißen Leistungzeiger oder Wattmeter; die Instrumente, die den Wattverbrauch oder, wie man landläufig sagt, Stromverbrauch angeben, heißen Elektrizitätszähler oder kurz Zähler; ihre Angaben sind Kilowattstunden.

Jede elektrische Leitung muß **gesichert** werden, da der elektrische Strom den von ihm durchflossenen Leiter erwärmt. Wird die in jeder Sekunde durch den Leiter fließende Elektrizitätsmenge zu groß, so kann der Leiter bis zum Glühen, ja Schmelzen erhitzt werden; ist er isoliert, so verschmort auch die Isolation. Unzulässig große Stromstärken treten in einer Leitung auf, wenn z. B. ein Motor größere Leistung geben soll als die, für die er im gewöhnlichen — normalen — Betrieb bemessen ist, d. h. wenn er überlastet wird. Man sichert die Leitung durch den Einbau leicht schmelzbarer Metallstücke — Silberdrahtlamellen, Bleistreifen oder ähnliches —, die so gebaut sind, daß man sie leicht herausnehmen kann. Fließt ein zu starker Strom durch sie hindurch, so schmelzen sie ab; dadurch wird der Stromkreis unterbrochen und die übrigen Teile der Leitung, zu denen auch die Ankerwicklung eines in das Netz geschalteten Motors gehört, vor Beschädigungen bewahrt. Vor dem Einsetzen einer neuen Sicherung ist der ganze durch sie gesicherte Leitungsabschnitt stromlos zu machen. Verbindet man zwei Leiter verschiedener Spannung unmittelbar, z. B. den Fahrdraht der elektrischen Straßenbahn mit der Schiene, so sagt man: die Leitung hat Kurzschluß; der Strom, der sonst den ganzen Straßenbahnwagen treiben muß, wird jetzt durch das kurze Verbindungstück geleitet, das ihm so gut wie gar keinen Widerstand entgegensetzt. Die Hitzeentwicklung ist je nach der Spannung der kurz verbundenen Leiter mehr oder weniger bedeutend, so daß unter Umständen ein gewaltiges Feuerwerk entstehen kann, das zu ernsthaften Beschädigungen und Bränden führt. Ist der menschliche Körper das Verbindungstück zwischen elektrischen Leitern mit großem Spannungsunterschied, so tritt häufig der Tod ein. Wechselstromleitungen von 110 Volt, Gleichstromleitungen von 220 Volt sollten nicht berührt werden. In eine Leitung von gegebener Spannung und Stromstärke dürfen daher niemals Sicherungen für eine höhere Spannung und Stromstärke eingeschaltet werden; auch dürfen Sicherungen niemals durch Metallstücke ersetzt werden.

Unterbrochen wird ein Stromkreis durch **Schalter,** deren Bauart von der Größe der auszuschaltenden Leistung beeinflußt wird. Für geringe Leistungen, z. B. bei Lichtleitungen und beim Einschalten kleiner Motoren genügen Momentschalter, bei größeren Leistungen, z. B. Einschalten von größeren Motoren, Schalter an Schalttafeln, Hebelschalter, die bei sehr großen Leistungen — z. B. Abschalten ganzer

Leitungsabschnitte unter Vollast — in Öl arbeiten. Für sehr große Spannungen, sogenannte Hochspannungen, sind besondere Sicherungsmaßnahmen erforderlich.

Den elektrischen Strom benutzt man in der Werkstatt zum Antrieb von Motoren und zur Beleuchtung.

Motoren.

Vorbedingung für das Zustandekommen des elektrischen Stromes ist das Zusammenwirken von Magnet — Leiter — Bewegung. Lassen wir Magnet — Leiter — Strom zusammenwirken, so wird Bewegung die Folge sein. Schicken wir demnach in den Anker einer Dynamomaschine elektrischen Strom, so wird sich der Anker drehen; aus dem Stromerzeuger ist ein Stromverbraucher — ein Motor — geworden. Entsprechend der beiden Stromarten unterscheidet man Gleichstrom und Wechselstrommotoren. Der Gleichstrommotor unterscheidet sich baulich gar nicht von dem Gleichstromgenerator. Man baut Hauptstrommotoren und Nebenschlußmotoren grundsätzlich so wie die entsprechenden Generatoren. Hauptstrommotoren entnehmen so viel Strom aus der Leitung, wie sie brauchen, ziehen gut an, gehen aber bei steigender Belastung stark in der Umlaufzahl herunter. Sie dürfen für kurze Zeit überlastet werden und eignen sich daher für Bahnen und Hebezeuge; gefährlich ist ihr Leerlaufen, da in diesem Falle die Umlaufzahl unzulässig hoch wird. Die gebräuchlichsten Gleichstrommotoren sind Nebenschlußmotoren; auch sie entnehmen dem Netz so viel Strom, wie sie brauchen, halten aber bei steigender Belastung wesentlich besser die Umlaufzahl und lassen sich gut regeln. Niemals das Feld — d. h. die Magnetwicklung — zuerst ausschalten, da sonst der Motor durchgeht. Bei Überlastungen bleibt der Nebenschlußmotor leicht stehen.

Wesentlich verwickelter liegen die Verhältnisse bei Wechselstrommotoren. Gebräuchlich sind Einphasenmotoren, z. B. in Bahnbetrieben, und Dreiphasen- oder Drehstrommotoren. Schließt man die drei Wicklungen eines feststehenden Drehstromankers des Stators an ein Dreiphasennetz, so erzeugen sie ein magnetisches Feld, das am inneren Umfange des Ankers wandert. Im Innern des Ankers befindet sich eine mit einer Wicklung versehene Eisenmasse, der Läufer oder Rotor, der auf einer Welle sitzt; seine Wicklung ist in sich geschlossen. Durch das wandernde Feld werden in ihr Ströme induziert. Das Zusammenwirken zwischen diesen induzierten Strömen der Läuferwicklung und dem wandernden Feld verursacht die Bewegung des Läufers. Diesen Läufer nennt man auch Anker und spricht von einem Kurzschlußanker. Die vollständig in sich geschlossene Läuferwicklung macht das Inbetriebsetzen des Drehstrommotors, d. h. sein Anlassen, schwierig. Günstiger ist es, wenn man dem Läufer keine unmittelbar kurz geschlossene Wicklung gibt, sondern ihn in Wellen oder Schleifen wickelt. Den Läuferstrom schickt man durch Widerstände, die beim Anlassen allmählich

ausgeschaltet werden. In der Leitung zwischen diesem Anlaßwiderstand und den Läuferklemmen befinden sich drei Schleifringe, durch
die während des Betriebes der gesamte Läuferstrom geführt werden
muß. Steht die Kurbel des Anlaßwiderstandes auf dem letzten Kontakt, so ist der Läufer kurz geschlossen, d. h. der Anlaßwiderstand
ausgeschaltet. Die Bürsten werden jetzt von den Schleifringen abgehoben, um ihre unnötige Abnutzung zu vermeiden. Das Anlassen ist
zu Ende, wenn der Motor seine volle Umlaufzahl erreicht hat. Soll
der Motor in Gang gesetzt werden, so darf der Läufer nicht kurz geschlossen sein, die Anlaßkurbel darf nicht auf dem Kurzschlußkontakt
stehen. Motoren dieser Bauart heißen Drehstrommotoren mit Schleif-
ringläufer oder mit Schleifringanker.

Das Einschalten geschieht wie folgt: Nachsehen, ob die angeschlossenen Arbeitsmaschinen ausgerückt sind und die Kurbel des
Anlassers auf Einschalten des Anlaßwiderstandes steht; Bürsten auflegen; Anlasser allmählich von Kontakt zu Kontakt einschalten, ihn
kurz schließen, die Bürsten abheben, Anlasser ausschalten.

Ausschalten von Drehstrommotoren mit Schleifringanker: Die
Arbeitsmaschinen ausrücken, zuerst den Schalthebel, dann die Kurz-
schlußvorrichtung ausziehen.

Störungen. a) An Gleichstrommaschinen. Bei Funkenbildung an
Kollektor und Bürsten liegen meist folgende Ursachen vor: 1. Unebenheiten am Kollektor, 2. vorstehende Lamellenisolation, 3. Überlastung,
4. unrichtige Bürstenstellung. Die Ursachen müssen in allen Fällen
durch Kundige beseitigt werden. b) An Motoren. Die häufigsten
Ursachen beim Versagen eines Motors: 1. Infolge Ausschalt-
versäumnis sind Sicherungen abgeschmolzen. 2. Die Kontaktflächen
der Bürsten, des Schalthebels, des Anlassers oder der Sicherungen
sind oxydiert oder verschmutzt, wodurch ihr Leitvermögen teilweise
aufgehoben ist.

Häufige Überlastung der Motoren hat im Gefolge, daß sie fortwährend betriebsunsicher und ausbesserungsbedürftig sind. Will man
sie in gutem Zustande erhalten, so mute man ihnen nicht zu viel zu.

Die Reinigung der Maschinen. Zu der Reinigung von Dynamomaschinen und Elektromotoren sollen nur Putztücher verwendet werden. Putzwolle und Werg bleiben hängen und können leicht Störungen
verursachen. Metallstaub ist mit Pinsel oder Blasebalg zu entfernen.
Eisenteile sind fernzuhalten, da sie von den Magneten in die Maschine
gezogen werden können. Metallteile führen leicht Kurzschluß der
Kollektorlamellen herbei.

Elektrische Beleuchtung.

Als elektrische Beleuchtungskörper hat man Bogenlampen und
Glühlampen.

1. **Bogenlampen.** Zwei in Haltern der Lampe befestigte, gespitzte
Kohlenstifte werden durch ein Laufwerk einander genähert, bis sie

sich berühren. In diesem Augenblick tritt der Strom über, der Magnete in Tätigkeit setzt, die die Kohlen wieder bis zu einem bestimmten Absatz voneinander entfernen. Zwischen den Spitzen der Kohlen entsteht ein Lichtbogen. Die eine, positive, Kohle muß stärker sein als die zweite, negative, da sie nahezu doppelt so schnell abbrennt. Gleichzeitig mit dem Abbrand werden die Kohlenstifte durch das Laufwerk einander genähert, so daß der Abstand der Kohlenspitzen gleich bleibt. Sind die Kohlenstifte bis auf einen bestimmten Rest abgebrannt, so erlischt der Lichtbogen. Bogenlampen brennen bei niedriger Spannung und müssen entweder mit einem Vorschaltwiderstand versehen oder hintereinander geschaltet sein. Vorschaltwiderstand oder Zahl der hintereinanderzuschaltenden Lampen ist durch die Netzspannung bestimmt. Störungen können durch Verunreinigung der Kohlenhalterführungen entstehen, die daher öfter mit einem öligen Lappen abzureiben sind.

2. **Glühlampen.** Die ursprüngliche Kohlenfadenlampe wurde von der besseren Metallfadenlampe verdrängt, die in neuerer Zeit selbst der Bogenlampe vorgezogen wird, da sie keiner Wartung bedarf. Der verschiedenartig angeordnete Glühfaden wird vom elektrischen Strom durchflossen, dem er einen hohen Widerstand entgegensetzt, und dadurch zum Glühen und Leuchten gebracht. Mit der Zeit läßt die Leuchtkraft des Glühfadens nach, die Birne schwärzt sich, so daß die Lampen durch neue ersetzt werden müssen. Jede gewaltsame Erschütterung der Lampen ist zu vermeiden.

Glühlampenschalter (Momentschalter) sind stets nach rechts (im Sinne des Uhrzeigers) zu drehen, Kontaktflächen müssen blank sein.

3. **Leitungskabel mit Steckkontakt.** Kabel sind gegen Beschädigung und Feuchtigkeit zu schützen. Ist ein Kabel geknickt, so daß einzelne Drähte durch die Isolation stechen, so können durch sie Kurzschluß und dadurch Verbrennungen herbeigeführt werden. Versagt ein Kabel, und ist ein Fehler zu vermuten, so schaltet man es ein und läßt es unter stetigem Hin- und Herbewegen kleiner Abschnitte durch die Finger gleiten. Hierbei werden sich an der beschädigten Stelle die Drahtenden auf Augenblicke berühren, eine eingeschaltete Lampe wird aufleuchten, ein Kleinmotor anlaufen. Man entfernt an der so gefundenen Stelle nach Ausschalten des Stromes die Isolation; jede Drahtlitze wird für sich mit säurefreien Mitteln verlötet und gesondert isoliert, worauf man auch die äußere Isolation wieder herstellt.

Das Aufrollen der Kabel soll, falls kein drehbarer Haspel zur Verfügung steht, im Wechselgriff geschehen. Wickelt man ein Kabel öfters um den Arm, d. h. zwischen Daumen und Ellbogen auf, so wird es durch Verdrehung in kurzer Zeit zerstört. Kleinmotoren und Handlampen haben eigene Schalter; ihr Ein- und Ausschalten soll nicht durch Steckkontakte oder Sicherungen, sondern durch die Schalter geschehen.

E. Gewerblicher Rechtschutz.

Erfindungen.

Die Erzeugnisse der Maschinenindustrie werden dauernd vervollkommnet; Maschinen, Werkzeuge und Arbeitsverfahren müssen unausgesetzt verbessert, verbilligt und vereinfacht, Neuerungen ausgedacht werden. Dabei kommt es nicht selten vor, daß Arbeiter selbst Wahrnehmungen machen, deren Verfolg zu namhaften Verbesserungen führt. Solche Arbeiter sind dann sehr geschätzt. Der angehende Maschinenbauer sollte sich deshalb schon in jungen Jahren an das Beobachten aller Einrichtungen, Vorgänge und Arbeitsverfahren gewöhnen, die ihm zugänglich sind und seinen Gesichtskreis berühren. Selbstverständlich darf hierbei die eigene Vervollkommnung in der Ausübung seines Berufes und insbesondere die gewissenhafte Ausführung erteilter Aufträge nicht vernachlässigt werden. Als ausgeschlossen muß es gelten, daß ein erst in den Anfängen selbständigen Arbeitens stehender Arbeiter schon praktische Vorschläge zur Verbesserung bestehender oder werdender Einrichtungen zu machen vermag, da es ihm noch an der nötigen Erfahrung fehlt. Alle Werkzeuge und Einrichtungen einer Maschinenwerkstätte, mögen sie auch noch so einfach und selbstverständlich erscheinen, sind Erfindungen oder Endergebnisse zahlloser Verbesserungen. Der unmittelbare Umgang mit Maschinen und Werkzeugen bietet dem Arbeiter manche Gelegenheit, Beobachtungen zu machen. Da für das Werk solche Beobachtungen Wert haben, sollte der Anfänger in seinem Berufe baldigst die Stufe zu erreichen suchen, die es auch ihm ermöglicht, mit Vorschlägen hervorzutreten. Dies wird ihm nicht nur auf dem Gebiete der Neuerungen zugute kommen, er wird sich vielmehr weit eher auch in verhältnismäßig schwierigen Verhältnissen zurechtfinden lernen als derjenige, der sich mit der mechanischen Ausführung der einmal erlernten handwerksmäßigen Verrichtungen ein für allemal abfindet.

Schutz von Erfindungen.

Im engsten Zusammenhang mit dem Kapitel „Erfindungen“ steht der gewerbliche Rechtschutz.

Die Eigentumsrechte an einer Erfindung können durch Patent oder Gebrauchsmustereintragung geschützt werden.

Auszug aus dem deutschen Patentgesetz vom 7. April 1891.

Der Schutz von Erfindungen und Verbesserungen sichert dem Erfinder das Recht, seine Erfindung auf eine bestimmte Zeitdauer gewerbsmäßig herzustellen und in den Verkehr zu bringen.

Das Patent.

Patentfähig sind Erfindungen, welche eine gewerbliche Verwertung gestatten und eine bisher öffentlich nicht bekannte wirkliche Neuerung auf ihrem Gebiete darstellen, insofern sie nicht den Gesetzen oder guten Sitten zuwiderlaufen oder Nahrungs-, Genuß- und Arzneimittel u. dgl. betreffen. Eine Erfindung gilt nicht als neu, wenn sie zur Zeit der Anmeldung in Druckschriften der vorausgegangenen letzten hundert Jahre bereits derart beschrieben oder im Inlande bereits so offenkundig benutzt ist, daß ihre Benutzung durch andere Sachverständige möglich erscheint. Ein Patent wird erst dann erteilt, wenn die amtliche Prüfung die Neuheit der angemeldeten Erfindung ergeben hat. Diese Prüfung erfolgt durch das Patentamt in Berlin. Es empfiehlt sich, gleichzeitig mit einem Patentgesuch eine Eventual-Gebrauchsmusteranmeldung einzureichen, so daß man Musterschutz beantragen kann, wenn das Patent versagt wird. Die Längstdauer eines Patentes ist 15 Jahre. Für jedes Patent ist vor der Erteilung eine Gebühr von 30 M.[1] zu entrichten. Die Patentanmeldung ist schriftlich. Mit Beginn des zweiten und jedes folgenden Jahres ist für das Patent außerdem eine Gebühr zu entrichten, welche das erstemal 50 M.[1] beträgt und weiterhin jedes Jahr um 50 M. steigt[2]. Die Gesamtkosten eines Patentes betragen demnach auf die Dauer von 15 Jahren mehr als 5000 M. Das Patent erlischt, wenn der Inhaber darauf verzichtet oder die Gebühren nicht rechtzeitig eingezahlt sind. Ein erteiltes Patent kann durch Nichtigkeitsklage gelöscht werden. Ein Patent kann verkauft werden, auch kann man das Nutzungsrecht an andere übertragen. Dieser Fall wird Lizenz genannt. Es können mit mehreren Unternehmern Lizenzverträge abgeschlossen werden. Irreführende Verwendung von Bezeichnungen, welche auf ein Patent hindeuten, ist strafbar. Die Nachahmung einer patentierten Erfindung macht schadenersatzpflichtig und unter Umständen strafbar.

Der Musterschutz.

Modelle von Gebrauchsgegenständen, Arbeitsgeräten u. dgl., welche eine neue, zweckmäßige Gestaltung oder sonstige Verbesserung erfahren haben, die vorher nicht öffentlich bekannt war, werden auf Antrag als Gebrauchsmuster geschützt. Modelle gelten insoweit nicht als neu, als sie zur Zeit der Anmeldung bereits in Druckschriften beschrieben oder im Inlande benutzt sind. Die Anmeldung geschieht schriftlich; gleichzeitig mit der Anmeldung ist eine Abbildung oder ein Modell einzusenden und eine Gebühr von 15 M.[3] einzuzahlen. Eine Prüfung der Schutzfähigkeit findet hier nicht statt. Die Dauer des Schutzes ist 3 Jahre; wird vor Ablauf derselben eine weitere Gebühr

---

[1] Zurzeit auf 80 Mk. erhöht.
[2] Zurzeit wird ein Zuschlag von 20 Mk. bei Nachzahlung einer weiteren Jahresgebühr erhoben.
[3] Zurzeit 60 Mk.

von 60 M. [1]) entrichtet, so tritt eine Verlängerung der Schutzfrist um 3 Jahre ein.

Rechte einer Firma.

Gelingt es einem Angestellten oder Arbeiter, in Verbindung mit der Ausführung eines ihm erteilten Auftrages eine Erfindung zu machen, so wird das Recht auf diese Erfindung meistens der Firma zufallen, doch kommt es von Fall zu Fall auf die näheren Umstände an, die mit der Erfindung zusammenhängen. Eine Firma hat kein Anrecht auf eine Erfindung ihres Angestellten, wenn diese auf einem andern Arbeitsgebiet als demjenigen der Firma liegt und nicht mit Hilfsmitteln zustande gekommen ist, die ihr gehören.

Beratung des Erfinders.

Dieser kurze Auszug aus dem deutschen Patentgesetze soll lediglich den Zweck haben, strebsamen jungen Leuten über den Begriff und die Bedeutung der Ausdrücke „Patent und Musterschutz" eine Klarheit zu verschaffen und ihnen in kurzen Umrissen die Rechts- und Kostenfragen vor Augen zu führen, mit welchen derjenige zu rechnen hat, der auf diesem Gebiete etwas unternehmen will. Die weitaus meisten Patente und Mustereintragungen haben ihren Besitzern nur Kosten, aber keinerlei Nutzen gebracht. Das Ausland hat eigene Patentgesetze. Vermutet ein Arbeiter, eine nutzbringende Entdeckung gemacht zu haben, so sollte er diese nicht ängstlich geheimhalten, sondern seinem Arbeitgeber unterbreiten, welcher, falls sie mit seinem Berufe zusammenhängt, über ihre Neuheit und Brauchbarkeit am besten Aufschluß geben kann.

Schlußwort.

Der Geselle.

Die Beendigung der vertragsmäßigen Lehrzeit ist eines der wichtigsten Ereignisse in dem Berufsleben des jungen Maschinenbauers. Nach altem Brauche wurden in den letzten Monaten die Tage und Stunden gezählt, welche dem denkwürdigen Tage vorausgingen. Der junge Geselle freut sich, nunmehr als vollwertiger Arbeiter angesehen und bezahlt zu werden, und mancher ist gar der Meinung, daß es nun endlich auch mit dem Lernen zu Ende sei. Diese Freude ist an sich verständlich, doch muß einem solchen jungen Mann empfohlen werden, vorerst noch recht bescheiden zu bleiben, denn es kommt jetzt auf seine Leistungen an, und diese werden nur nach ihrem wirklichen Werte beurteilt. Ein tatsächliches „Auslernen" gibt es im Maschinen-

---

[1]) Zurzeit 150 Mk.

bau überhaupt nicht, und er hat noch eine reichlich lange Übungszeit vor sich, bis er die zum selbständigen Arbeiten nötige Berufsreife erlangt hat. Das Lernen geht weiter, entweder freiwillig in dem Streben voranzukommen oder unter dem Zwang der Verhältnisse. Die während der nun zurückgelegten Lehrjahre erworbenen Handfertigkeiten und Fachkenntnisse müssen jetzt erweitert, es müssen Erfahrungen gesammelt werden. Die bisher vielleicht ohne Rücksicht auf Zeit und Kosten ausgeführten Arbeiten werden jetzt in einer bestimmten Zeit von ihm verlangt; dabei muß sich ein junger Arbeiter fortwährend in neue Verhältnisse einarbeiten, neuen Aufgaben anpassen. Wechselnde Aufgaben bringen jedoch Anregung und Freude am Berufe. Auch die verwickeltsten Aufgaben verlieren ihre Schwierigkeit, wenn man sie zuversichtlich in Angriff nimmt und mit Überlegung und Gründlichkeit zu Werke geht. Bei befriedigendem Verhalten wird ein strebsamer Geselle auch immer Rat und Unterstützung finden.

Wechsel der Arbeitstelle.

Die Vielgestaltigkeit des gesamten Maschinenwesens läßt es wünschenswert erscheinen, daß jeder junge Maschinenbauer während der ersten dem Lehrabschluß folgenden Jahre seine Stellung mehrmals wechselt, damit er verschiedene Fabrikationzweige und die dabei angewandten Einrichtungen und Arbeitsmethoden kennenlernt, bevor er sich endgültig festzusetzen beabsichtigt. Viele junge Leute begehen jedoch den Fehler, schon mit dem Abschluß ihrer Lehrzeit oder kurz darauf aus dem Betriebe ihres Lehrherrn auszutreten, da sie annehmen, anderswo eher zur Geltung zu kommen und besser bezahlt zu werden. Zu diesem Schritte sollten sich höchstens diejenigen freiwillig entschließen, die eine andere Stellung in sicherer Aussicht haben, da zahlreiche Firmen nur bei sehr gutem Geschäftsgang oder Arbeitermangel Leute annehmen, die unmittelbar aus der Lehre kommen. Außerdem wird ein Lehrmeister in der Regel auch dem jungen Gehilfen gegenüber mancherlei Rücksichten nehmen, die dieser in fremden Betrieben nicht erwarten darf. Hat ein junger Arbeiter dann einmal die erste Gesellenzeit hinter sich, so eröffnen sich ihm schon bessere Aussichten; ist er fleißig und strebsam, so wird er auch in der bisherigen Umgebung bald zu dem erwünschten Ansehen gelangen und befriedigend bezahlt werden. Glaubt der Geselle den Zeitpunkt gekommen, als Vollarbeiter auftreten zu können, so wird ihn der seitherige Arbeitgeber gerne beraten. Die Stellenbewerbung kann unmittelbar oder durch Vermittlung der Arbeitsämter geschehen. Schriftliche Stellengesuche müssen mit Zeugnisabschriften belegt sein. Jede Bewerbung soll so kurz wie möglich abgefaßt werden und nur diejenigen Angaben enthalten, die für eine Betriebsleitung Wert haben.

Einzelkonstruktionen aus dem Maschinenbau. Herausgegeben von Ing. **C. Volk** in Berlin.

Erstes Heft: Die Zylinder ortsfester Dampfmaschinen. Von **H. Frey** in Berlin. Zweite Auflage. Mit 109 Textabb. Preis M. 2.40

Zweites Heft: Kolben. I. Dampfmaschinen- und Gebläsekolben. Von **C. Volk** in Berlin. II. Gasmaschinen- und Pumpenkolben. Von **A. Eckardt** in Deutz. Mit 247 Textabbildungen. Preis M. 4.—

Drittes Heft: Zahnräder. I. Teil. Stirn- und Kegelräder mit geraden Zähnen. Von Professor Dr. **A. Schiebel** in Prag. Zweite Auflage. Mit etwa 110 Textabbildungen. Unter der Presse

Viertes Heft: Kugellager. Von Ingenieur **W. Ahrens** in Winterthur. Mit 134 Textabbildungen. Preis M. 4.40

Fünftes Heft: Zahnräder. II. Teil. Räder mit schrägen Zähnen. Von Professor Dr. **A. Schiebel** in Prag. Mit 116 Textabbild. Preis M. 4.—

Sechstes Heft: Schubstangen und Kreuzköpfe. Von Oberingenieur **H. Frey.** Mit 117 Textabbildungen. Preis M. 1.60

Maschinenelemente. Leitfaden zur Berechnung und Konstruktion für technische Mittelschulen, Gewerbe- und Werkmeisterschulen sowie zum Gebrauche in der Praxis. Von Ingenieur **Hugo Krause.** Dritte, vermehrte Auflage. Mit 380 Textfiguren. Gebunden Preis M. 15.—

Die Technologie des Maschinentechnikers. Von Professor Ing. **Karl Meyer** in Köln. Fünfte, verbesserte Auflage. Mit 431 Textabbildungen. Gebunden Preis M. 28.—

Handbuch der Fräserei. Kurzgefaßtes Lehr- und Nachschlagebuch für den allgemeinen Gebrauch. Gemeinverständlich bearbeitet von **Emil Jurthe** und **Otto Mietzschke,** Ingenieure. Fünfte, durchgesehene und vermehrte Auflage. Mit 395 Abbildungen, Tabellen und einem Anhang über Konstruktion der gebräuchlichsten Zahnformen bei Stirn- und Kegelrädern sowie Schnecken- und Schraubenrädern. Gebunden Preis M. 18.—

Die Grundzüge der Werkzeugmaschinen und der Metallbearbeitung. Ein Leitfaden von Professor **Fr. W. Hülle** in Dortmund. Zweite, vermehrte Auflage. Mit 282 Textabb. Gebunden Preis M. 10.—

Der Dreher als Rechner. Wechselräder-, Touren-, Zeit- und Konusberechnung in einfachster und anschaulichster Darstellung, darum zum Selbstunterricht wirklich geeignet. Von **E. Busch.** Mit 28 Textfig. Geb. Preis M. 8.40

Das Lehrlingswesen der preußisch-hessischen Staatseisenbahnverwaltung unter Berücksichtigung der Lehrlingsverhältnisse in Handwerks- und Fabrikbetrieben. Ein Handbuch von Dr.-Ing. **Bruno Schwarze,** Regierungsbaumeister. Mit 56 Abbildungen. Geb. Preis M. 18.—

Technisches Denken und Schaffen. Eine gemeinverständliche Einführung in die Technik. Von Professor Dipl.-Ing. **Georg von Hanffstengel** in Charlottenburg. Zweite, durchgesehene Auflage. Mit 153 Textabbildungen. Gebunden Preis M. 20.—

Hierzu Teuerungszuschläge